大學程式
能力檢定

ACM-ICPC Contest Council for Taiwan
國際計算機器協會程式競賽台灣協會
大學程式能力檢定

CPE 祕笈

林盈達　黃世昆　楊昌彪　葉正聖　謝育平

著

國家圖書館出版品預行編目資料

大學程式能力檢定：CPE 祕笈 / 林盈達, 黃世昆, 楊昌彪,
葉正聖, 謝育平著. -- 二版. -- 臺北市 : 美商麥格羅希
爾國際股份有限公司臺灣分公司, 2021.10
　　面 ； 公分. -- (資訊科學叢書 ; CL010)
　ISBN 978-986-341-476-6 (平裝含光碟)

1. CST: 電腦程式設計

312.2　　　　　　　　　　　　　　　　110015786

資訊科學叢書 CL010

大學程式能力檢定：CPE 祕笈

作　　　者	林盈達　黃世昆　楊昌彪　葉正聖　謝育平
教 科 書 編 輯	林芸郁　胡天慈
企 劃 編 輯	李本鈞
業 務 經 理	李永傑
業 務 行 銷	游韻葦
出　版　者	美商麥格羅希爾國際股份有限公司台灣分公司
地　　　址	台北市 104105 中山區南京東路三段 168 號 15 樓之 2
讀 者 服 務	E-mail: mietw.mhe@mheducation.com 客服專線：00801-136996
法 律 顧 問	惇安法律事務所盧偉銘律師、蔡嘉政律師
總經銷(台灣)	臺灣東華書局股份有限公司
地　　　址	100004 台北市中正區重慶南路一段 147 號 3 樓 TEL: (02) 2311-4027　　FAX: (02) 2311-6615 劃撥帳號：00064813
網　　　址	https://www.tunghua.com.tw
門　　　市	100004 台北市中正區重慶南路一段 147 號 1 樓　TEL: (02) 2371-9320
出 版 日 期	2023 年 11 月（二版二刷）

Traditional Chinese copyright © 2021 by McGraw-Hill International Enterprises LLC Taiwan Branch
All rights reserved.
Cover image credit: McGraw-Hill Education/metamorworks/Shutterstock

ISBN：978-986-341-476-6

※本書僅限於台灣地區範圍內販售與發行。
※著作權所有，侵害必究。如有缺頁破損、裝訂錯誤，請寄回退換。

尊重智慧財產權！

本著作受銷售地著作權法令暨國際著作權公約之保護，如有非法重製行為，將依法追究一切相關法律責任。

作者簡介

依作者姓氏筆畫數排序

林盈達任職於交通大學資訊工程系，於 1993 年取得 UCLA 電腦科學博士學位，並在 2007 年及 2010 年分別擔任 Cisco 訪問學者及電信技術中心執行長各一年。他在 2002 年創立網路測試中心 NBL (Network Benchmarking Lab, www.nbl.org.tw) 並擔任主任至今，該中心近年以真實流量測試網通產品。他的研究領域涵蓋網路協定設計、實作、分析與測試，近年則以網路安全、無線通訊及嵌入式軟硬體效能為主軸，其 multi-hop cellular 論文被引用超過 500 次。他於 2013 年升任 IEEE Fellow，目前擔任約十個國際期刊之編輯，包括 *IEEE Transactions on Computers*、*IEEE Network*、*IEEE Computer*、*IEEE Communications Magazine - Network Testing Series*、*IEEE Communications Surveys and Tutorials*、*IEEE Communications Letters*、*Computer Communications*、*Computer Networks*、*IEICE Transactions on Information and Systems*。他與中正大學黃仁竑教授及 Fred Baker (Cisco Fellow) 出版教科書 *Computer Networks: An Open Source Approach* (McGraw-Hill, 2011, www.mhhe.com/lin)，該書是第一本結合開放源碼實作講解協定設計之教科書。他於 2008 年創立 ACM-ICPC Contest Council for Taiwan 並擔任主席至今。

黃世昆任職於交通大學資訊技術服務中心，於 1996 年取得交通大學資訊工程博士學位，他在 1994 年撰寫 innbbsd（為 Internet BBS 與 Netnews 的轉信系統），同時創立網際網路討論區 twbbs.*、tw.bbs.*、cna.* 與 alt.chinese.text.big5，並擔任總協調人（1994 年 3 月至 1996 年 1 月）。在 1997 年至 2002 年參與 TW-CERT (Computer Emergency Response Team) 組織，並擔任技術組召集人。他在 2004 年於交通大學創立軟體品質實驗室，從事軟體自動測試研究，近年來以軟體安全與自動攻擊產生器 (CRAX) 為研究主軸，2008 年開發大學程式檢定考試 (Collegiate Programming Exam, CPE) 之評審系統，成功支援近千人之現場程式檢定考試。

楊昌彪任職於中山大學資訊工程學系，於 1988 年在清華大學取得計算機管理決策研究所博士學位，曾擔任中山大學資訊工程學系系主任、副教務長、圖書與資訊處處長等職。他曾獲得全校性的傑出教學獎、優良導師獎、學術研究績優教師等榮譽。他的研究領域以演算法及其延伸應用為主軸，尤其專長於字串、檔案相似度比對相關演算法之設計與分析。他常年來指導學生參與國內外程式設計競賽，至今已經超過二十年。他亦曾多次主辦全國、國際大學程式設計競賽。目前擔任「國際計算機器協會程式競賽台灣協會」副主席、「大學程式能力檢定委員會」主席，以提升學生程式設計的能力為目標，持續推動全國的程式能力檢定。他除了致力於教學與研究外，也熱衷於橋牌競賽活動，目前擔任大專橋藝委員會執行秘書、高雄市橋藝委員會主任委員。他曾多次主辦全國性的橋藝比賽，亦於 2010 年主辦第五屆世界大學橋藝錦標賽。

　　葉正聖畢業於台灣大學資訊工程學系，取得學士（1999 年）及博士學位（2005 年），曾擔任台大 CML 實驗室 Project Leader（2004 年）及台大電機資訊學院博士後研究（2006 年），現為銘傳大學資訊傳播工程系助理教授。研究專長領域為電腦圖學、虛擬實境、電腦視覺及互動技術，目前是銘傳大學互動媒體實驗室的老師之一，帶領學生努力進行多項 Kinect 及 OpenNI 相關的互動體感計畫，近兩年內發表八篇 Kinect 的相關論文。2006 年曾帶領台大團隊投稿 SIGGRAPH Emerging Technologies（主題為 Hand Shadow Illusion and 3D DDR Based on Efficient Model Retrieval），是台灣第一次在此研討會展示發表。他於大學時期曾獲得教育部 1997 年全國大專電腦軟體設計競賽甲組第四名，擔任教職後指導銘傳大學資傳系學生獲得教育部 2009 年全國大專電腦設計競賽乙組第一名及第三名、2011 年參加微軟創意盃嵌入式系統組獲全國第二名、2012 年參加 Microsoft Imagine Cup Kinect Fun Labs Challenge 入圍全世界前 100 名（台灣僅兩隊入圍）。此外，他曾經連續四年得到銘傳大學系際及全校優良導師，最近四年並成功指導五位同學得到國科會大專生專題研究計畫獎助。

謝育平任職於銘傳大學資訊工程學系，於 1996 年取得台灣大學數學系學士學位，並於 2001 年取得台大資工所博士學位，曾擔任台大數位典藏與自動推論實驗室博士後研究員。主要研究領域為計算組合學、網路路由技術、數位典藏、圖書館自動化、光學文字辨識與課程自動化等。他於 1992 年曾參加亞太奧林匹克數學競試獲榮譽獎，並成為中華民國傑出青年代表之一；於 2005 年，曾經組織台灣近兩千台電腦成功計算 25 皇后問題的解答個數，並在 Integer Sequence 網站中留下紀錄；於 2012 年參加程式設計競賽「Google Code Jam 資格賽」，獲全球第 67 名，台灣第 1 名。他目前主要投入於程式設計課程的自動化，發展「愛筆試：手寫考卷自動批改機」與「瘋狂程設：程式設計上機考卷自動批改機」。運用「愛筆試」與「瘋狂程設」可以節省批改答案卷的時間，進而達到即測即評的效果。

序

拔擢頂尖 vs. 提升平均

　　由於 ACM-ICPC 亞洲區黃金雄主任（美國德州大學教授）的鼓勵與協助，「國際計算機器協會程式競賽台灣協會」(ACM-ICPC Contest Council for Taiwan) 於 2008 年成立。成立之初，協會的思考重點都在如何拔擢頂尖，讓更多的頂尖學生參加 ACM-ICPC 區域賽 (Regional Contest) 及總決賽 (World Final)。但我們很快地發現，拔尖只關注大約前 5% 的少數學生，大部分學生對這些國際競賽幾乎沒有投入甚或注意。根據我們的觀察，由於程式作業抄襲或修改容易，約四分之一的資訊系學生不太會寫程式（各校比率略有差異），四分之三的學生程式寫得不夠多（除了修課作業與專題要求之外不寫程式），未來會選擇從事程式設計的學生不到二分之一，其他傾向轉而投入不太需要撰寫程式的工作。這種「生態」當然影響了國家資通訊產業設計產品的「產能」，而產業界對於大學生的程式設計訓練不夠紮實也是抱怨聲不斷。因為這導致他們在徵聘新人時，必須透過自己設計的程式測驗才能挑選出適合的人才。

　　許多大學教授因有研究論文發表的壓力，對於研究生的研究要求，著重於創新設計與理論分析的突破，而較少要求系統實作之苦工。他們因為專心致力於研究，而無暇顧及基礎的程式教學訓練。有心於大學部程式訓練課程的教授，單憑一己之力也很難改變整個生態。

　　上述的情形讓協會在拔尖之餘，開始省思如何提升整體平均。思考的大方向是將 ACM-ICPC 國際賽的題庫拿來做為標準測驗的題目，然後推廣至各校共同辦理測驗，並且採計測驗成績做為大學部之畢業要件與研究所之入學參考。因為 ACM-ICPC 國際賽的題目都經過歷練，具有相當的品質與水準，所以不需要擔心題目品質的問題；也因為題庫夠大（目前已經超過 3600 題，並且陸續增加中），所以也不需要擔心學生可能做過我們所挑選的題目。如果學生做過題目而且在考試時也可以寫得出程式，其程式能力必定也相當不錯，畢竟程式設計需要理解與邏輯思考，無法單靠死背。有了題目品質的保證後，我們設計了「大學程式能力檢定」(Collegiate Programming Examination, CPE) 做為考試的形式與機制，希望透過 CPE 及各校的共同參與來改變上述的生態，藉此提高台灣資訊產業的產能與競爭力，並增加參加國際競賽的可能人口。

CPE 配方：多校、千人、同步、遠距、同一份題目之程式能力檢定

CPE 具有獨特的配方，而有別於現有的競賽與檢定系統，例如 ACM-ICPC 區賽與總決賽使用單一實體場地最多約 100 隊同時競賽，或電腦技能檢定在電腦教室隨時有人考試，而考題由遠端的伺服器隨機抽取。上述兩種實體場地或遠端題庫的模式都無法滿足千人同時考試的目標，必須結合兩者才能達到。所以「CPE 的配方」是多校、千人、同步、遠距、同一份題目；多校的場地才能免除舟車勞頓，又能達到千人的規模，而遠距題庫能支援各校同步舉辦來考同一份題目。

由於 CPE 是一項檢定考試，監考、防弊與系統穩定度非常重要。學生在各校的電腦教室考試，用戶端的電腦軟體必須確保學生無法連線到非 CPE 伺服器以外的地方，而 CPE 係透過虛擬主機的機制達到這項限制。此外，各校考場需避免學生在現場交談，甚或冒名考試，所以電腦教室需有專人監考。伺服器端除了支援多校千人同步存取題目，以及自動評審學生上傳的程式之外，還要克服系統延展性與穩定性的問題。目前 CPE 系統架構有多台前端與後端伺服器，可兼具支援大量考生以及達到伺服器穩定備援的目標。

前述提到，題目是由 ACM-ICPC 區賽與總決賽比賽過而收錄於 UVA 題庫，品質沒有問題，可以避免多年前資訊教育界推動 TGRE 因題庫品質問題，而造成考試成績鑑別力不足的情形。但是，UVA 題庫並沒有公布上傳程式的測試資料（簡稱測資），所以 CPE 在挑選題目時必須自行準備測資。另外，ACM-ICPC 區賽與總決賽進行五小時，三人組成一個隊伍，題目大約在 8 至 10 題左右。相較之下，CPE 是個人考試檢定，進行三小時，題目有 7 題，除了時間較短且題目較少外，選擇的題目也朝向簡單化。在一至五顆星

難易分級中，ACM-ICPC 國際賽一顆星與兩顆星大約各只有一題，其餘題目幾乎都是三顆星以上；而 CPE 一顆星有三題，二顆星有二題，三顆星以上有二題。

CPE 現況

　　CPE 自 2010 年 6 月第一次由中山大學與交通大學合辦開始，每季舉辦一次，時間為平日 18:00 至 21:40（包含考前練習）。截至 2012 年 12 月已舉辦十次，參與協辦的學校數由 2、6、9、19、17、21、25、30 校成長到約 40 校，參加檢定考試的學生數也成長到將近 1000 人。2011 年至 2013 年由中山大學主辦（選題與測資準備、統籌相關行政事務與對外宣傳），交通大學負責技術支援（伺服器維護），其他學校參與協辦（考場準備與監考）。CPE 也提供學生申請中英文成績單，其中會顯示絕對成績（總題數 7 題、答對題數、成績等級）及相對成績（參加學生數、排名）。由於考試人數夠多、題目具有鑑別力，所以這份成績單具有相當的可信度。程式能力不好的學生，可能一題也解不出來；能解四題的學生，程式能力已是相當優秀；而一次解出兩題則是許多大學設定的及格標準。

　　CPE 的推行，需要舉辦與採認同時並進。如果沒有學校採認，空有許多學校舉辦，並無法吸引夠多的學生來考試。目前已有多所大學將 CPE 設定為：(1) 大學部之畢業要件（單次考試答對兩題或多次考試累積答對三題或四題）；(2) 碩士班甄試入學之參考資料（列入申請表、推薦信或招生簡章）；(3) 在課程上使用當作期中期末上機考試。

教材設計：系統、基礎、題解

　　儘管有不少線上資源可以讓學生瞭解 ACM-ICPC、UVA、CPE，但仍欠缺一本整合各種資訊的書籍。我們覺得，學生及教師都會需要一本 CPE 入門的書，讓學生可以準備檢定考試，也讓教師能善加利用 CPE 於課程、入學與畢業。本教材設計包含三個面向：系統、基礎、題解。在系統方面，我們在第一章介紹 ACM-ICPC 及 CPE 的發展與規則；第二章介紹 CPE 線上 (on-line) 練習與現場 (on-site) 考試的系統與機制；第三章介紹一個本機端的練習軟體——瘋狂程設，它透過測資腳本與批改腳本，讓學生在練習中減少語法、語意與邏輯的錯誤，也透過短碼競賽讓學生能更精簡地撰寫程式。

在基礎方面，第四章介紹 C 與 C++ 輸入輸出的函式與格式，減少初學者因為程式輸出輸入問題造成上傳程式錯誤的可能；第五章有系統地講解解題技巧，從理解題意到挑選合適的演算法（包括排序、搜尋、貪婪 (greedy)、動態規劃、圖形走訪、最小生成樹、最短路徑、最大流等常用演算法）不一而足，同時考量程式執行時間與記憶體用量，並交代如何設計測資以在上傳程式前檢驗程式的正確性；最後提醒要善用既有資源，利用函式庫來設計解題所需的功能，以減少撰寫程式的時間。

在題解方面，我們依據難易等級提供三章共 85 題之題解，另有 8 題用在前面章節中做為例子。第六章至第八章分別是一顆星至三顆星題目之題解，除了區分難易度，更依據題型分節，其中包含字元與字串、數學計算、大數運算、幾何、排序、圖論、模擬、動態規劃等。我們希望讀者可以透過本書進入程式設計之門，並培養精進解題與程式設計的實力。

本書特點

- 多校、千人、同步、遠距、同一份考題之大學程式能力檢定 (CPE: Collegiate Programming Examination) 之入門教材。
- 學生只需具備 C 或 C++ 基礎程式能力即可上手。
- 線上練習系統與現場考試系統之介紹。
- 基礎輸入輸出與進階解題技能之講解。
- ACM-ICPC UVA 題庫中精選 93 題題目之題解。
- 依難易度蒐集各類題型：字元與字串、數學計算、大數運算、幾何、排序、圖論、模擬、動態規劃等。
- 每一題解包含 UVA/CPE 編號、題意、解法、程式碼及程式碼註解。

致謝

能夠在三年內將 CPE 推廣至一次考試有約 40 校共同協辦、將近 1000 名學生異地同時考試,當然要感謝協辦 CPE 的各校考場負責人,他們積極並勇於任事,且以義工式的熱忱參與,相當難能可貴,未來仍需要他們持續貢獻心力。本書是我們在研究教學之餘,利用晚上多次的網路會議所產生的結果。前五章是介紹性質,乃分頭撰寫,後三章是題目解答,我們各負責近 20 題。我們的學生也提供眾多協助,尤其是許多題解之說明與程式測試,在此要特別感謝:江易達、林昱安、徐鵬凱、郭昱賢、張育妮、溫倩苓、黃銘祥、黃博彥、陳奕任、羅匀鍵、梁偉明、許基傑、賴俊維、呂翰霖、趙正宇、林伯謙、李嘉興、謝知晉、薛承恩、林聖源、吳宇君、許恆與、安興彥、鄭凱源、陳泓宇、陳允軒、黃章豪、郭奕浦、李承翰、劉健興、鄭雅軒、曾俞豪、鄭羽婷、劉孝皇。最後要感謝 ACM-ICPC Contest Council for Taiwan 的三個委員會委員(列名於協會網站),分別是推動委員會(多為各校計中主任或資訊系系主任)、技術委員會(ACM-ICPC 台灣區賽命題委員與裁判),以及大學程式檢定委員會(即 CPE 各校之考場負責人)。由於 CPE 的推動都是靠大家義工式的投入,加上協會未來可能需要經費來進一步推廣 CPE,因此我們五人共同決議將本書的版稅收入全數捐贈給協會,讓協會有更多能量來推動相關事務,改變資訊教育之生態。

註:CPE 網址:http://cpe.cse.nsysu.edu.tw。
　　ACM-ICPC Contest Council for Taiwan 網址:http://acm-icpc.tw。

目次
contents

Chapter 1
程式能力檢定簡介　1

1.1　ACM 國際大學程式競賽　1
1.2　ACM ICPC 題目庫　5
1.3　大學程式能力檢定 (CPE)　7
1.4　CPE 計分規則與程式規範　10

Chapter 2
程式能力檢定評審系統　13

2.1　CPE 檢定環境　13
2.2　CPE 線上評審系統　15
2.3　CPE 現場評審系統　24
2.4　CPE 管理系統　29

Chapter 3
瘋狂程設軟體簡介　35

3.1　瘋狂程設軟體　35
3.2　隨機測資評審系統　38
3.3　語法錯誤、語量錯誤和語意錯誤　43
3.4　瘋狂程設與短碼競賽　44
3.5　瘋狂程設 CPE 練習系統之使用方式　46

Chapter 4

C/C++ 基本輸入與輸出　53

4.1 C 語言的 scanf() 函式　53

4.2 C 語言的 fgets() 函式　54

4.3 C 語言的 printf() 函式　55

4.4 C++ 語言的 cin 物件　58

4.5 C++ 語言的 cin.getline 成員函式　58

4.6 C++ 語言的 cout 物件　59

4.7 基本輸入類型題目範例　62

　　讀入 n 筆資料　62

　　例 4.7.1　Vito's Family (CPE10406, UVA10041)　63

　　讀至檔案結束　64

　　例 4.7.2　Hashmat the Brave Warrior (CPE10407, UVA10055)　65

　　讀至 0 結束　67

　　例 4.7.3　Primary Arithmetic (CPE10404, UVA10035)　67

Chapter 5

由基礎至進階　71

5.1 理解題意　71

5.2 挑選適合的演算法　74

　　排序、搜尋法　74

　　貪婪演算法 (Greedy Algorithm)　75

　　動態規劃 (Dynamic Programming)　76

　　圖形走訪 (Graph Traversal)　76

最小生成樹 (Minimum Spanning Tree)　77
　　　最短路徑 (Shortest Path)　78
　　　最大流 (Maximum Flow)　78
5.3　估計程式效率　79
　　　估計記憶體使用量　79
　　　估計時間　80
　　　從限制條件猜測解法　81
5.4　程式測試資料　85
　　　測試資料範圍　85
　　　例 5.4.1　The 3n + 1 Problem (CPE10400, UVA100)　85
　　　例 5.4.2　You Can Say 11 (CPE10460, UVA10929)　87
　　　軟體測試　89
　　　邊界測試　89
　　　產生測試資料　90
5.5　善用既有資源　91
　　　Don't Repeat Yourself　92
　　　例 5.5.1　Bangla Numbers (CPE10414, UVA10101)　92
　　　C/C++ 語言函式庫　94
　　　例 5.5.2　List of Conquests (CPE21924, UVA10420)　95
　　　sort 函式庫　98
　　　例 5.5.3　Sort! Sort!! and Sort!!! (CPE11069, UVA11321)　99

Chapter 6

CPE 一顆星題目集　103

6.1　字元與字串　103
　　　例 6.1.1　What's Cryptanalysis? (CPE10402, UVA10008)　103
　　　例 6.1.2　Decode the Mad Man (CPE10425, UVA10222)　105

例 6.1.3　Problem J: Summing Digits (CPE10473, UVA11332)　106
例 6.1.4　Common Permutation (CPE10567, UVA10252)　108
例 6.1.5　Rotating Sentences (CPE21914, UVA490)　110
例 6.1.6　TeX Quotes (CPE22131, UVA272)　112

6.2　數學計算　114

例 6.2.1　A - Doom's Day Algorithm (CPE22801, UVA12019)　114
例 6.2.2　Jolly Jumpers (CPE10405, UVA10038)　115
例 6.2.3　What Is the Probability!! (CPE10408, UVA10056)　117
例 6.2.4　The Hotel with Infinite Rooms (CPE10417, UVA10170)　119
例 6.2.5　498' (CPE10431, UVA10268)　121
例 6.2.6　Odd Sum (CPE10453, UVA10783)　123
例 6.2.7　Beat the Spread! (CPE10454, UVA10812)　124
例 6.2.8　Symmetric Matrix (CPE10478, UVA11349)　126
例 6.2.9　Square Numbers (CPE10480, UVA11461)　128
例 6.2.10　B2-Sequence (CPE23621, UVA11063)　130
例 6.2.11　Back to High School Physics (CPE10411, UVA10071)　131

6.3　進位制轉換　133

例 6.3.1　An Easy Problem! (CPE10413, UVA10093)　133
例 6.3.2　Fibonaccimal Base (CPE10401, UVA948)　135
例 6.3.3　Funny Encryption Method (CPE10403, UVA10019)　137
例 6.3.4　Parity (CPE10461, UVA10931)　139
例 6.3.5　Cheapest Base (CPE10466, UVA11005)　141

6.4　質數、因數、倍數　145

例 6.4.1　Hartals (CPE10517, UVA10050)　145
例 6.4.2　All You Need Is Love! (CPE10421, UVA10193)　147
例 6.4.3　Divide, But Not Quite Conquer! (CPE10419, UVA10190)　151
例 6.4.4　Simply Emirp (CPE10428, UVA10235)　152
例 6.4.5　2 the 9s (CPE10458, UVA10922)　154

例 6.4.6　GCD (CPE11076, UVA11417)　156

6.5　座標與幾何　158

例 6.5.1　Largest Square (CPE10456, UVA10908)　158

例 6.5.2　Satellites (CPE10424, UVA10221)　160

例 6.5.3　Can You Solve It? (CPE10447, UVA10642)　163

例 6.5.4　Fourth Point!! (CPE10566, UVA10242)　165

6.6　排序與中位數　167

例 6.6.1　A Mid-Summer Night's Dream (CPE10409, UVA10057)　167

例 6.6.2　Tell Me the Frequencies! (CPE10410, UVA10062)　169

例 6.6.3　Train Swapping (CPE22811, UVA299)　172

例 6.6.4　Hardwood Species (CPE10426, UVA10226)　174

6.7　模擬　178

例 6.7.1　Minesweeper (CPE10418, UVA10189)　178

例 6.7.2　Die Game (CPE11019, UVA10409)　181

例 6.7.3　Eb Alto Saxophone Player (CPE11020, UVA10415)　183

例 6.7.4　Mutant Flatworld Explorers (CPE23641, UVA118)　186

例 6.7.5　Cola (CPE11067, UVA11150)　189

Chapter 7

CPE 二顆星題目集　191

7.1　字元與字串　191

例 7.1.1　Power Strings (CPE10582, UVA10298)　191

例 7.1.2　All in All (CPE11009, UVA10340)　193

例 7.1.3　Base64 Decoding (CPE11011, UVA10343)　194

例 7.1.4　Hay Points (CPE10579, UVA10295)　197

例 7.1.5　Automated Judge Script! (CPE10552, UVA10188)　199

7.2 大數運算 202

- 例 7.2.1　Super Long Sums (CPE10510, UVA10013)　202
- 例 7.2.2　Product (CPE10526, UVA10106)　205
- 例 7.2.3　I Love Big Numbers! (CPE10559, UVA10220)　207
- 例 7.2.4　Fibonacci Freeze (CPE23561, UVA495)　209
- 例 7.2.5　Krakovia (CPE10459, UVA10925)　211
- 例 7.2.6　Ocean Deep! Make It Shallow!! (CPE10548, UVA10176)　213

7.3 數學計算 215

- 例 7.3.1　Quirksome Squares (CPE22351, UVA256)　215
- 例 7.3.2　Necklace (CPE10465, UVA11001)　217
- 例 7.3.3　The Largest/ Smallest Box... (CPE10423, UVA10215)　221
- 例 7.3.4　The Trip (CPE10533, UVA10137)　224

7.4 質數、因數與餘數 227

- 例 7.4.1　Ones (CPE10532, UVA10127)　227
- 例 7.4.2　Dead Fraction (CPE11030, UVA10555)　228
- 例 7.4.3　Simple Division (CPE11018, UVA10407)　231
- 例 7.4.4　Euclid Problem (CPE22161, UVA10104)　232
- 例 7.4.5　Problem A - Prime Distance (CPE10535, UVA10140)　234
- 例 7.4.6　Prime Time (CPE10557, UVA10200)　237
- 例 7.4.7　Smith Numbers (CPE23571, UVA10042)　239
- 例 7.4.8　Product of Digits (CPE10502, UVA993)　242

7.5 幾何問題 244

- 例 7.5.1　Birthday Cake!! (CPE10544, UVA10167)　244
- 例 7.5.2　Is This Integration? (CPE10422, UVA10209)　245

7.6 圖論問題 249

- 例 7.6.1　Oil Deposits (CPE22821, UVA572)　249
- 例 7.6.2　All Roads Lead Where? (CPE10508, UVA10009)　252
- 例 7.6.3　Bicoloring (CPE10506, UVA10004)　255

- 7.7 貪婪與動態規劃演算法　259
  - 例 7.7.1　Minimal Coverage (CPE10608, UVA10020)　259
  - 例 7.7.2　Ants (CPE10452, UVA10714)　262
  - 例 7.7.3　Brick Wall Patterns (CPE10500, UVA900)　264
- 7.8 其他　268
  - 例 7.8.1　Conformity (CPE10520, UVA11286)　268
  - 例 7.8.2　Problem E Simple Addition (CPE10463, UVA10994)　269
  - 例 7.8.3　Power Crisis (CPE21944, UVA151)　272

Chapter 8

CPE 三顆星題目集　277

- 8.1 數學計算　277
  - 例 8.1.1　{sum+=i++} to Reach N (CPE11145, UVA10290)　277
  - 例 8.1.2　Last Digit (CPE10416, UVA10162)　280
  - 例 8.1.3　Show the Sequence (CPE10503, UVA997)　283
- 8.2 動態規劃　287
  - 例 8.2.1　Question 1: Is Bigger Smarter? (CPE10658, UVA10131)　287
  - 例 8.2.2　Divisibility (CPE10615, UVA10036)　292
  - 例 8.2.3　Dollars (CPE22181, UVA147)　295
  - 例 8.2.4　Safe Salutations (CPE10501, UVA991)　299
- 8.3 其他　302
  - 例 8.3.1　How Many Fibs (CPE10681, UVA10183)　302
  - 例 8.3.2　Shoemaker's Problem (CPE10612, UVA10026)　304
  - 例 8.3.3　Eternal Truths (CPE10601, UVA928)　307

附錄一　313

附錄二　316

CHAPTER 1

程式能力檢定簡介

1.1 ACM 國際大學程式競賽

　　ACM ICPC（International Collegiate Programming Contest，國際大學程式競賽）是由 ACM（Association for Computing Machinery，國際計算機器協會）主辦的一年一次程式設計競賽。藉由競賽方式來展現大學生創新能力、團隊精神，以及在壓力下編寫程式、分析和解決問題的能力。自從 1970 年代開創以來，經過三十多年的發展，ACM ICPC 已成為全球電腦界中歷史最悠久且最具影響力的程式競賽。以 2011 至 2012 年為例，參加各地區域賽的隊伍超過 8000 隊，涵蓋 88 個國家及超過 2000 所大學。區域賽優勝隊伍會再集中於一處參與世界總決賽的競逐。以下列舉 ACM ICPC 的重要里程碑：

- 1970 年：美國 Texas A&M University 大學程式設計比賽。
- 1977 年：第一次舉辦世界總決賽。
- 1977 至 1989 年：參與比賽的大學主要來自美國與加拿大。
- 1989 年：建立區域賽 (regional) 制度，優勝隊伍才能參加世界總決賽。
- 1991 年：亞洲首支隊伍（台灣交通大學）參加世界總決賽。

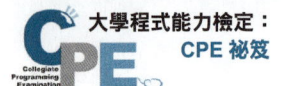

- 1995 年：首度舉辦亞洲區域賽，並在台灣舉行，由國立政治大學辦理。
- 1996 年以前：歷年贊助廠商依序為 Apple、AT&T 和 Microsoft。
- 1997 年之後：IBM 公司為此競賽的主要贊助商。
- 1997 年：參賽隊伍 1100 隊，來自 560 個大學。總決賽地點在美國聖荷西，代表台灣的台灣大學榮獲總決賽第 4 名，這是台灣隊伍首次進入前十名。
- 2002 年：中國的隊伍首度獲得總決賽冠軍──上海交通大學。
- 2010 年：參賽隊伍 7900 隊，台灣的隊伍獲得有史以來最好的成績，為總決賽第三名──台灣大學。
- 2011 年：世界總決賽原訂於埃及沙姆沙伊赫舉行，但由於埃及當時發生暴動，因而將總決賽地點更換為美國奧蘭多。

自 1997 年以來的參賽隊伍數量與冠軍隊伍，詳列於表 1.1。

表 1.1 自 1997 年以來的參賽隊伍數量與冠軍隊伍

年度	舉辦地點	冠軍國家	學校	區賽隊數	決賽隊數
1997	聖荷西	美國	哈維瑪德學院 (Harvey Mudd College)	1100	50
1998	亞特蘭大	捷克	查爾斯大學 (Charles University)	1250	54
1999	恩荷芬	加拿大	滑鐵盧大學 (University of Waterloo)	1900	62
2000	奧蘭多	俄羅斯	國立聖彼得堡大學 (St. Petersburg State University)	2400	60
2001	溫哥華	俄羅斯	國立聖彼得堡大學 (St. Petersburg State University)	2700	64
2002	檀香山	中國	上海交通大學 (Shanghai Jiaotong University)	3082	64
2003	比佛利山	波蘭	華沙大學 (Warsaw University)	3835	70
2004	布拉格	俄羅斯	聖彼得堡精密機械與光學學院 (St. Petersburg Institute of Fine Mechanics and Optics)	3105	73
2005	上海	中國	上海交通大學 (Shanghai Jiaotong University)	N/A	78
2006	聖安東尼	俄羅斯	國立薩拉托夫大學 (Saratov State University)	5606	83
2007	東京	波蘭	華沙大學 (Warsaw University)	6099	88
2008	班夫	俄羅斯	國立聖彼得堡資訊科技、機械與光學大學 (St. Petersburg State University of IT, Mechanics, and Optics)	6700	100
2009	斯德哥爾摩	俄羅斯	國立聖彼得堡資訊科技、機械與光學大學 (St. Petersburg State University of IT, Mechanics, and Optics)	7109	100
2010	哈爾濱	中國	上海交通大學 (Shanghai Jiaotong University)	7900	103
2011	奧蘭多	中國	浙江大學 (Zhejiang University)	8305	105
2012	華沙	俄羅斯	國立聖彼得堡資訊科技、機械與光學大學 (St. Petersburg State University of IT, Mechanics, and Optics)	N/A	112

表 1.2、表 1.3 與表 1.4 分別列出 2010 年、2011 年與 2012 年世界總決賽排名較為前面的隊伍。2010 年前 13 名的隊伍，俄羅斯與中國合計佔了 9 個；2011 年前 12 名的隊伍，俄羅斯與中國合計佔了 7 個；2012 年前 12 名的隊伍，俄羅斯與中國合計佔了 6 個。由此可以看出世界頂尖的優秀隊伍超過半數集中於俄羅斯與中國，代表這兩個國家對於程式設計的能力非常重視。

表 1.2　2010 年世界總決賽排名較為前面的隊伍

名次	國家	學校	解題數	時間
1	中國	上海交通大學 (Shanghai Jiaotong University)	7	778
2	俄羅斯	國立莫斯科大學 (Moscow State University)	7	940
3	台灣	國立台灣大學 (National Taiwan University)	6	779
4	烏克蘭	國立基輔塔拉斯謝甫琴科大學 (Taras Shevchenko Kiev National University)	6	928
5	俄羅斯	國立彼得薩福得斯克大學 (Petrozavodsk State University)	6	985
6	中國	清華大學 (Tsinghua University)	6	998
7	俄羅斯	國立薩拉托夫大學 (Saratov State University)	6	1010
8	波蘭	華沙大學 (Warsaw University)	6	1042
9	俄羅斯	國立聖彼得堡大學 (St. Petersburg State University)	6	1042
10	中國	中山大學 (Zhongshan [Sun Yat-sen] University)	6	1049
11	中國	复旦大學 (Fudan University)	6	1114
12	瑞典	皇家理工學院 (KTH - Royal Institute of Technology)	6	1265
13	俄羅斯	國立烏拉山大學 (Ural State University)	6	1312

表 1.3　2011 年世界總決賽排名較為前面的隊伍

名次	國家	學校	解題數	時間
1	中國	浙江大學 (Zhejiang University)	8	1228
2	美國	密西根大學 (University of Michigan at Ann Arbor)	8	1462
3	中國	清華大學 (Tsinghua University)	7	800
4	俄羅斯	國立聖彼得堡大學 (St. Petersburg State University)	7	893
5	俄羅斯	國立下諾夫哥羅德大學 (Nizhny Novgorod State University)	7	938
6	俄羅斯	國立薩拉托夫大學 (Saratov State University)	7	966
7	德國	弗里德里希‧亞歷山大大學 (Friedrich-Alexander-University Erlangen-Nuremberg)	7	1088
8	烏克蘭	國立頓涅茨克大學 (Donetsk National University)	7	1115
9	波蘭	亞捷隆大學 (Jagiellonian University in Krakow)	7	1176
10	俄羅斯	國立莫斯科大學 (Moscow State University)	7	1187
11	俄羅斯	國立烏拉山大學 (Ural State University)	7	1345

表 1.3　2011 年世界總決賽排名較為前面的隊伍（續）

名次	國家	學校	解題數	時間
12	加拿大	滑鐵盧大學 (University of Waterloo)	7	1555
13	美國	卡內基美隆大學 (Carnegie Mellon University)	6	
13	韓國	韓國高等科技學院 (Korea Advanced Institute of Science and Technology)	6	
13	烏克蘭	國立利沃夫大學 (Lviv National University)	6	
13	新加坡	南洋理工大學 (Nanyang Technological University)	6	
13	台灣	國立台灣大學 (National Taiwan University)	6	
13	中國	北京大學 (Peking University)	6	
13	中國	上海交通大學 (Shanghai Jiaotong University)	6	
13	伊朗	沙力夫理工大學 (Sharif University of Technology)	6	
13	俄羅斯	國立聖彼得堡資訊科技、機械與光學大學 (St. Petersburg State University of IT, Mechanics, and Optics)	6	
13	烏克蘭	國立辛菲羅波爾大學 (Taurida V.I. Vernadsky National University)	6	
13	中國	香港中文大學 (The Chinese University of Hong Kong)	6	
13	阿根廷	布宜諾斯艾利斯大學 (Universidad de Buenos Aires-FCEN)	6	
13	波蘭	華沙大學 (Warsaw University)	6	
13	中國	中山大學 (Zhongshan [Sun Yat-sen] University)	6	

表 1.4　2012 年世界總決賽排名較為前面的隊伍

名次	國家	學校	解題數	時間
1	俄羅斯	國立聖彼得堡資訊科技、機械與光學大學 (St. Petersburg State University of IT, Mechanics, and Optics)	9	1170
2	波蘭	華沙大學 (Warsaw University)	9	1547
3	俄羅斯	莫斯科物理與科技學院 (Moscow Institute of Physics & Technology)	8	1131
4	中國	上海交通大學 (Shanghai Jiaotong University)	7	1161
5	白俄羅斯	國立白俄羅斯大學 (Belarusian State University)	7	1281
6	中國	中山大學 (Zhongshan [Sun Yat-sen] University)	7	1301
7	美國	哈佛大學 (Harvard University)	7	1319
8	中國	香港中文大學 (The Chinese University of Hong Kong)	7	1469
9	加拿大	滑鐵盧大學 (University of Waterloo)	6	760
10	俄羅斯	國立莫斯科大學 (Moscow State University)	6	795
11	日本	東京大學 (The University of Tokyo)	6	830
12	白俄羅斯	國立白俄羅斯資訊與無線電電子大學 (Belarus State University of Informatics and Radioelectronics)	6	979
13	哈薩克	哈薩克理工大學 (Kazakh-British Technical University)	6	
13	新加坡	南洋理工大學 (Nanyang Technological University)	6	
13	中國	北京大學 (Peking University)	6	
13	俄羅斯	國立薩拉托夫大學 (Saratov State University)	6	
13	美國	史丹福大學 (Stanford University)	6	

1.2 ACM ICPC 題目庫

ACM ICPC 舉行三十餘年，所累積的寶貴資源，就是歷次的比賽題目。有些題目已經收錄於 UVa 線上評審網站（UVa online judge，網址為 http://uva.onlinejudge.org/，其中 UVa 乃指西班牙瓦拉多利大學 (Universidad de Valladolid)），目前累積已經超過 3600 題。全世界各地有許多人士在其上註冊帳號，進行練習，以提升程式設計能力。

該網站也會列出各題被解決的情形，以便讓人區分難易程度，如圖 1.1 所示。中間的部分代表所有送出的程式碼被線上評審伺服器認可為正確的比例。由於線上評審伺服器可隨時評審程式碼，故使用者對於尚未被評審認可的程式碼可以再次遞送，直到正確為止。圖的最右側代表該題最後遞送出正確程式碼的使用者比例。

所有 ACM ICPC 題目均有固定格式，每題包含 General Description（一般描述）、Input Format（輸入格式）、Output Format（輸出格式）、Sample Input（輸入範例）、Sample Output（輸出範例）共五大部分。每題長度大約一至三頁左右。圖 1.2 為題目範例。

圖 1.1 解題情形範例（圖片取自 UVa 網站）

Title	Total Submissions / Solving %	Total Users / Solving %
100 - The 3n + 1 problem	512848 / 27.42%	72304 / 72.48%
101 - The Blocks Problem	70028 / 19.35%	14749 / 63.24%
102 - Ecological Bin Packing	72615 / 37.97%	20454 / 86.09%
103 - Stacking Boxes	32717 / 22.30%	8444 / 59.15%
104 - Arbitrage	24483 / 21.38%	4870 / 63.51%
105 - The Skyline Problem	43495 / 21.96%	10714 / 61.20%
106 - Fermat vs. Pythagoras	24449 / 31.64%	5357 / 62.35%
107 - The Cat in the Hat	40655 / 18.91%	6913 / 63.69%
108 - Maximum Sum	40499 / 38.77%	12773 / 78.58%
109 - SCUD Busters	9866 / 26.35%	2542 / 61.61%
110 - Meta-Loopless Sorts	9468 / 26.11%	2609 / 57.00%
111 - History Grading	19168 / 39.35%	7962 / 70.79%
112 - Tree Summing	27258 / 25.65%	5667 / 75.91%
113 - Power of Cryptography	41277 / 37.67%	13583 / 86.81%
114 - Simulation Wizardry	6864 / 30.51%	1978 / 72.80%
115 - Climbing Trees	5805 / 31.46%	1728 / 79.28%
116 - Unidirectional TSP	36386 / 18.93%	6962 / 61.95%
117 - The Postal Worker Rings Once	6773 / 47.98%	2953 / 89.64%

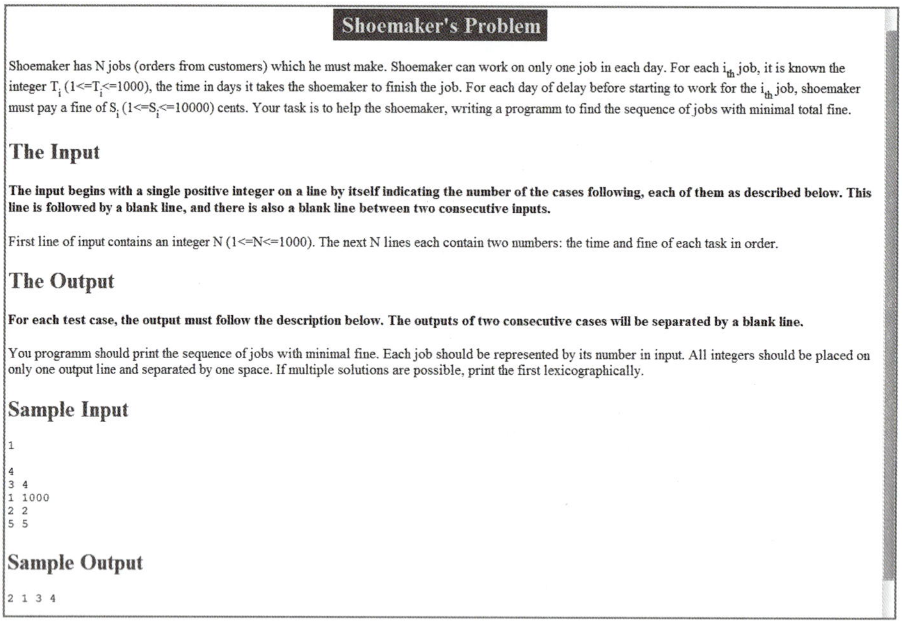

Shoemaker's Problem

Shoemaker has N jobs (orders from customers) which he must make. Shoemaker can work on only one job in each day. For each i_{th} job, it is known the integer T_i ($1<=T_i<=1000$), the time in days it takes the shoemaker to finish the job. For each day of delay before starting to work for the i_{th} job, shoemaker must pay a fine of S_i ($1<=S_i<=10000$) cents. Your task is to help the shoemaker, writing a programm to find the sequence of jobs with minimal total fine.

The Input

The input begins with a single positive integer on a line by itself indicating the number of the cases following, each of them as described below. This line is followed by a blank line, and there is also a blank line between two consecutive inputs.

First line of input contains an integer N (1<=N<=1000). The next N lines each contain two numbers: the time and fine of each task in order.

The Output

For each test case, the output must follow the description below. The outputs of two consecutive cases will be separated by a blank line.

You programm should print the sequence of jobs with minimal fine. Each job should be represented by its number in input. All integers should be placed on only one output line and separated by one space. If multiple solutions are possible, print the first lexicographically.

Sample Input

```
1

4
3 4
1 1000
2 2
5 5
```

Sample Output

```
2 1 3 4
```

圖 1.2 題目範例（圖片取自 UVa 網站）

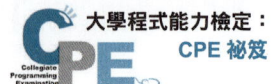

雖然收錄於 UVa 網站的 ACM ICPC 題目庫，對於每一題均有遞送正確程式碼的百分比，以及正確解題的使用者百分比，但仍不足以完全分辨其難易程度。我們為了讓學習者可以瞭解適合練習的題目，並讓教師可以配合授課課程內容做為學生之實作或測驗題目，乃將題目區分為五個等級，如下所示：

- 一顆星 (level 1)：學習完計算機概論之後即可解答（專家級設計師大約可於 10 分鐘撰寫完畢）。
- 兩顆星 (level 2)：學習完資料結構之後才能解答或是苦工題（專家級設計師大約可於 10 至 30 分鐘撰寫完畢）。
- 三顆星 (level 3)：需良好的演算法或數學方法才能解答（專家級設計師大約可於 30 至 100 分鐘撰寫完畢）。
- 四顆星 (level 4)：需要特殊的演算法或是綜合多種演算法才能解答（專家級設計師需要超過 100 分鐘才能撰寫完畢）。
- 五顆星 (level 5)：超越四顆星的極特殊題目。

1.3 大學程式能力檢定 (CPE)

「ACM 亞洲區台灣賽區大專程式設計競賽」自 1995 年起，每年在台灣各大學輪流舉行。為了提升國內大學生的程式設計能力，各大學相關科系的教授於 2008 年組織了「國際計算機器協會程式競賽台灣協會」（ACM-ICPC Contest Council for Taiwan，簡稱 ACM-ICPC Taiwan Council），做為跨校交流與合作的平台。該協會下設三個委員會如下：

1. 推動委員會：負責資源與庶務之整合，原則上由參與學校之計算機中心（或等同單位）主任或資訊系系主任組成。
2. 技術委員會：由教練與命題老師組成，負責培訓與命題事務，原則上成員須具備程式培訓與命題之能力與經驗。
3. 大學程式能力檢定委員會（Collegiate Programming Examination Committee，簡稱 CPE Committee）：共同舉辦 CPE 程式檢定考試，由已參與及即將參與舉辦 CPE 檢定考試之學校代表參加，該學校代表原則上為該校考場負責人。

大學程式能力檢定（Collegiate Programming Examination，簡稱 CPE）旨在提升全台灣學生的程式設計能力，由學生透過線上程式設計，利用電腦自動評判，以檢測程式設計能力。CPE 每年辦理四次，大約為每年的 3、6、9、12 月。CPE 採電腦現場上機考試，以電腦自動評判，並由各校派員監考。考試時，會封閉與考試無關的網路。考生除紙本字典外，不能攜帶任何資料。考生若為大專學生，可免費報名。CPE 的標誌如圖 1.3 所示。

圖 1.3
CPE 標誌圖形

UVa 題目庫收集 ACM ICPC 國際競賽題目，是個相當龐大的題目庫。目前 CPE 的題目並非原創，而是選自 ACM ICPC 題庫。經由上述對於題目難易程度的分級，我們可以組合出適合的考題。每次 CPE 考試都會有簡單與困難的題目。

表 1.5 整理了自 2010 年開始舉辦 CPE 以來之歷次考生人數與答對題數統計資料。台灣歷次參與辦理 CPE 的學校如下（依筆畫順序排序，第一次參與時畫底線）：

1. 2010/6/9，2 校：<u>中山大學、交通大學</u>。
2. 2010/10/11，6 校：中山大學、<u>中央大學</u>、<u>台中教育大學</u>、交通大學、<u>長庚大學</u>、<u>輔仁大學</u>。
3. 2010/12/23，9 校：中山大學、中央大學、台中教育大學、交通大學、<u>清華大學</u>、<u>清雲科大</u>、<u>慈濟大學</u>、<u>嘉義大學</u>、輔仁大學。

表 1.5　CPE 歷次考生人數與答對題數統計表

解題數	≥7	6	5	4	3	2	1	0	合計	校數
2010/6/9	2	7	12	13	17	17	19	8	86	2
累計 %	2.3%	10.5%	24.4%	39.5%	59.3%	79.1%	90.7%	100%		
2010/10/11	2	3	3	5	4	15	20	72	124	6
累計 %	1.6%	4.0%	6.5%	10.5%	13.7%	25.8%	41.9%	100%		
2010/12/23	2	3	4	6	8	20	40	53	136	9
累計 %	1.5%	2.7%	6.6%	11.0%	16.9%	31.6%	61.0%	100%		
2011/5/25	4	4	10	11	20	33	52	139	273	19
累計 %	1.5%	2.9%	6.6%	10.6%	18.0%	30.0%	49.1%	100%		
2011/9/27	3	10	6	11	25	24	32	113	224	17
累計 %	1.3%	5.8%	8.5%	13.4%	24.6%	35.3%	49.6%	100%		
2011/12/20	1	4	38	39	68	80	88	161	479	21
累計 %	0.2%	1.0%	9.0%	17.1%	31.2%	48.0%	66.4%	100%		
2012/3/27	4	4	4	9	10	19	57	347	454	25
累計 %	0.9%	1.8%	2.6%	4.6%	6.8%	11.0%	23.6%	100%		
2012/5/29	1	4	9	12	39	94	265	228	652	30
累計 %	0.2%	0.8%	2.2%	4.0%	10.0%	24.4%	65.0%	100%		
2012/9/25	3	6	11	38	22	64	92	376	612	30
累計 %	0.5%	1.5%	3.3%	9.5%	13.1%	23.5%	38.6%	100%		

4. 2011/5/25，19 校：中山大學、中央大學、元智大學、台中教育大學、台北大學、台南大學、交通大學、成功大學、東華大學、虎尾科技大學、長庚大學、清華大學、逢甲大學、慈濟大學、嘉義大學、暨南大學、輔仁大學、銘傳大學、靜宜大學。

5. 2011/9/27，17 校：中山大學、中正大學、中興大學、元智大學、台中教育大學、台北大學、台南大學、交通大學、成功大學、虎尾科技大學、屏東教育大學、逢甲大學、嘉義大學、暨南大學、輔仁大學、銘傳大學、靜宜大學。

6. 2011/12/20，21 校：中山大學、中央大學、中正大學、中興大學、元智大學、台中教育大學、台北大學、台北市立教育大學、台南大學、交通大學、成功大學、東華大學、虎尾科技大學、逢甲大學、清華大學、嘉義大學、暨南大學、輔仁大學、銘傳大學、澎湖科技大學、靜宜大學。

7. 2012/3/27，25 校：大同大學、中山大學、中央大學、中正大學、中華大學、中興大學、元智大學、台中教育大學、台北大學、台北市立教育大學、台南大學、交通大學、成功大學、東華大學、虎尾科技大學、金門大學、屏東教育大學、政治大學、高雄大學、逢甲大學、嘉義大學、實踐大學、輔仁大學、銘傳大學、靜宜大學。

8. 2012/5/29，30 校：大同大學、中山大學、中央大學、中華大學、中興大學、元智大學、台中教育大學、台北大學、台北科技大學、台南大學、台灣科技大學、台灣海洋大學、交通大學、成功大學、東華大學、虎尾科技大學、金門大學、屏東教育大學、高雄大學、崑山科技大學、淡江大學、逢甲大學、雲林科技大學、慈濟大學、嘉義大學、實踐大學、輔仁大學、銘傳大學、澎湖科技大學、靜宜大學。

9. 2012/9/25，30 校：大同大學、中山大學、中央大學、中正大學、中華大學、中興大學、元智大學、台中教育大學、台北大學、台北市立教育大學、台北科技大學、台南大學、台灣科技大學、台灣海洋大學、交通大學、成功大學、東海大學、東華大學、虎尾科技大學、政治大學、高雄大學、淡江大學、雲林科技大學、嘉義大學、實踐大學、暨南大學、輔仁大學、銘傳大學、靜宜大學、聯合大學。

1.4 CPE 計分規則與程式規範

目前 CPE 的計分規則採取以下兩種方式並行：

- 絕對成績：根據考生答對題數，給予 A、B、C、D 等級。
- 相對成績：依據 ACM-ICPC 排名規則，定出考生在該次考試的成績排名。

ACM-ICPC 排名計分規則簡述如下：

- 每個題目的結果只有「對」與「錯」，並無部分分數。程式必須答對評判用的所有測試資料，該題才算答對。
- 依照答對題數多寡排定名次。答對題數較多者，排名較前。
- 答對題數相同者，以解題時間總和決定排名。所謂的解題時間總和，係指考試開始至解題正確所經過的時間，再加上罰扣時間（penalty，每送出題解錯誤一次罰加 20 分鐘）。答錯的題目則不計時間及罰扣時間。

CPE 考試時間為 3 小時，以下提供一個計分範例：假設考試開始時間為 18:00，考生甲於 18:10 答對 A 題（費時 10 分鐘），然後於 18:25 送出 B 題（但錯誤），18:32 答對 B 題（費時 32 分鐘，均從考試開始為計時起點），接著於 18:50 送出 C 題（但錯誤），則總時間為 10 + 32 + 20×1 = 62 分鐘（C 題未答對，故不計時間）。如果考生乙也同樣答對兩題，而他所花的時間為 70 分鐘，則考生甲的名次排在考生乙之前。

CPE 考試題目的輸出與輸入都不是視窗介面，其程式設計規範如下：

- 考試的程式設計，所有輸入與輸出均採取「標準輸入」(stdin) 與「標準輸出」(stdout)，不可使用檔案讀寫。撰寫程式時，於 C 語言，可使用如 scanf 與 printf 函式；於 C++，可使用如 cin 與 cout 物件。
- 輸入與輸出資料全為純文字資料，必須完全依照題目的輸入與輸出格式撰寫程式。程式要通過評判伺服器的測試資料（不公開），才算「答對」。
- 測試資料的格式必定保證按照題目所給予的輸入與輸出格式，這樣在撰寫程式時，便無需檢查格式是否正確。

- 所撰寫的程式必須有正確的副檔名,如 filea.c 或 filea.cpp 等,並且「選擇正確的語言」送繳程式。

送繳程式之後,評審伺服器會回覆一個訊息,只有得到「CORRECT」,該題才算答對。訊息列表參見表 1.6。

表 1.6 評審伺服器回傳之訊息

訊息	意義
CORRECT	程式已經正確,並通過測試。
PRESENTATION-ERROR	輸出的結果正確,但格式錯誤,例如未依規定空格或換行(多空格或少空格、多換行或少換行)。
PENDING	送出的程式碼仍在處理中。
COMPILER-ERROR	程式碼未通過編譯。(點入連結可以查閱編譯器所產生的錯誤訊息。)
NO-OUTPUT	程式沒有輸出任何資料。
RUN-ERROR	無法順利將程式執行完畢,亦即程式執行過程發生錯誤,例如記憶體存取錯誤。
TIMELIMIT	程式執行所花費的時間超過題目限制。程式可能落入無窮迴圈,或是必須改進解題方法。
WRONG-ANSWER	輸出的結果錯誤。(若輸出的格式產生過大錯誤,也可能造成此結果。)

CHAPTER 2

程式能力檢定評審系統

2.1 CPE 檢定環境

　　CPE 檢定環境是由 DOMjudge [1] 修改而來（因此簡稱 CPEDOMjudge [2]），最初的目的是建立一個程式上機考試的平台，以整合「線上評審系統」(online judge system) 與「現場評審系統」(onsite judge system)。DOMjudge 原先的功能是僅做為一個「現場評審系統」，與著名程式競賽平台 PC^2 系統 [3] 的功能相同，不同的是後者採用 Java 語言設計，在考生端必須安裝 Java 程式，而前者為 Web 應用程式，只要考生端裝設有瀏覽器，即可參與競賽或考試。由於 CPEDOMjudge 整合現場評審系統與線上評審系統，簡化現場上機考試的作業程序（包括考試題庫維護、考試維護、考生帳號與考試註冊），而考生也能經由「線上評審系統」預先進行線上考試練習，查詢現場考試之上傳紀錄。CPEDOMjudge 的幾個特色列舉如下：

---

[1] DOMjudge-Programming Contest Jury System: http://domjudge.sourceforge.net/
[2] CPE online judge: http://cpe.acm-icpc.tw/ , onsite judge: http://cpejudge.acm-icpc.tw/
[3] PC^2 programming contest control system: http://www.ecs.csus.edu/pc2/

- **線上與現場評審系統帳號整合**。若要參與現場考試，只要經由線上申請帳號，就可以進行線上題庫練習，報名線上或現場考試。
- **整合線上與現場考試之上傳與成績紀錄**。DOMjudge 與 PC^2 兩種現場程式競賽系統，只能保存當次比賽的上傳與成績記錄，無法累積歷史資料。一般線上評審系統如 UVA online judge 雖支援比賽機制，也能設立比賽，但缺乏專屬的現場評審系統，也無法提供封閉性質的競技場與臨場無法跳脫之專屬網頁。
- **支援快速布署之現場程式考試機制**。提供專屬考場環境，以虛擬機器映像檔的方式發行與布署，提供參與現場考試的考場快速切換，成為完全一致的軟體開發與考試環境。專屬考場環境為無法跳脫全螢幕畫面之虛擬機器環境，並封閉與考試無關之網路，只提供局限性的程式上傳連線與字典查詢。
- **組態管理機制**。可同時管理 2000 台以上考生虛擬機器，修改臨場網頁網址、網路組態、回復考生程式資料或初始化相關設定。
- **支援多現場之程式考試機制 (multi-site onsite exam)**。截至目前，一次 CPE 考試最多已有 37 個學校協辦，亦即 37 個考場同時進行現場考試（同時間將近 1000 位考生）。此系統具備高彈性之多現場考試設定，可同時支援無限量之單一現場考試與多現場考試（例如同時間有 20 場不同性質的程式考試，每種性質的考試又能有一到多個不受限制的考場組成），唯一的限制是一個考場不能同時進行兩個不同性質的考試。
- **題庫管理與自動選題機制**。授課老師使用線上編輯器，來建立題目描述與測試資料。題目描述可經由 HTML 文件編輯器於線上建立，並支援 LaTeX 格式的數學符號。系統累積歷史上傳資料，根據解題狀況自動評定難易等級，支援自動出題選項。
- **考場管理機制支援**。在管理多考場與數量龐大的一致性虛擬機器時，對每一個機器派送唯一的機器碼識別，並辨識來自線上申請帳號的隨機選座考生。事後若有違規爭議，必須提出佐證資料，以判別考試成績。

2.2 CPE 線上評審系統

　　CPE 線上評審系統與傳統的 online judge 類似，但主要在於支援現場評審、做為輔助系統之用，主要功能包括：查詢現場考試歷史成績與上傳資料，提供根據難度、關鍵詞分類之題庫資訊，以及考生線上練習。由於現場考試使用之帳號與線上申請之帳號互通，考生必須先上網申請帳號，經過 E-mail 認證之後，此帳號即可進行線上評審系統練習、報名及參加現場考試。DOMjudge 原先設計僅做為現場評審之用，所有帳號必須經由資料庫整批匯入、以亂數產生密碼，並利用連線 IP 位址限制現場考生連線。但在 CPE 線上評審的部分，增加了線上帳號申請與忘記密碼功能，同時取消 IP 位址連線限制（將此限制改為不同考場之現場評審系統之用，此功能將在現場評審系統中詳細說明）。

1. 帳號申請

- 登入 http://acm-icpc.tw/p/，點選 Apply Here，連結至申請頁面，並填妥相關欄位。
- 至所填寫之信箱位置接收確認信件，標題為：Collegiate Programming Examination：帳號資訊，點選信件中的連結，即可完成帳號申請動作。

2. 忘記密碼

- 登入 http://acm-icpc.tw/p/，點選 Recover Here，連結至忘記密碼頁面，填妥當初申請之帳號以及信箱位置。
- 至所填寫之信箱位置接收確認信件，標題為：Collegiate Programming Examination：帳號資訊，點選信件中的連結，即可重新設定密碼。

3. 一般使用者操作介面

　　使用線上申請之帳號登入後，主要有如下頁面之功能：submissions（程式上傳紀錄）、clarifications（問題提報）、scoreboard（計分板）、problems（題目）、exams（考試）、profile（個人資料維護）。這與現場評審系統類似，但增加 exams 與 profile 選單。原現場評審系統只顯示當次考試之相關資料，但線上評審系統則整合所有相關歷史資料，因此 submissions 功能將累積所有線上與現場考試之上傳歷史紀錄。現場評審無法顯示上傳之原始碼（為了防弊），但線上評審系統在現場考試完畢後，將允許取得現場考試上傳之程式原始碼，供考生事後在線上參考。

(1) Submissions 子網頁

Submissions 頁面整合現場與線上評審之歷史紀錄如圖 2.1 所示。顯示資料分別為：submission ID（上傳唯一識別碼）、date/time of submission（上傳日期／時間）、problem ID（題目識別碼）、language（使用程式語言）、time used（程式執行與評審時間）、memory used（記憶體使用量）、judge status（評審狀態）、exam ID（考試識別碼）、machine ID（考生機器識別碼）、site ID（考場識別碼）。系統允許語言包括 C、C++ 與 Java。評審狀態包含 CORRECT、WRONG-ANSWER、PRESENTATION-ERROR、RUN-ERROR、TIMELIMIT、COMPILER-ERROR，代表意義請參考第 1 章表 1.6。記憶體使用量為估計值，目前計算方式為：number of minor page-fault * 4K。因為綜合線上與現場考試資料，除了考試識別碼外，尚有考試屬性 (onsite, online, practice)，其中 onsite 代表現場考試（必須在註冊之考場連

submissions clarifications scoreboard problems exams profile logout admin

Sat 22 Dec 2012 16:44:19
time left: 2d 1:35:40

Submissions team 許 成功

0 - 19 of 351 Next> Oldest>>

PROBLEM	SCORE
★ A:HELLO	0
• B:23631	0
• C:10404	0
• D:22801	0
SUMMARY	0 / 0

#	submit	problem	lang	time	memory	status	cid	mid	site
s1120971	2012-12-05 13:38:41	HELLO	CPP	21 s	360 K	TIMELIMIT	2	(210111)	交通大學-PC2(140.113.200.72)
s1120961	2012-12-05 13:36:58	HELLO	JAVA	0.08	11564 K	RUN-ERROR	2	(210111)	交通大學-PC2(140.113.200.72)
s1116091	2012-12-01 15:57:23	HELLO	CPP	0.2	684 K	RUN-ERROR	2	(208951)	測試考場(140.109.222.243)
s1085441	2012-11-08 21:01:19	10459	C	3 s	680 K	CORRECT		(203321)	交通大學-PC2(140.113.200.72)
s1085181	2012-11-08 12:55:02	10681	C	2 s	768 K	CORRECT		(203321)	交通大學-PC2(140.113.200.72)
s1085171	2012-11-08 12:54:20	10459	C	2 s	684 K	CORRECT		(203321)	交通大學-PC2(140.113.200.72)
s1085031	2012-11-07 22:23:23	10681	C	2 s	764 K	CORRECT		(203321)	交通大學-PC2(140.113.200.72)
s1084841	2012-11-07 20:46:22	10681	C	3 s	820 K	WRONG-ANSWER		(203301)	交大資工系-EC330(140.113.235.115)
s1084811	2012-11-07 20:42:26	10681	C	2 s	772 K	WRONG-ANSWER		(203301)	交大資工系-EC330(140.113.235.115)
s994941	2012-09-26 12:40:54	10548	CPP	2 s	676 K	WRONG-ANSWER		(176621)	交通大學-PC2(140.113.200.72)
s957371	2012-09-24 18:36:34	10520	CPP	0.46	156840 K	CORRECT		(176621)	交通大學-PC2(140.113.200.72)
s957361	2012-09-24 18:36:22	10520	CPP	0.04	4116 K	CORRECT		(176621)	交通大學-PC2(140.113.200.72)
s957351	2012-09-24 18:36:03	10520	CPP	0.06	2004 K	CORRECT		(176621)	交通大學-PC2(140.113.200.72)
s957331	2012-09-24 18:33:18	10421	CPP	0.01	856 K	CORRECT		(176621)	交通大學-PC2(140.113.200.72)

0 - 19 of 351 Next> Oldest>>

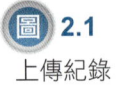

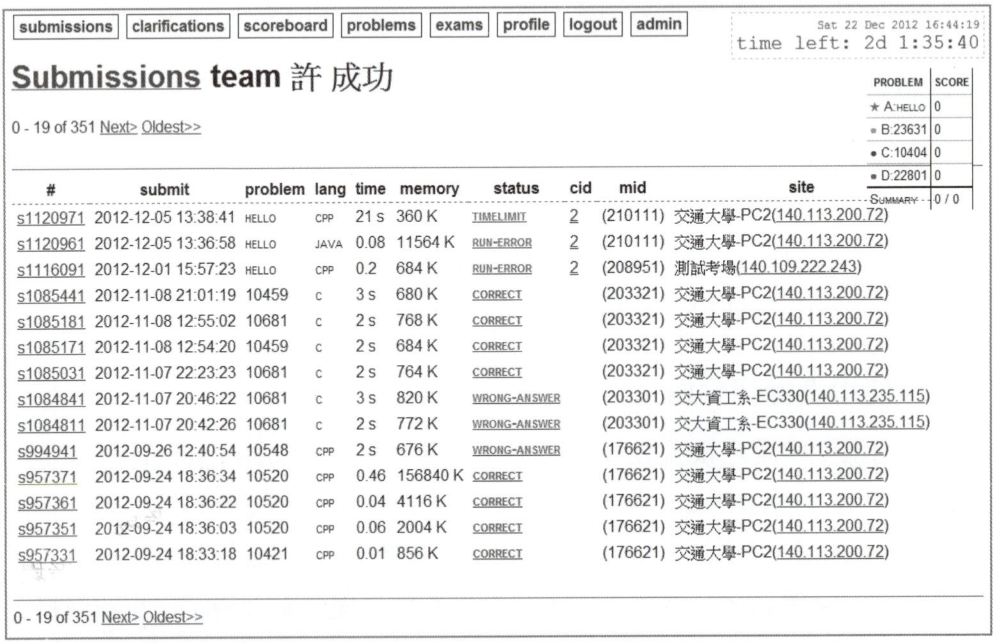

圖 2.1 上傳紀錄

線），online 代表線上考試（連線考場不設限），practice 表示練習題庫（沒有連線限制，也沒有時間限制）。有關考生機器識別碼，若為現場考試，可代表當次考試中所使用之機器，否則取其 session ID 雜湊碼。至於考場識別碼，若為現場考試，則顯示所註冊之考場代碼，否則顯示機器來源 IP 位址。

關於考試屬性方面，尚有以下區別：

- **onsite normal exam：現場正式考試**。有時間與連線限制，必須在註冊的考場，使用 CPE 現場考試整合環境 (CPE VM image)。連線伺服器為 cpejudge.acm-icpc.tw。供現場上機考試之用。
- **onsite practice exam：模擬正式考試**。有時間限制，但無連線限制。若在註冊的考場連線，則顯示考場題目；若非考場連線，則顯示非考場題目。不限制使用 CPE 現場考試整合環境 (CPE VM image) 做為正式考試前之模擬考試，介面使用方式與正式現場考試完全相同。連線伺服器同樣為 cpejudge.acm-icpc.tw。
- **online normal exam：線上正式考試**。有時間限制，但無連線限制。類似 UVA、PKU-judge 之 contest 介面。連線伺服器為 cpe.acm-icpc.tw。做為一般線上程式作業之用。
- **online practice exam：題庫練習之用**。沒有時間與連線限制。類似 UVA、PKU-judge 之題庫練習。經由任何題目列表都可進入上傳介面，進行程式練習。

考生機器識別碼與考場識別碼可區別現場考試與線上考試或練習。有註冊之考場才會取得合法之 site-ID，而在註冊考場內使用 CPE client VM image 才能取得合法之 machine-ID，提供 onsite exam 確認考生身分。若無合法 site-ID，則以連線 IP 取代；若無合法 machine-ID，則以 session-ID 取代，以供 online exam 參考。

(2) Exams 子網頁

Exams 網頁以 tab 篩選考試狀態，分別為 Local Active、All Active、Inactive CPE、Local Inactive 與 Inactive。倘若登入時選擇內設考場，Local Active 將顯示該考場可報名之考試；若選擇 All Active tab，則顯示所有考場可報名之考試；其他 Inactive tab 則顯示過去已舉辦考試。

A. Active Exams (Local Active, All Active)

在此選項下，可選擇對應考場之考試進行報名或取消報名。

- **報名考試**：點選 Register 將頁面連結導引至該日期之測驗報名頁面，點選 Confirm to Register 即報名完成。
- **取消考試**：點選 Register 將頁面連結導引至該日期之測驗報名頁面，點選 Delete Registration 連結導引至確認是否取消報名頁面，點選 Yes 即取消報名，點選 Never mind 則跳出取消之動作。

所有現場考試與線上正式考試都會出現在此選項下，包含單現場與多現場考試，如圖 2.2 所示。

若考生資料不完整，必須先進入 profile 選項完成填寫。若考場有容量限制，額滿後就無法報名。若報名成功，在 exams 對應考試場次項目，將顯示 registered 狀態。

B. Inactive Exams

過去舉辦過之所有考試資料都會顯示在此，列舉歷次考試之詳盡資料，

圖 2.2 報名考試

包含題目紀錄、計分板、上傳紀錄、問題提報，或相關維基 (wiki) 與討論，如圖 2.3 所示。

這是 CPEDOMjudge 較具特色的介面之一。一般 PC^2 或原 DOMjudge 等現場評審系統都是 one-shot contest，也就是考試資料只使用一次。考完呈報 ICPC 總站之後，幾乎就很難取得並累積。一般 UVA、PKU online judge 系統，競賽資料也不完備，至多就是計分板資料。相反地，CPEDOMjudge 可累積每次考試的歷史資料，呈現完整紀錄。每一題都有統計資料，包含上傳次數與正確率，而且每位考生之上傳紀錄、計分板與問題提報紀錄可忠實呈現當次考試狀態。考生不僅可以瞭解過去的考試型態、難易度，也能選擇該次考試之題目進行練習，算是線上練習題庫的另一種呈現方式。對於考試成績參考單位而言（例如研究所入學單位、工作應徵單位），可藉以瞭解當次考試題目類型、考生作答細節等。由於現場考試有時間與連線限制，不能攜帶任何文件資料，還有監考人員監試，更配合詳盡考試歷史紀錄，因此可客觀評鑑考生的程式能力。

未來除了忠實呈現當次考試所有紀錄並統計資料外，將會增加更多分析資料，包含解答過程剖析（上傳時間點、編譯時間點、執行時間點）、程式發展差異度、發展錯誤分析，也可以依照程式相似度進行分群（另一方面，若當作線上程式作業，也可以做為是否抄襲比對之用）。此歷史資料用途廣泛，性質獨特。就已知的文獻資料來看，目前尚無 700 多人同時閉門寫程式之剖析資料可供參考。

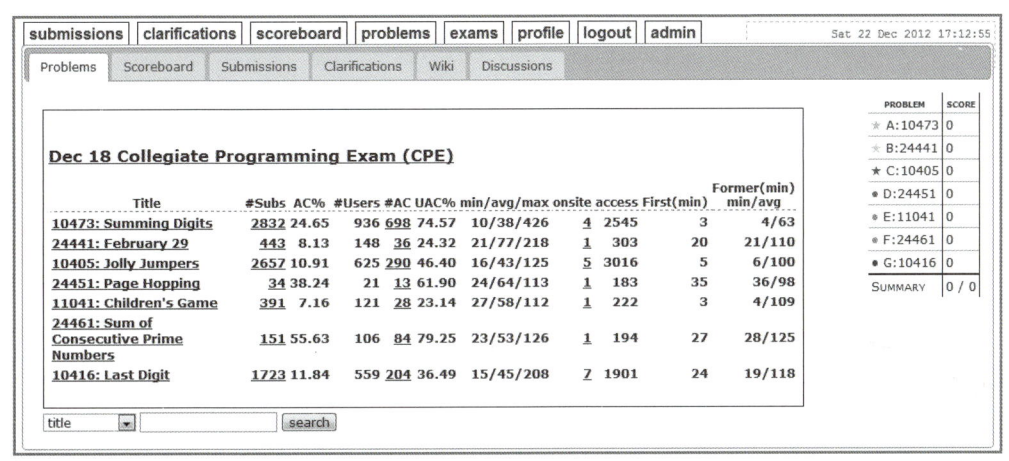

圖 2.3 考試歷史資料

(3) Problems 子網頁

這是線上練習題庫的網頁介面。分類方式有三種：題庫蒐集年度、關鍵詞，以及中山大學楊昌彪教授針對 UVA 題庫所提出的難度區分等級。依照題庫蒐集年度分類類似 UVA judge。關鍵詞則依照演算法、資料結構、資通安全、作業系統等大分類篩選。圖 2.4 為資通安全之篩選分類。

例如，若要學習資通安全相關題庫，則選擇 keyword classification，並選擇資通安全大分類。在此大分類下，係以 tab 篩選出 big number、number theory、primes、sieve、encryption 等關鍵詞。若選擇資料結構分類，以 tab 可細分為 BFS（廣度優先搜尋）、DFS（深度優先搜尋）、shortest paths（最短路徑）、sorting（排序）等關鍵詞。大數運算、字串處理與排序等操作對於多數學生而言都是較弱的項目，用此分類可以快速找尋適當的練習題目，加強練習。

圖 2.4 大分類篩選

(4) Scoreboard 子網頁

這是整合各考試之成績紀錄，分成考試、課程、整體成績（包含線上與現場考試）、現場考試成績、個人詳細成績歷史資料。圖 2.5 為 2012 年 12 月 18 日 CPE 成績計分板。

此計分板資料為 DOMjudge onsite judge 之原始計分板，類似於 PC^2 計分板。由此計分紀錄可瞭解該次考生的整體程度與題目整體的難易程度。一般來說，若要評定程式設計比賽題目是否有良好之鑑別度與出題品質，有三個簡單指標：沒有人（輕易）解完所有題目、所有題目都要有人解出、多數人都至少解一題。這三個指標彼此相關、環環相扣。基本上，題目不能太難、太偏頗或太簡單，難度要適中、不能讓一個人全部解出，但每一題都要能被解出。另外，也要有適當簡單的題目，讓參賽者不要掛零而過於沮喪。

CPEDOMjudge 原先的設計是圍繞在考試、題目與考場上，後來參與的學校漸多，成績計分與考試的編排變得凌亂而不易閱讀。為此，增加一個

圖 2.5 計分板

大分類——課程。題目與考試將附屬於課程中,能以課程為單位、學期為週期計分。但目前的設計尚未完善,主要是希望改良模組介面,以能直接與 Moodle 溝通,採用 Moodle 來管理課程。除了以課程為主的計分,也保留一般線上評審系統都有的整體成績排名,因為系統兼具線上／現場評審特點,因此整體排名是綜合現場評審與線上評審的成績,而現場評審成績則另行排名(因為現場考試有特定監考程序,較具公信力)。

CPEDOMjudge 另外一個特色是提供個人成績歷史資料的網頁。每一位使用者的考試紀錄都有唯一可識別之 URL,格式為 http://cpe.acm-icpc.tw/u/username,例如 http://cpe.acm-icpc.tw/u/9617050,參見圖 2.6。

個人之應考歷史資料都會詳列於此網頁,包括所有參與考試的細節資料、日期、當次考試排名、解題數、相對排名比例、絕對成績資料等。此成績資料可客觀評估個人設計程式的能力。以第二項資料為例,解讀如下:參與考試 ID 2861(細節可點選連結),日期為 2012 年 3 月 27 日,在 454 位考

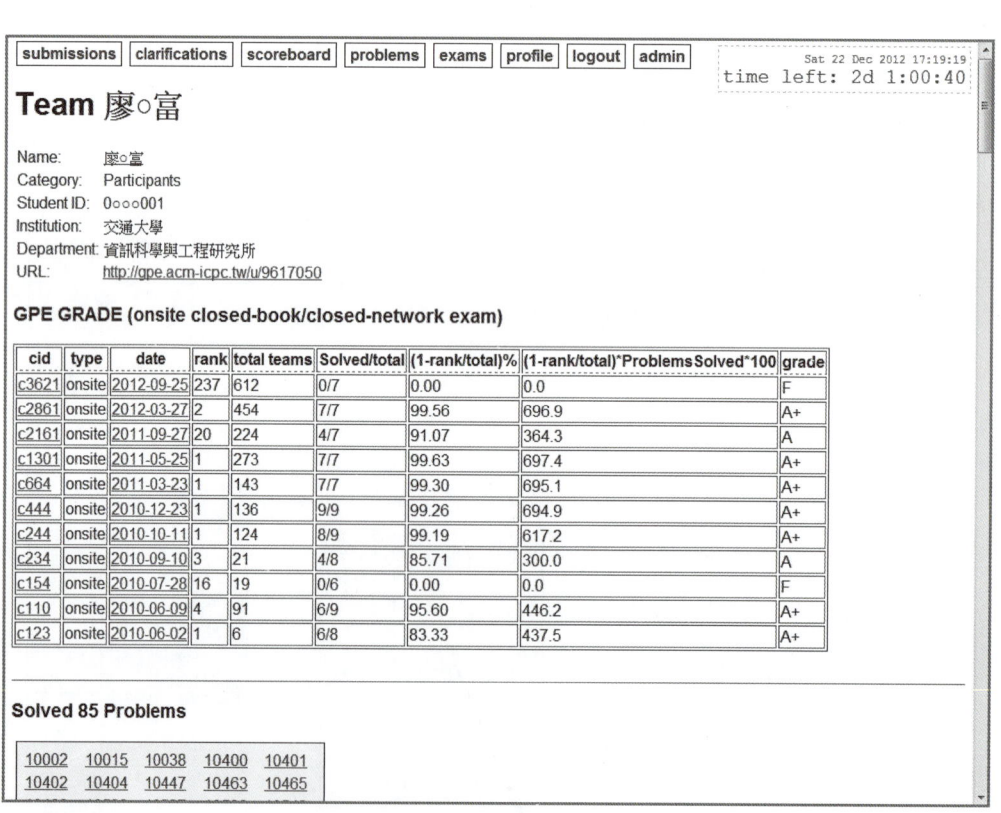

圖 2.6 個人成績資料

生中，成績為第二名，共解七題，為前 0.5% 優秀者。解六題以上者，會給予 A+ 之成績，解四至五題者則給予 A 之成績。

我們建立一個綜合相對排名、絕對解題數，並參與考生人數之能力指標分數，得出 CPE 分數計算公式如下：

$$\text{CPE grade} = (1 - \text{Rank} \div \text{TotalUser}) \times \text{ProblemsSolved} \times 7 \div \text{TotalProblems} \times 100$$

其中，

  Rank：排名，如上述資料，排名第二名，Rank=2。
  TotalUser：參與解題之考生人數，如上例有 454 位，故 TotalUser=454。
  ProblemSolved：解題數，如上述資料，ProblemSolved=7。
  TotalProblems：此次考試總題數，如上述資料，TotalProblems=7。

可計算得出第一項資料的 CPE grade 為 696.9 分。根據此公式，不管考試總題數，都會調整為總分 700 分，類似全民英檢的指標分數。若要衡量一般能力學生的分數，根據經驗，解兩題約落在 30% 左右的名次，因此 CPE grade 大約為 140 分。此公式考量考生人數，考生總數愈少，在同樣的排名下，CPE grade 將愈低，反之則愈高。若解題數相同，總題數愈高，CPE grade 愈低。若同樣的排名，解題數愈高，成績愈高。因為解題數反映絕對成績（但也受出題難易度影響），排名比例反映相對成績（但也受考生人數影響），取兩者的乘積，融合相對表現與絕對表現，並考量出題數與考生人數，即可大略瞭解考生的程式設計能力。

(5) Clarifications 子網頁

Clarifications 是傳統現場評審系統都會提供的介面，考生可提報問題，要求澄清問題疑義。與一般互動討論不同，此提報只有考試管理人員可看見。管理人員可選擇忽略、回覆給提報人或給所有人。功能如下：

- 點選 View Clarifications 可查看大家所提問之問題與管理者之回答。
- 點選 Request Clarification 可發問問題。
- 點選 View Clarification Requests 可查看自己所提問之問題。

圖 2.7 問題提問

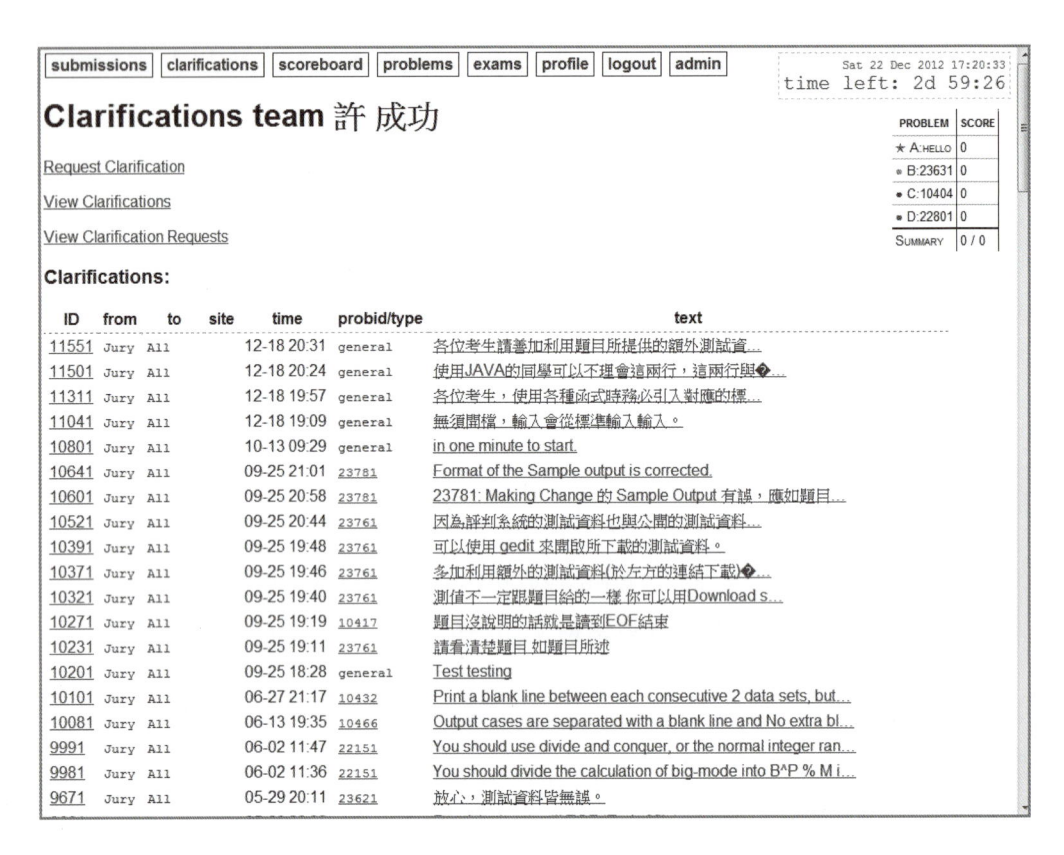

如圖 2.7 所示，當考生對題目問題描述有疑慮，不清楚輸出入規格時，可利用此介面提問。提問人也能看到相關的問題回覆。

2.3　CPE 現場評審系統

　　CPE 現場評審系統的設計改自 DOMjudge，但增加題目描述、帳號管理、考場管理與考生機器管理。網頁介面分成 Submissions（檢視當次考試上傳結果）、Clarifications（問題提報）、Scoreboard（計分板）、Problems（當次考試題目列表）與 Documentation（相關文件，包含字典、編譯器說明、C++ STL/Java JDK 文件等）。

　　登入後之頁面如圖 2.8 所示。進入頁面為題目列表。一般的現場評審系統，如 DOMjudge 與 PC^2，並無題目描述頁面，而是提供題目紙本列印。

程式能力檢定評審系統

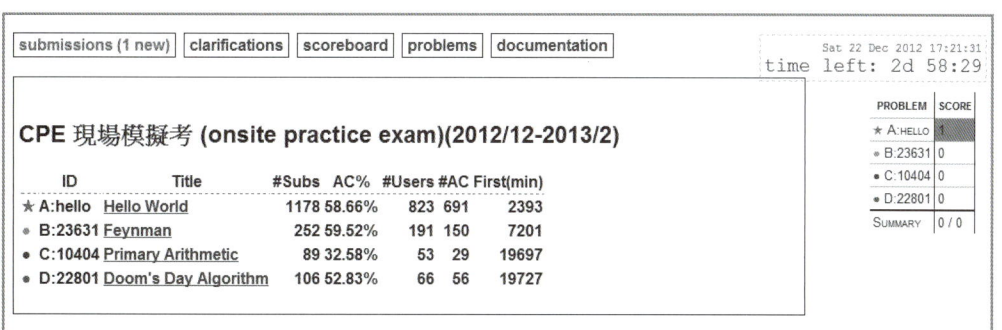

圖 2.8 登入後之頁面

CPEDOMjudge 整合了線上評審之題庫管理系統，除了測資與評審系統可互用之外，題目描述也可以在現場考試系統中呈現。為了克服數學符號呈現問題，於是使用 LaTeX 題目編排模式，呈現效果如圖 2.9 所示。圖 2.9 是以 HTML editor 編排，若需插入數學符號，則以 [tex] .... [/tex] 插入 LaTeX 文件格式，或者採用 HTML 數學符號。若需圖形，也能上傳圖檔，預覽後可嵌入文件中。

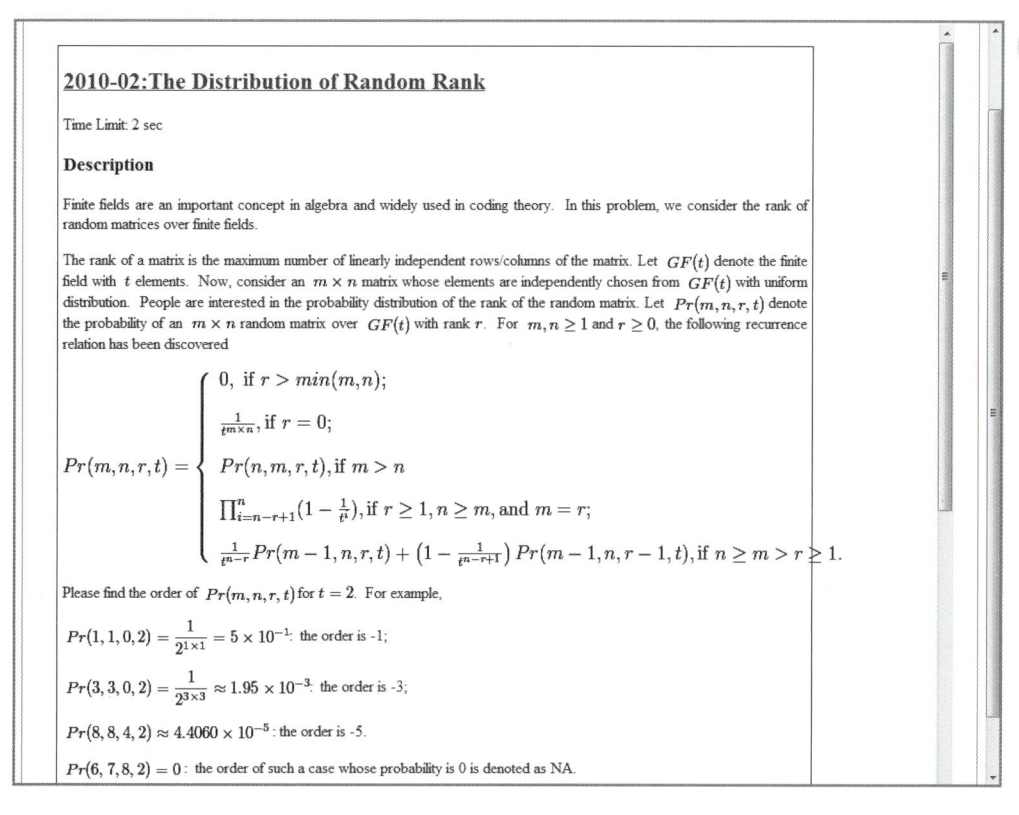

圖 2.9 題目描述

2010-02: The Distribution of Random Rank

Time Limit: 2 sec

Description

Finite fields are an important concept in algebra and widely used in coding theory. In this problem, we consider the rank of random matrices over finite fields.

The rank of a matrix is the maximum number of linearly independent rows/columns of the matrix. Let $GF(t)$ denote the finite field with t elements. Now, consider an $m \times n$ matrix whose elements are independently chosen from $GF(t)$ with uniform distribution. People are interested in the probability distribution of the rank of the random matrix. Let $Pr(m,n,r,t)$ denote the probability of an $m \times n$ random matrix over $GF(t)$ with rank r. For $m, n \geq 1$ and $r \geq 0$, the following recurrence relation has been discovered

$$Pr(m,n,r,t) = \begin{cases} 0, \text{ if } r > min(m,n); \\ \frac{1}{t^{m \times n}}, \text{ if } r = 0; \\ Pr(n,m,r,t), \text{ if } m > n \\ \prod_{i=n-r+1}^{n}(1-\frac{1}{t^i}), \text{ if } r \geq 1, n \geq m, \text{ and } m = r; \\ \frac{1}{t^{n-r}}Pr(m-1,n,r,t) + \left(1-\frac{1}{t^{n-r+1}}\right)Pr(m-1,n,r-1,t), \text{ if } n \geq m > r \geq 1. \end{cases}$$

Please find the order of $Pr(m,n,r,t)$ for $t = 2$. For example,

$Pr(1,1,0,2) = \frac{1}{2^{1 \times 1}} = 5 \times 10^{-1}$: the order is -1;

$Pr(3,3,0,2) = \frac{1}{2^{3 \times 3}} \approx 1.95 \times 10^{-3}$: the order is -3;

$Pr(8,8,4,2) \approx 4.4060 \times 10^{-5}$: the order is -5.

$Pr(6,7,8,2) = 0$: the order of such a case whose probability is 0 is denoted as NA.

以下針對各子網頁介面詳細說明。

1. Submission——上傳結果檢視

如圖 2.10 所示，該頁面可檢視上傳結果。另外若有更新的評審結果，也會在上層表單中顯示，例如 submissions(1)，表示有一上傳已經產生評審的結果。若經由註冊之考場上線，在用戶資訊中會顯示考場名稱與考生機器識別碼，在正式現場考試中供確認使用。

2. Clarification——問題提報

對於系統操作或題目有疑義時，可使用 Clarification 提報問題。此外，該頁面還可查看別人所詢問的問題，以及管理者回答的情形，如圖 2.11 至圖 2.13 所示。

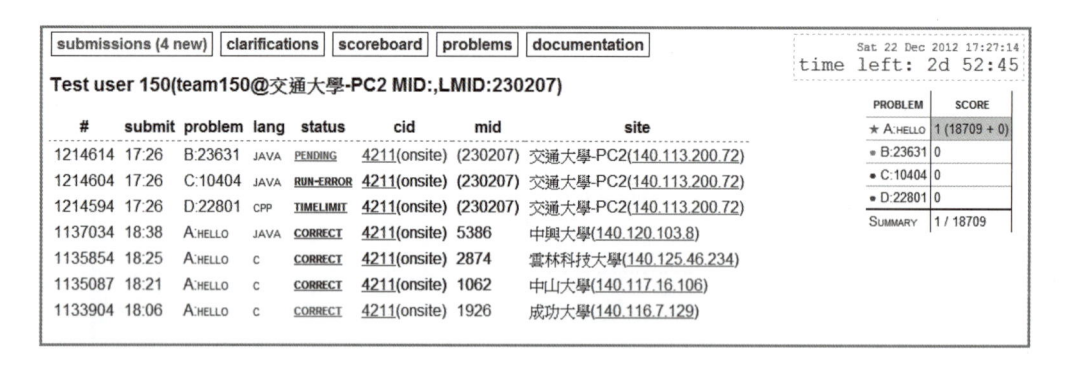

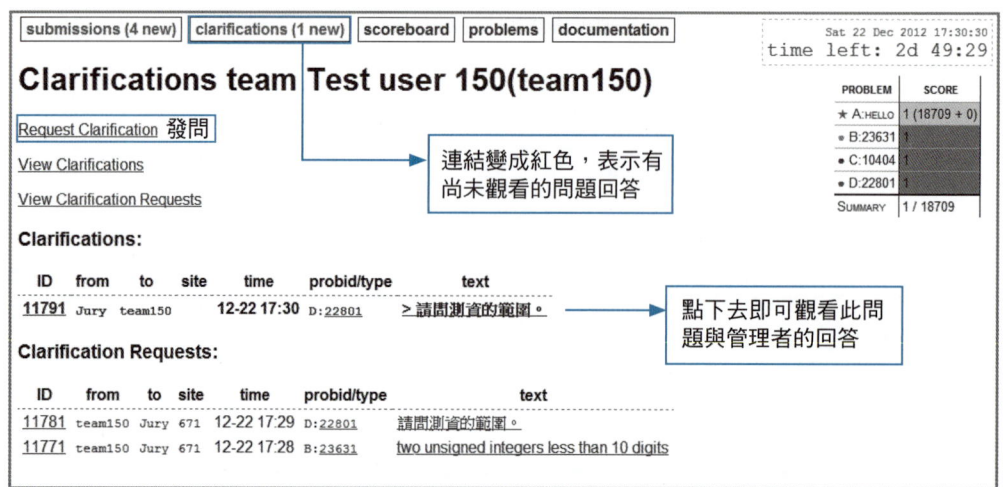

圖 2.10 上傳的結果

圖 2.11 問題提問頁面

圖 2.12 發問頁面

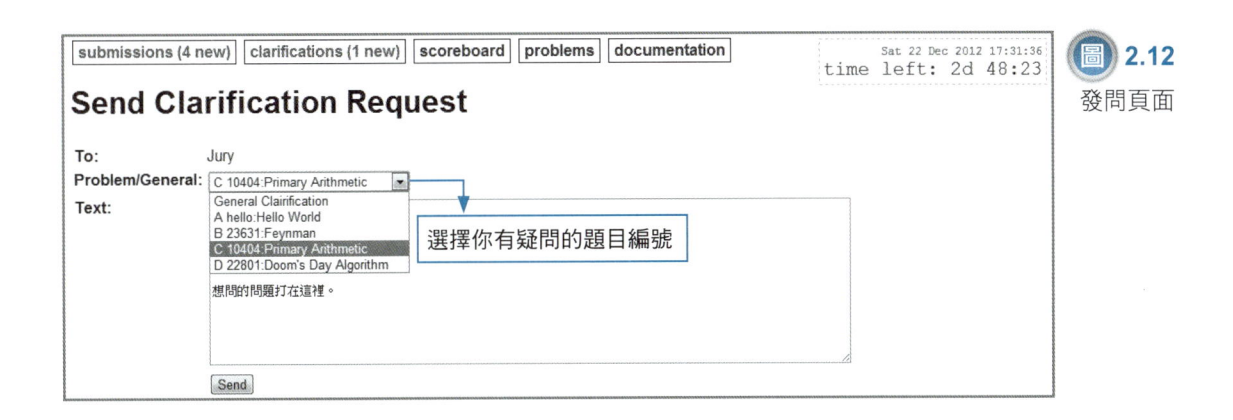

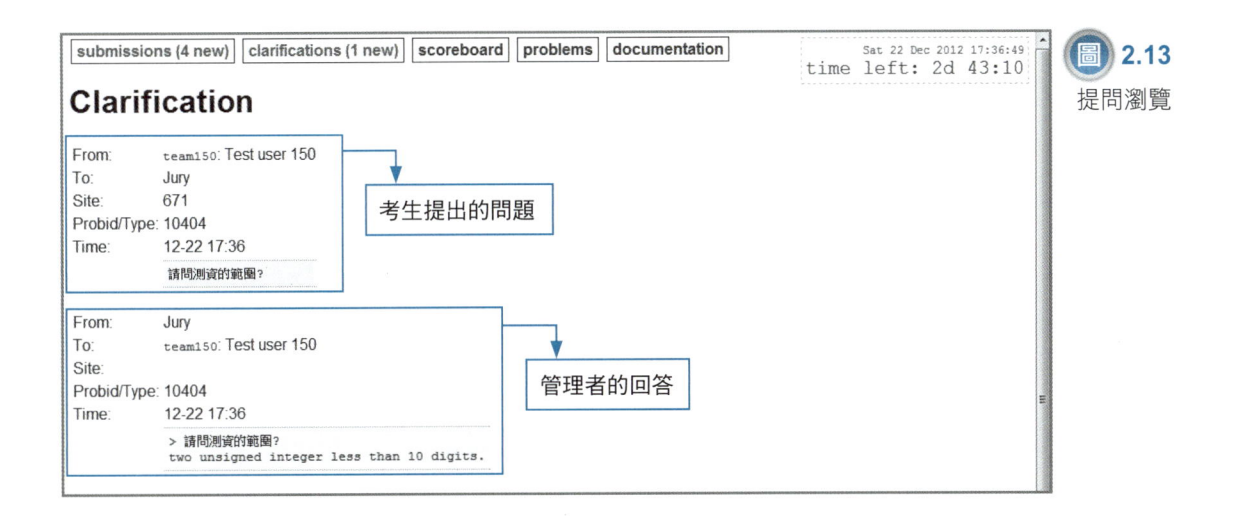

圖 2.13 提問瀏覽

必須注意的是，如果需要用中文提問，請開啟 gedit（該軟體位置為：Applications→Accessories→gedit Text Editor）輸入所要詢問的問題後（切換輸入法的方式：ctrl+space→ctrl+shift），複製貼上至 Clarifications 即可。

3. Scoreboard──計分板

顯示本次比賽的即時解題排名與所耗費之時間。考生可從正確作答人數較多的題目先進行解題，參見圖 2.14。

4. Problems──題目列表

某次檢定（或考試）的題目列表如圖 2.15 所示。

圖 2.14 計分板

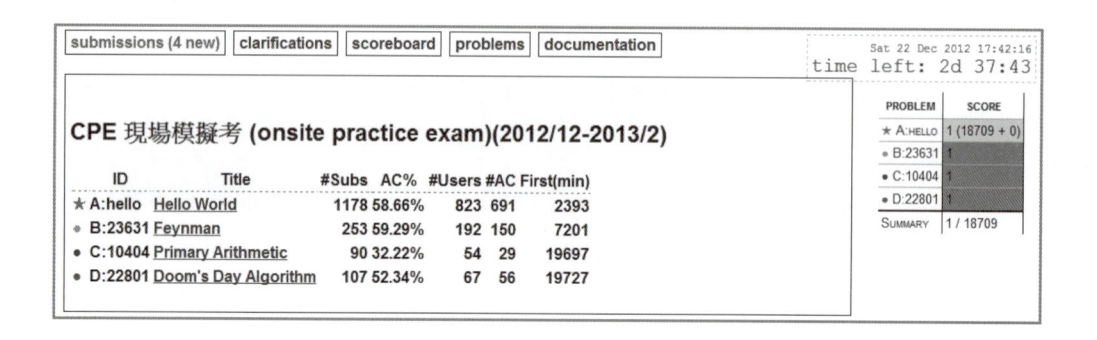

圖 2.15 題目列表

點一下題目連結，便可進入該題目頁面。上傳程式碼亦在此頁面進行。此外，請選擇語言、上傳原始碼（不要上傳執行檔），如圖 2.16 所示。

5. Documentation──文件

文件包含：(1)Online Dictionary 為英文字典；(2)STL 為可以查詢 C++ STL (Standard Template Library)。熟悉 Unix 者，可使用終端機的 man 指令

圖 2.16 示範題目

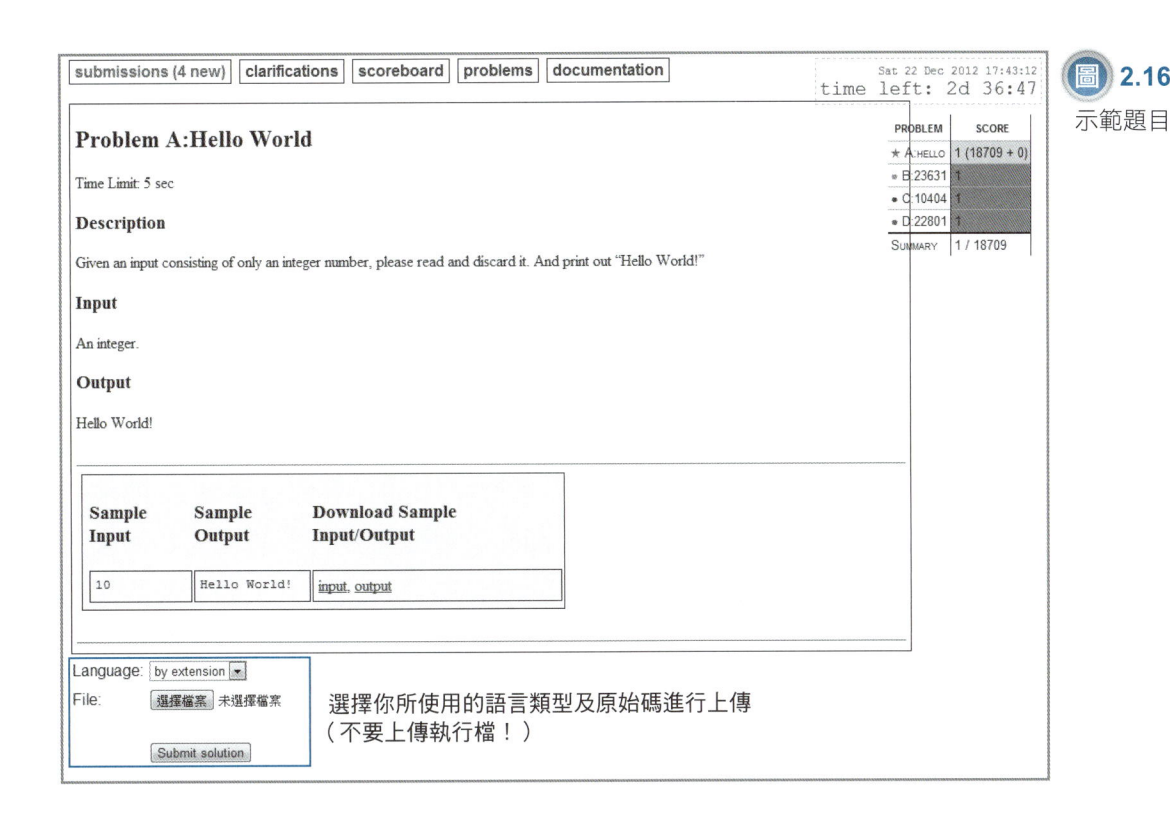

查詢 C 與 C++ 的函數，例如 man scanf。另外，文件網頁備有程式開發 IDE（Integrated Development Environment，整合開發程式環境）文件，例如兩種開發環境（Code::Blocks 與 Eclipse）的編譯器。

2.4 CPE 管理系統

CPE DOMjudge 管理系統分成帳號管理、授權管理、課程管理、考場管理、考試管理與題目管理。以下僅簡要介紹考場管理、考試管理與題目管理等機制。

1. 考場管理

CPEDOMjudge 的主要特色之一，就是簡化多考場之現場考試機制，因此需要簡單且有效之考場管理機制。PC^2 管理 multi-sites 的方式是給予 site server 密碼管制，而現場考生機器必須使用防火牆與帳號密碼來維繫現場的管控。DOMjudge 則是使用帳號與密碼登入後，所取得之連線 IP 當作後續管制之依據，但也需要額外的防火牆限制，以確保為現場連線。這兩個系統的多現場維護方式僅適合考場數量少之情況，一旦考場數量增多，防火牆規則與網站帳戶管理將不易維護。

相較之下，CPEDOMjudge 修改 DOMjudge 的認證方式，以連線 IP 為確認現場的唯一依據，因此必須事先維護合法場地之 IP 範圍。最初管制考場連線是設定 Apache 組態，但因為考場數量增加，導致考場 IP 位址不連續而造成維護不易。倘若使用 remote-addr 環境變數進行認證，因為每次連線都要查詢資料庫來確認合法 IP 範圍，會使效能負擔過重。因此改為運用 memcache 系統，亦即在考生機器首次認證登入後，會將合法 IP 範圍暫存於 memcache，日後網頁連線後，將不再需要透過資料庫查詢，即可快速確認是否為合法考場之連線。例如：

Onsite Exam1: 33 sites, duration: 18:30-21:30, Oct-9, 2012

Onsite Exam2: 10 sites, duration: 19:00-22:00, Oct-9, 2012

Onsite Exam3: 1 site, duration: 18:30-21:30, Oct-9, 2012

Online Exam4: online, duration: 18:40 Oct-9, 2012 – 18:40 Oct-18, 2012

Onsite Exam5: 1 site, duration: 17:00-20:00, Oct-9, 2012

Onsite Exam6: 100 sites, duration: 17:30-20:30, Oct-9, 2012

表示此系統在重疊的時間內，支援有 33 個考場的 Exam1，10 個考場的 Exam2，100 個考場的 Exam6。根據此方便有效之考場管理機制，CPEDOMjudge 可同時支援無數量限制之不同形式的多考場考試。

2. 考試管理

考試管理包括考試的新增、刪除與修改，亦即可管理考試相關之後設資料、增減參與考場（一個到多個，無數量限制）、增刪考試題目（手動挑選題目、自動選題）、上傳評審管理此次考試、管理問題提報、查詢計分板、管理註冊考生、增刪附屬課程、產生成績單等，如圖 2.17 的介面。

圖 2.17 個人上傳的結果

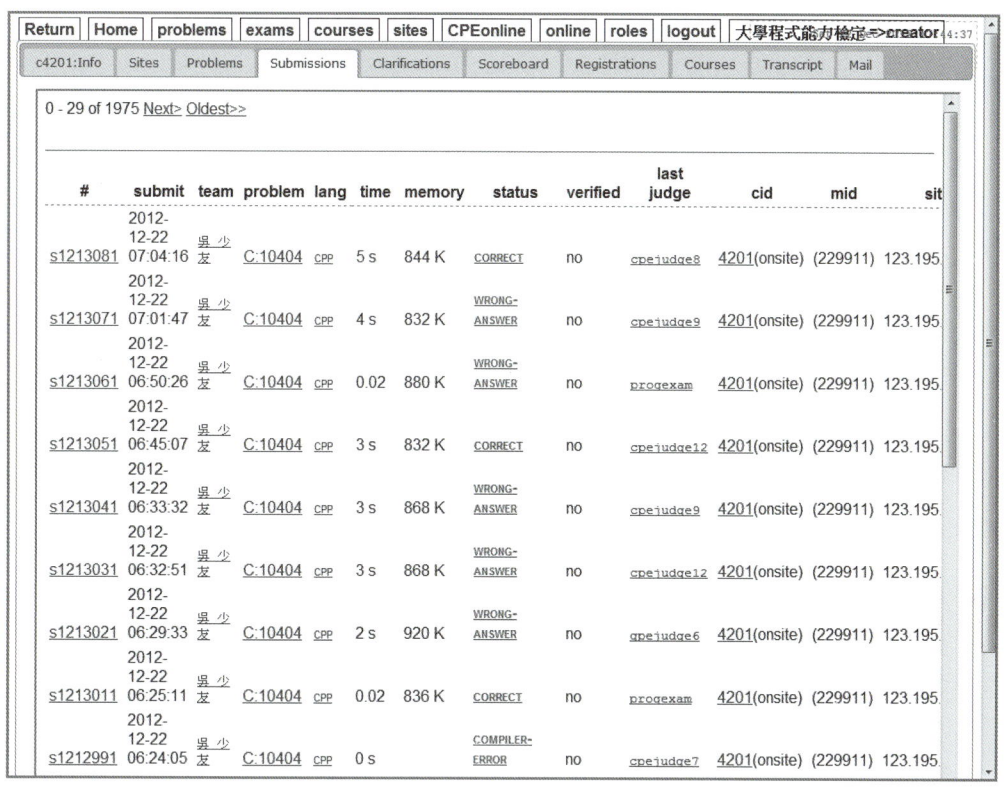

　　比較具特色之管理為考場增減與題目挑選。任何考試都能選擇一個到無數量限制的考場，進行多現場之考試。目前參與 CPE 考試的考場已經約有 40 個。此考試管理機制是 CPEDOMjudge 的獨特功能，原 DOMjudge 因為是一次性的比賽 (one-shot contest)，並無此觀念。而新版之 PC^2 為了快速切換練習比賽與正式比賽而增加建立 contest profile 概念，達到類似維護多考試後設資料的功用，但並沒有 CPEDOMjudge 事先維護多種現場考試的能力。考試管理的另外一個議題是挑選題目。程式題目必須事先維護，但挑選則依賴人為的方式進行。此外，CPEDOMjudge 還支援自動選題，其可依照過去現場考試的歷史資料與統計，衡量難、中、易程度，而自動列舉需求難度與數量之候選題目，任意增刪題目至所維護之考試中。題目難度有以下幾個評量指標：

- 答對比例。
- 平均程式行數 (lines of code)。

- 最快解題時間 (best submission time)。
- 平均解題時間。

最快解題時間只有在現場考試中才有客觀可參考的統計資料。系統累積四年的現場程式檢定考試資料，因此已經有相當題數之平均行數與解題時間歷史資料，而評量指標之數值仍待調整。

3.題目管理

題目管理包括題目新增、刪除、修改，亦即管理後設資料（如名稱、執行時間限制）、題目描述、測試輸出入資料、題目之上傳評審管理。介面如圖 2.18 所示。

因為程式題目描述已經有一定格式，不同的描述屬性有不同的編輯欄位，因此出題者只要依照屬性填好內容，系統就會依照特定格式顯示。目前顯示格式為固定的，未來將支援個人選定偏好之格式顯示。如前所述，系統

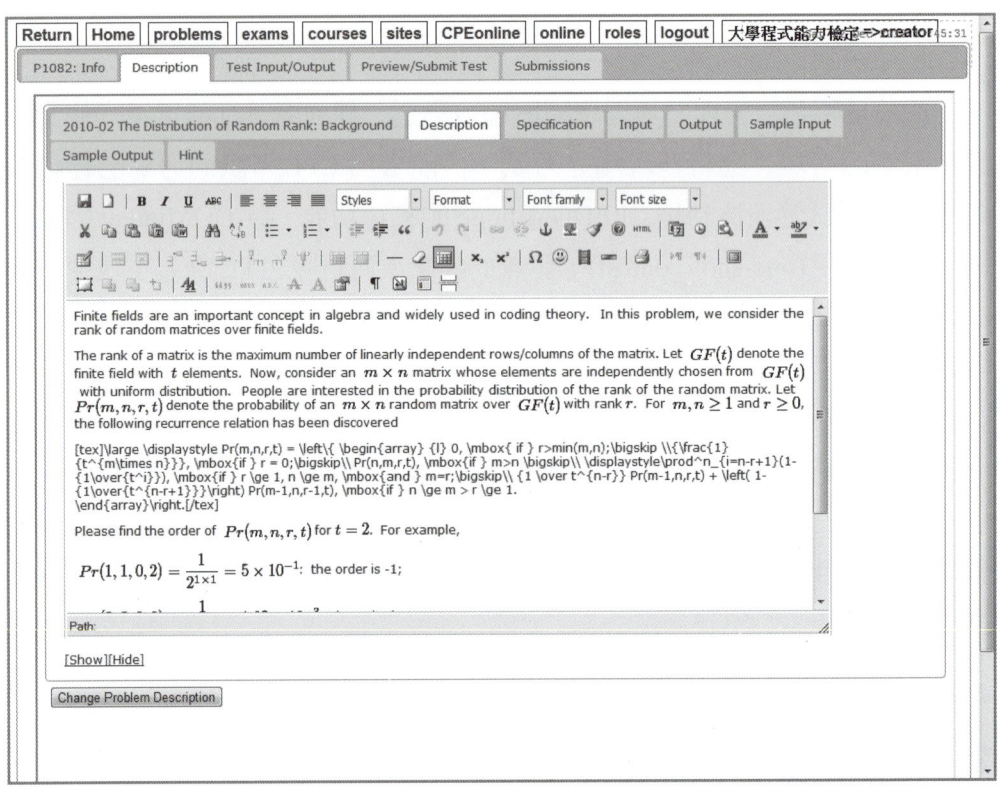

圖 2.18 題目描述之編輯

支援 LaTeX 語法之數學符號描述，也支援上傳預覽之圖形檔案嵌入。除此之外，尚有實驗性功能如下：

- 支援 XML 之 input/output 描述方式。
- 根據 XML 描述檔案，可自動產生輸入資料，並輸入格式與輸出格式描述文字。

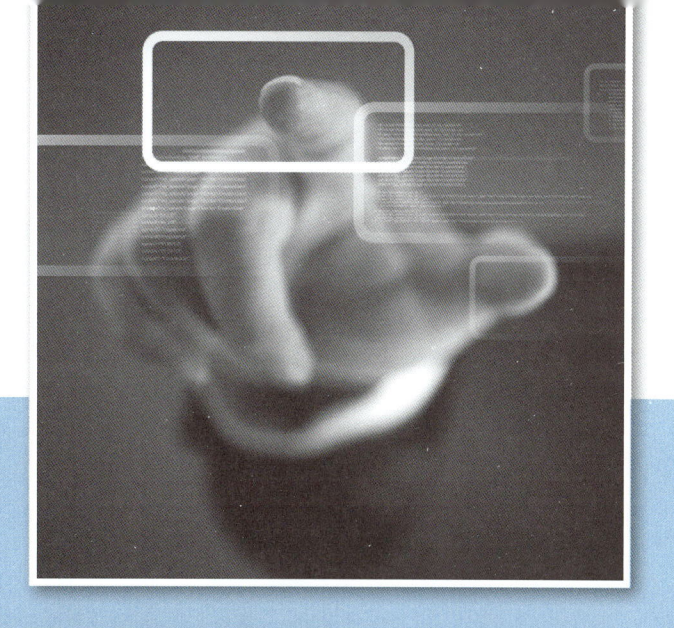

CHAPTER 3
瘋狂程設軟體簡介

3.1 瘋狂程設軟體

　　瘋狂程設 (Coding Frenzy) 是全中文介面程式設計的練習軟體。題目設計以教學為主，C++ 題目數量已有 2000 題，目前正在開發 Java、C# 等其他語言的題庫。內容除基礎程設題目外，與其他傳統英文比賽題庫相比，較特別的是題庫涵蓋中文背景知識，例如白居易的琵琶密碼、六十甲子計算等。就軟體發展面來說，相較於其他線上評分系統是以「競賽」為主要目的之評審系統，瘋狂程設是以「課程教學」為主要目的之評審系統。就評審地點來說，目前常見的線上評審系統 (online judge system) 多屬於「雲端評審系統」，係指使用者將自己的原始碼上傳到系統中，系統會在雲端進行編譯並執行評審等動作；而瘋狂程設是屬於「本機端評審系統」，是將使用者的原始碼在本機端評審出結果之後，才上傳到伺服器中。另外，瘋狂程設也以單機版方式呈現，成功為 CPE 提供「CPE 一顆星題目練習系統」（單機版），也成功為「ACM NCPU 2012 第二屆全國私立大專院校程式競賽」提供賽前練習軟體（單機版）、競賽輔助軟體（單機版）與賽後教學軟體（單機版）。

　　現在一般網站型的線上評分系統（像是 CPE、PTC、UVA）所使用的

圖 3.1

雲端評審系統架構圖

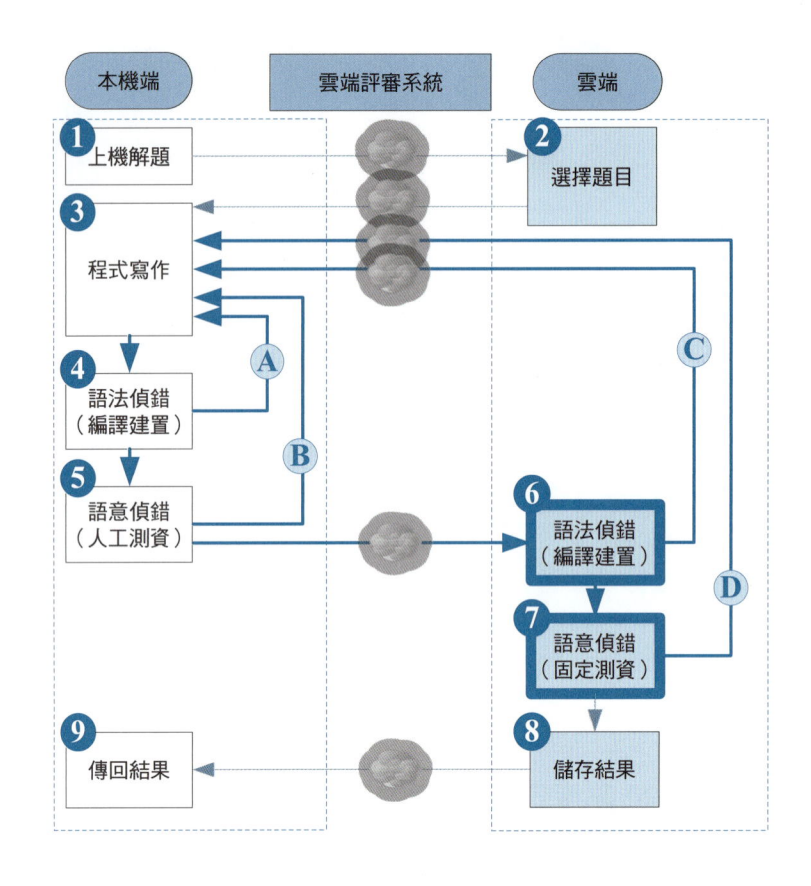

架構多為雲端評審系統，圖 3.1 顯示雲端評審系統的架構圖。在運作時，使用者通常從網頁中瀏覽題目①、②，然後啟動整合式開發環境③（Visual C++、Code Blocks、Dev C++ 等）來解題。若在過程中發生語法的錯誤④，會開始Ⓐ迴圈的語法錯誤偵錯，並修改程式碼直到沒有任何語法錯誤為止。然後通常會使用題目上的小測資⑤，開始Ⓑ迴圈的語意錯誤偵錯。此時是解題最關鍵的地方。待小測資偵測出來的語意錯誤都被解決後，使用者將程式碼上傳雲端伺服器，伺服器會開始編譯並進行語法偵錯⑥。此時有可能因為編譯器種類或版本的不同，而出現讓使用者困惑的語法錯誤。若有語法錯誤，則進入Ⓒ迴圈的語法偵錯；若否，則使用伺服器端預先準備好的測資進行語意偵錯⑦。若有語意錯誤，則進入Ⓓ迴圈的語意偵錯；若否，則儲存結果⑧並通知使用者解題成功⑨。

圖 3.2 顯示本機端評審系統的架構圖，此架構目前為瘋狂程設所使用。在運作時，使用者會從網頁中瀏覽題目①、②，然後啟動瘋狂程設開發環

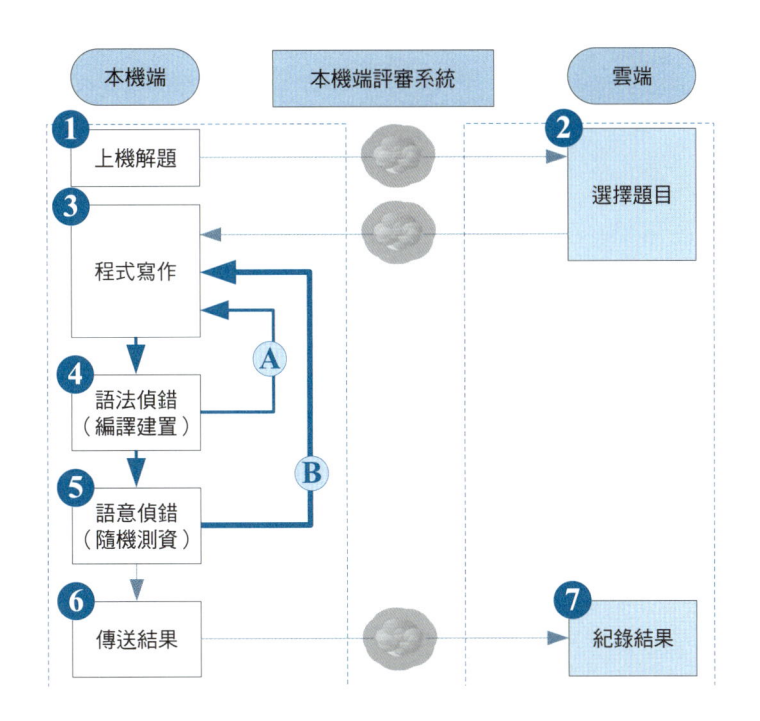

圖 3.2
本機端評審系統架構圖

境③。在過程中，可輔以其他整合式開發環境（Visual C++、Code Blocks、Dev C++ 等）一同來解題，兩個開發環境的使用比重則因人而異。過程中若發生語法錯誤④，則開始Ⓐ迴圈的語法錯誤偵錯，並修改程式碼直到沒有任何語法錯誤為止。此時，瘋狂程設系統會產生隨機測資⑤，開始Ⓑ迴圈的語意錯誤偵錯。此時是解題最關鍵的地方。待隨機測資偵測出來的語意錯誤都被解決後，使用者將通過評量⑥，並將結果上傳到雲端伺服器中⑦。

　　本機端評審系統的最大優點是編譯、執行、評審的速度很快，這是因為迴圈Ⓐ與迴圈Ⓑ都在本機端執行，沒有網路傳輸時間的消耗，而且語法錯誤與語意錯誤的呈現一目瞭然。但其最大的弱點是評審系統可能被破解。透過軟體破解或是使用網路封包，是有可能欺騙雲端伺服器進而登錄使用者成功通過評量。相較之下，雲端評審系統的優點是保證使用者提供了可行的解答，才給予解題成功，保證絕無「原始碼欺騙」的可能。但缺點是伺服器擔當了相當大的負載，因為圖 3.1 中的⑥與⑦都會損耗伺服器資源，而且迴圈Ⓒ與迴圈Ⓓ還跨越網路，相當耗時。因此，應用雲端評審系統與本機端評審系統於競賽或考試時，需特別注意人工作弊及軟體工具作弊。這兩類作弊方式都是伺服器無法偵測的，故系統需要另外防範。

圖 3.3
單機版評審系統架構圖

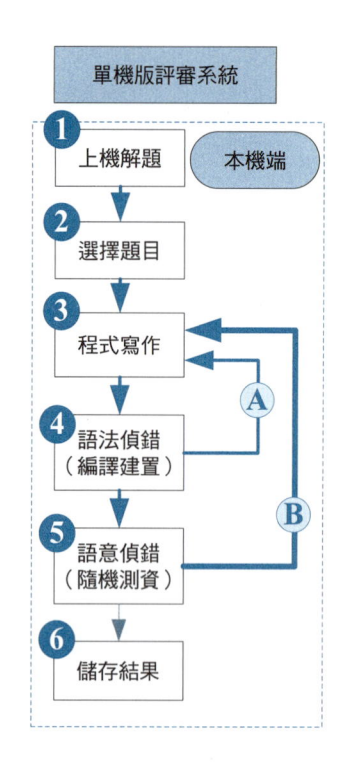

```
單機版評審系統
  ①上機解題        本機端
  ②選擇題目
  ③程式寫作  ←──┐
        ↓      │ A
  ④語法偵錯 ───┘
   （編譯建置）
        ↓          │
  ⑤語意偵錯 ──────┘ B
   （隨機測資）
        ↓
  ⑥儲存結果
```

　　圖 3.3 顯示單機版評審系統的架構圖，此架構目前亦為瘋狂程設所使用。此系統主要是將題目包含於軟體中，讓所有的行為都在本機端進行，因此非常適合於題庫的練習。在運作時，使用者會從軟體中瀏覽題目①、②，然後啟動瘋狂程設開發環境③。在過程中同樣能輔以其他整合式開發環境（Visual C++、Code Blocks、Dev C++ 等）來解題，兩個開發環境的使用比重亦因人而異。過程中若發生語法錯誤④，會開始Ⓐ迴圈的語法錯誤偵錯，並修改程式碼直到沒有任何語法錯誤為止。此時，瘋狂程設系統會產生隨機測資⑤，並開始Ⓑ迴圈的語意錯誤偵錯。此時是解題最關鍵的地方。待隨機測資偵測出來的語意錯誤都被解決後，使用者將通過練習評量⑥，但因為是單機版，所以評量結果僅供使用者個人參考。

3.2　隨機測資評審系統

　　就評審測資來說，目前常見的線上評審系統多屬於「單次固定測資評審系統」，係指編譯使用者原始碼而產出執行檔後，將固定測資輸入該執行檔中，接著比對輸出與標準答案來判斷通過與否。瘋狂程設則是屬於「多次隨機測資評審系統」，利用事先寫好的測資腳本產生隨機測資，將產生出來的測資輸入使用者執行檔與標準執行檔中，並觀察兩者輸出的差異。如有不同，則判定不通過；若相同，則再次進行測試；如果 10 次都相同，則判定為通過。

圖 3.4 顯示單次固定測資評審系統的架構圖。在此架構下，每一道題目需要準備一個固定測資輸入①，以及一個固定輸出的答案②。當使用者撰寫的原始碼需要評審時③，會先建置為可執行檔④，然後將固定測資輸入執行檔中，得到程式的輸出資料後⑤，再與事先提供的固定答案②進行字串比對⑥。此處可以是完全比對，也可以是去掉空白字元之後再比對，需視評分系統選擇而定。如果不通過，則回傳錯誤⑦；如果通過，則回傳正確⑧。多數評分系統都使用完全比對，也使得考生在應考時遭遇許多挫折。

絕大多數的線上評分系統都是單次固定測資評審系統，其強健性係建

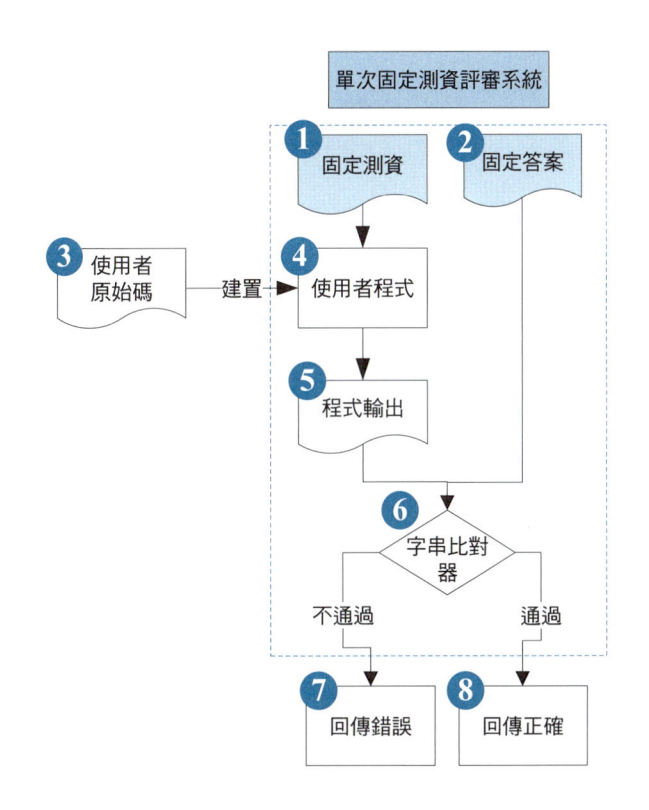

圖 3.4 單次固定測資評審系統架構圖

立在測資輸入與輸出的保密上。如果測資洩漏，則使用者可以不解題目就過關。

圖 3.5 顯示多次隨機測資評審系統的架構圖。此一系統對於每一題須事先準備測資腳本①、評審腳本②、標準程式③等三樣東西。當使用者撰寫的原始碼需要評審時④，會先建置成可執行檔⑤，然後將測資腳本①送入測資產生器⑥中產生隨機測資⑦，再將該隨機測資輸入使用者程式⑤與事先準備的標準程式③，並觀察兩個程式的輸出⑧、⑨。此時會利用事先準備的評審腳本②來指導評審器⑩該如何評審。如果不通過，則回傳錯誤⑪；如果通過，則再次產生測資進行驗證⑥，直到通過 10 次評審⑫才回傳正確⑬。

此處對每一題事先準備標準程式二進位執行檔，但是有些時候為了教學方便，會使用標準原始碼代替，以便教師電腦進行廣播上課或投影機上課時，將解答展開給同學看，所以評審時可能是先將標準原始碼編譯成標準程式，再接以上動作。

測資腳本與評審腳本是瘋狂程設的靈魂，必須簡短而易懂的。對於不同

圖 3.5 多次隨機測資評審系統架構圖

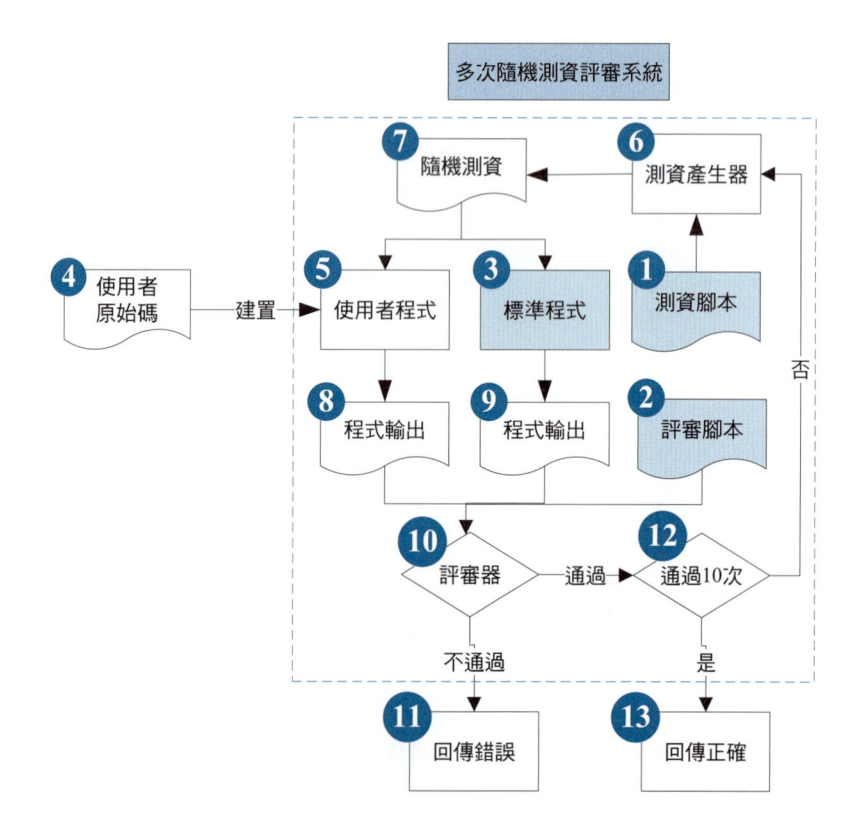

的題目需撰寫不同的腳本。在測資腳本設定時,需要注意到測資機率均衡的問題。以表 3.1 判斷質數為例,@#1 @int 1~10000 表示在測資中隨意產生一個 1 到 10000 的整數。在 1 至 10000 中,質數有 1229 個,佔 12.29%。若學生對每一個測資都回答 No,則有 87.71% 會通過一次測試,又瘋狂程設定通過 10 次才算正確,此時正確的機率降到 0.8771^{10} = 26.9%,則約略評審 4 次可以通過一次,所以這樣的測資腳本是不佳的。又 @#1 stdout 表示評審時,使用者執行檔輸出與標準答案執行檔輸出須完全相同才算通過。這非常惱人,特別是多一個空白或換行幾乎難以辨識,故使用「完全相同的準則」是不佳的。

為此,瘋狂程設提供每種測資出現頻率設定,@#1 stdin @prime 中的 1 表示出現權重,意思是以機率權重 1 的方式輸出一個質數;而 @#1 stdin @composite 中的 1 亦表示出現權重,意思是以機率權重 1 的方式輸出一個合成數。因為測資只有兩種,而兩種的權重都是 1,所以有 50% 的機率會出現質數,有 50% 的機率會出現合成數。換言之,學生若對每一個測資都回答 No,則只有 50% 的機率會通過一次測試。又瘋狂程設設定通過 10 次才算正確,故正確的機率降到 0.5^{10} = 0.09%,即約略評審 1024 次中可以通過一次,所以這樣的測資腳本是好的。而評審腳本方面,@#1 stdout del \s 中,stdout 表示評審標準輸出串,del \s 表示去除空白後,再依「完全相同的準則」來評審,如此一來就不會出現題意不清的爭執。

再以表 3.2 大樂透包牌題目為例。測資設定 @#1 stdin @int 1~49 8,表

表 3.1 測資腳本範例:質數判斷

題目:輸入一個整數,如果該數為質數,則輸出「Yes」,否則輸出「No」。	
輸入範例	輸出範例
25	No↵
17	Yes↵
測資腳本(不佳)	評審腳本(不佳)
@#1 stdin @int 1~10000	@#1 stdout
測資腳本(佳)	評審腳本(佳)
@#1 stdin @prime @#1 stdin @composite	@#1 stdout del \s

表 3.2　評審腳本範例：大樂透包牌

題目：大樂透從 1 到 49 號中選 6 個號碼，開獎時共開出 6 個號碼及 1 個特別號，6 個號碼全中者得頭獎。阿平每期計算明牌，挑出 8 個號碼，想要將所有由這 8 個號碼所組成的 6 個號碼全部簽注。請你設計程式供阿平輸入此 8 個號碼，然後印出所有的可能簽牌組合。請一列輸出一種組合，輸出時列的順序不拘，每列的內容由小到大排列。

輸入範例	輸出範例
2 4 6 8 10 12 14 16	6 8 10 12 14 16 4 8 10 12 14 16 4 6 10 12 14 16 4 6 8 12 14 16 4 6 8 10 14 16 4 6 8 10 12 16 4 6 8 10 12 14 2 8 10 12 14 16 2 6 10 12 14 16 2 6 8 12 14 16 2 6 8 10 14 16 2 6 8 10 12 16 2 6 8 10 12 14 2 4 10 12 14 16 2 4 8 12 14 16 2 4 8 10 14 16 2 4 8 10 12 16 2 4 8 10 12 14 2 4 6 12 14 16 2 4 6 10 14 16 2 4 6 10 12 16 2 4 6 10 12 14 2 4 6 8 14 16 2 4 6 8 12 16 2 4 6 8 12 14 2 4 6 8 10 16 2 4 6 8 10 14 2 4 6 8 10 12
測資腳本（不佳）	評審腳本（不佳）
@#1 stdin @int 1~49 8	@#1 stdout del \s
測資腳本（佳）	評審腳本（佳）
@#1 stdin @int(x) 1~49 8	@#1 stdout set \r\n vec \s

示產生 8 個整數，每個整數都是從 1 到 49 中選取，並用空白隔開。這樣的設定有些時候會選到重複的數字，例如 11 7 41 9 41 6 20 15，此種測資是不佳的，因為彩券買者並不會選取重複的數字，故測資設定應修改為 @#1 stdin @int(x) 1~49 8，其中 (x) 表示不重複挑選數字。又題意說明輸出順序不拘、

每列內容須從小到大排列，所以評審腳本 @#1 stdout del \s 是行不通的，應該修改為 @#1 stdout set \r\n vec \s。這裡的 set 與 vec 是取自 C++ 的 STL 中 set 與 vector 的意思，也就是使用集合與向量去進行批改的動作。其中，set \r\n 是指將標準輸出串用換行符號隔成一列一列，而列的順序是以 set 的概念來處理，也就是順序不拘；而每一列是用 vec \s 的指令來處理，也就是用空白隔開後的所有元素順序需相同，因此 @#1 stdout set \r\n vec \s 可以精準表達題意。此處 @#1 stdout set \r\n vec \s 等同 @#1 stdout set \r\n del \s。

3.3 語法錯誤、語量錯誤和語意錯誤

在程式寫作的過程中，語法錯誤是指編譯過程中發現的文法錯誤，例如少一個分號或大括號等。語意錯誤是指程式功能面的問題。假設程式功能是輸入一個整數，並輸出其平方，可是功能上卻是輸出其雙倍，這表示語意上出了問題。語意錯誤也包含格式錯誤，像是輸出結果少了一個空白或是少了一個換行等。

而此節將要介紹的語量錯誤則是其他地方所未見的，這是瘋狂程設的獨特設計。在教學過程中，常見「要遞迴給迴圈、要指標給陣列」的問題，意思是說有些題目希望學生用遞迴的方式來寫，可是學生懶惰，賭老師不會勤勞去瀏覽原始碼，所以就用迴圈的方式來達到相同的功能，進而忽略了遞迴的學習；又老師希望學生用指標的方式來寫，但學生卻用陣列的方式。

以表 3.3 N 階乘計算為例，題目會先給一段開文，並在語量限制中要求 for 與 while 至少出現 0 次且最多出現 0 次（即不可出現），這樣就可以要求學生一定要用遞迴的方式來寫作。

又例如讀進一整數 n，再用指標的方式讀進 n 個整數，排序後輸出。此時題目會先給一段開文，並要求左中括號 [至少出現一次且最多出現一次（即恰好出現一次），並要求 int *data=new int[n]; 至少出現一次且最多出現一次（即恰好出現一次），表示原始碼的其他地方就不可以再出現左中括號，進而逼迫學生一定要用指標的概念來撰寫程式。

表 3.3 語量限制範例：N 階乘計算與 N 數排序

題目	請使用遞迴的方式計算 N!。	請讀進一整數 n，再用指標的方式讀進 n 個整數，排序後輸出。

開文	`#include<iostream>`
	`using namespace std;`
	`int main(){`
	  `int n;cin>>n;`
	  `cout<<F(n)<<endl;`
	  `return 0;`
	`}`
		`#include<iostream>`
		`using namespace std;`
		`int main(){`
		  `int n;cin>>n;`
		  `int *data=new int[n];`
		  ……
		  `delete[] data;`
		  `return 0;`
		`}`

語量限制	<: 鍵詞 最多 =0 至少 =0>for<:> <: 鍵詞 最多 =0 至少 =0>while<:>	<: 鍵詞 最多 =1 至少 =1>[<:> <: 鍵詞 最多 =1 至少 =1> `int *data=new int[n];` <:>

在學生撰寫程式的同時，瘋狂程設會不斷地檢查語量錯誤。一旦學生的原始碼發生語量錯誤，會強力地提醒學生違反的語量限制。在語法錯誤方面，瘋狂程設可以讓學生雙擊編譯錯誤訊息時，快速顯示錯誤發生所在行處，幫助學生修改編譯錯誤。而在語意錯誤部分，瘋狂程設會將學生的輸出串與標準答案的輸出串進行比對，挑出不同處做亮文顯示，並且提醒學生答案輸出串與標準答案輸出串間之空白字元間的差異。

3.4 瘋狂程設與短碼競賽

瘋狂程設是一個中文介面、隨機測資、人性化評審、防範作弊的單機版或本機端評審線上評分系統。

圖 3.6 顯示瘋狂程設的架構。瘋狂程設線上版可分為兩個部分：一個是瘋狂程設網站，一個是瘋狂程設本機程式。瘋狂程設網站中有四種角色：題師、教師、學生、網工，其中題師掌管題庫①、教師掌管課程②、學生瀏覽課程③，而網工管理整個網站④。在學生使用本機程式瀏覽瘋狂程設網站並取得題目後⑤，可以使用內建的程式編輯器⑥來進行程式寫作，並進行語法

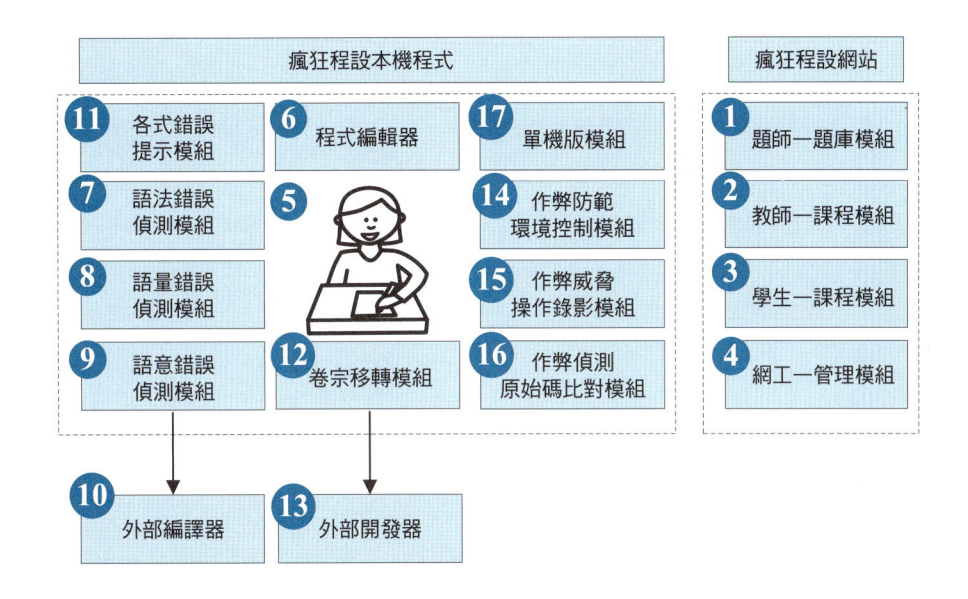

圖 3.6 瘋狂程設系統架構

瘋狂程設本機程式
- ⑪ 各式錯誤提示模組
- ⑥ 程式編輯器
- ⑰ 單機版模組
- ⑦ 語法錯誤偵測模組
- ⑤
- ⑭ 作弊防範環境控制模組
- ⑧ 語量錯誤偵測模組
- ⑮ 作弊威脅操作錄影模組
- ⑨ 語意錯誤偵測模組
- ⑫ 卷宗移轉模組
- ⑯ 作弊偵測原始碼比對模組
- ⑩ 外部編譯器
- ⑬ 外部開發器

瘋狂程設網站
- ① 題師—題庫模組
- ② 教師—課程模組
- ③ 學生—課程模組
- ④ 網工—管理模組

---

⑦、語量⑧、語意⑨錯誤的偵測。瘋狂程設會呼叫外部編譯器⑩來編譯，以發現語法錯誤及語意錯誤；發現錯誤之後，瘋狂程設會使用各式錯誤提示模組⑪來提醒使用者錯誤發生的原因。對於使用商業開發軟體⑬或使用者慣用的其他開發環境，瘋狂程設可整合各家開發軟體，並在各家開發軟體間進行卷宗的移轉⑫，亦即使用者可將尚未寫完的程式碼轉移到商業開發軟體中，或是從商業開發軟體中再轉回來。

此外，瘋狂程設是應課程而生，且以學習為目的所開發的軟體，所以防弊非常重要。瘋狂程設程式寫作有兩個模式：一個是練習模式，沒有任何的防弊措施；另一個是評量模式，設計有作弊防範⑭、作弊威脅⑮與作弊偵測⑯三個措施。所謂作弊防範，是指限制學生的寫作環境以防範作弊，包括無法複製貼上、霸佔全螢幕、禁插 USB 隨身碟、禁用網路、禁開程式等。所謂作弊威脅，是指將學生寫作的所有行為進行錄影，並將影片上傳伺服器。雖然過程中累積了很多影片，但也無法一一查看，所以充其量只能說是作弊威脅，讓學生心生警惕，而不敢作弊。至於作弊偵測，則是指事後的偵測。瘋狂程設除了錄影以外，也會對寫作狀況做記錄，像是各個時間點的檔案長度、瞬間的打字速度等，以偵測學生是否作弊。當然還可進行最重要的原始碼全文比對，亦即比對同學之間的程式碼，查看是否有抄襲的狀況。

由於瘋狂程設以學習為目的，故特別著重於學生是否全盤了解程式語

表 3.4 短碼競賽詞量範例

題目	輸入兩個正整數，輸出其最大公因數。	輸入若干整數（小於 1000 個），從大到小排序後輸出。

最短寫法	`#include<iostream>`
	`using namespace std;`
	`void main(){`
	`  int x,y;cin>>x>>y;`
	`  while(x%=y)swap(x,y);`
	`  cout<<y;`
	`}`
		`#include<iostream>`
		`#include<algorithm>`
		`using namespace std;`
		`int a[1024],n;`
		`void main(){`
		`  while(cin>>a[n++]);`
		`  sort(a,a+(--n));`
		`  while(n--) cout<<a[n]<<" ";`
		`}`

最短詞量	21 詞	27 詞

言。為了達成此目的，瘋狂程設支援短碼競賽。所謂短碼競賽，是指對一道題目來說，在通過評量的解答中，以程式碼長度最短者為優勝。採用的標準是原始碼中使用的詞量，亦即關鍵詞、變數名稱、函數名稱、類別名稱、數字等出現之總次數，例如 int x; 與 int data; 所使用的詞量是相同的兩詞，這樣的設計可以讓程式碼保留可讀性。以表 3.4 為例，最大公因數問題可以在 21 個詞內寫出，而由大到小排序問題可以在 27 詞內寫出。在短碼的過程中，學生為了取得優勝，會尋找致勝的技巧，而致勝的關鍵都藏在語言的特性中，因此無形中增進了學生對語言的掌握。

3.5 瘋狂程設 CPE 練習系統之使用方式

　　CPE 大學程式能力檢定必須在一個封閉、人工監考、學生無法作弊的環境中進行檢定。為了公平與防弊，CPE 是以 FreeBSD + CodeBlocks + Eclipse 來檢定的。平常練習時，學生可以任何軟體進行程式寫作，像是 Visual Studio、Dev C++、Watcom C++、Borland C++ Builder、GNC Compiler (gcc/g++)、CodeBlocks、Eclipse 等開發環境，然後將程式碼上傳 CPE 網站進行評審。在此，我們推薦使用瘋狂程設的 CPE 練習系統，將語意錯誤及語法錯誤解決後，再上傳到 CPE 系統。因此，建議平時練習時使用 Windows + CodingFrenzy，CPE 檢定時使用 FreeBSD + CodeBlocks。

瘋狂程設軟體簡介 3
CHAPTER

CPE 練習軟體固定放在 http://DL.arping.me/cpebook2012/，其使用方式如圖 3.7 所示。讀者請自行前往下載，使用時須搭配第三方編譯器使用，目前支援 Microsoft Visual Studio 2008/2010、Dev C++、Java 1.7.0，而支援的編譯器還在持續增加中。

其詳細使用步驟如圖 3.8 至圖 3.16 所示。

圖 3.7 CPE 練習系統使用方式

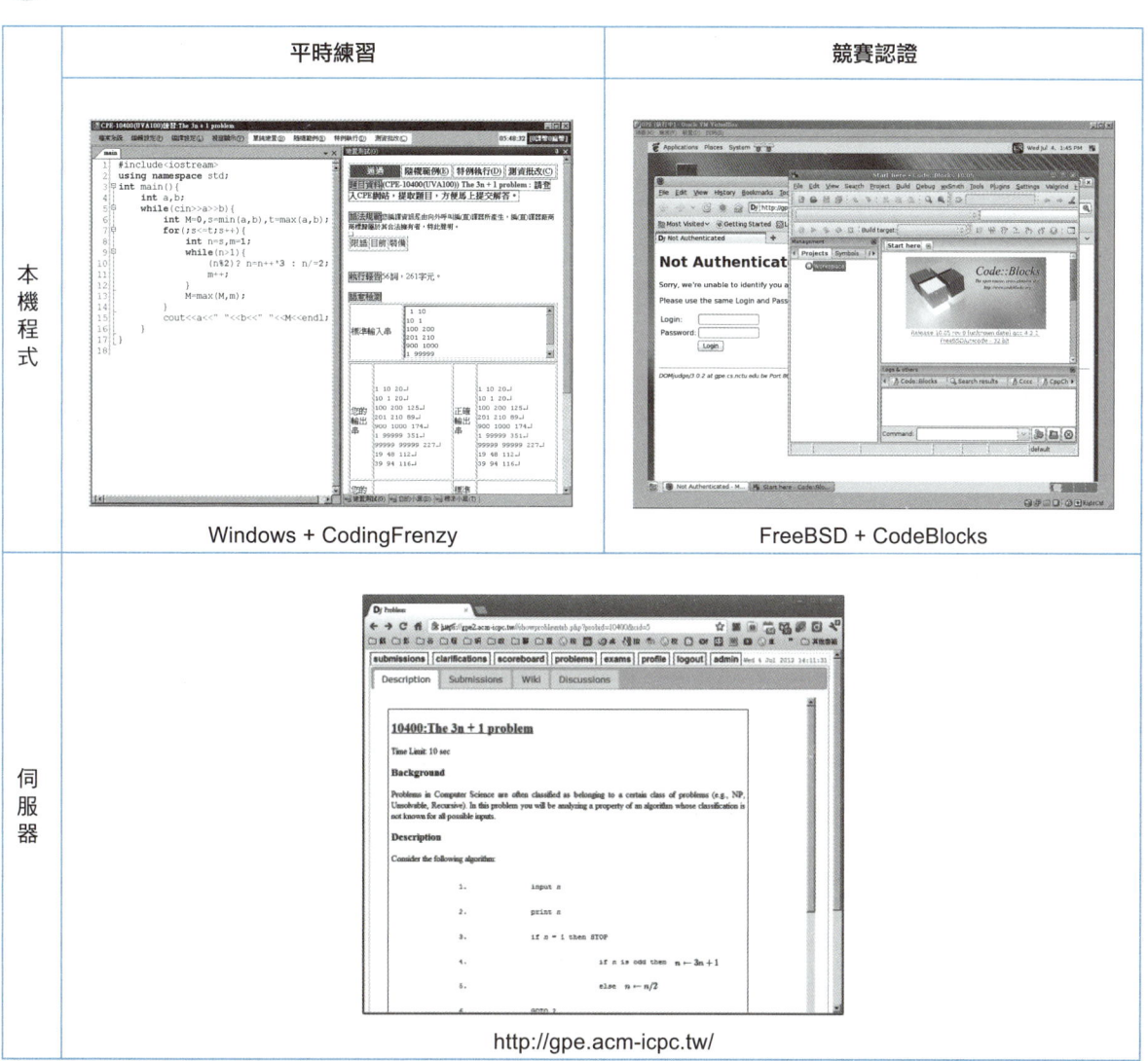

	平時練習	競賽認證
本機程式	Windows + CodingFrenzy	FreeBSD + CodeBlocks
伺服器	http://gpe.acm-icpc.tw/	

047

大學程式能力檢定：CPE 祕笈

圖 3.8
CPE 練習系統使用步驟 1 至 3

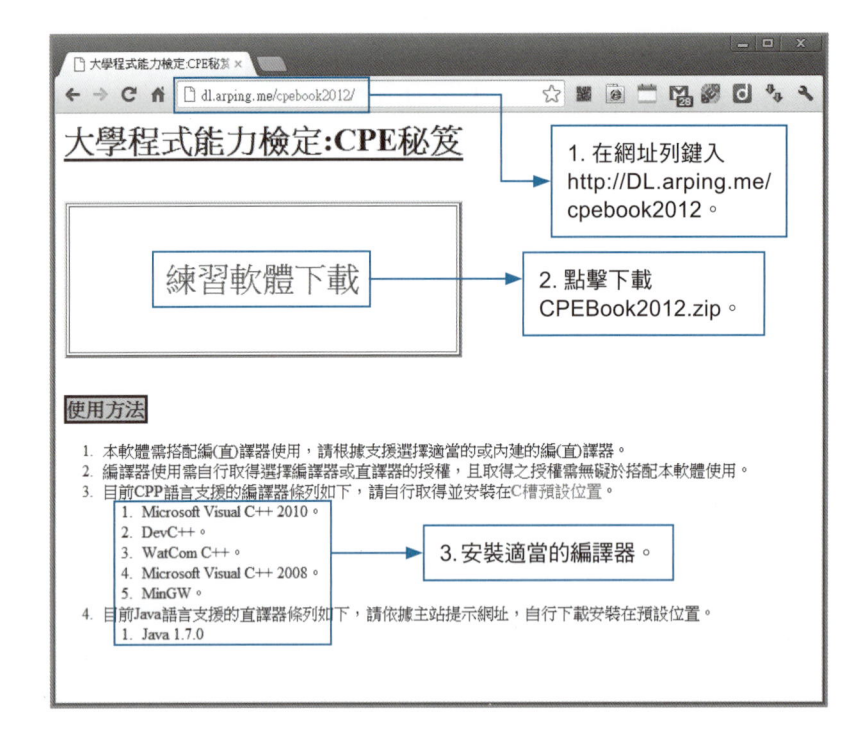

大學程式能力檢定:CPE祕笈

1. 在網址列鍵入 http://DL.arping.me/cpebook2012。

練習軟體下載

2. 點擊下載 CPEBook2012.zip。

使用方法
1. 本軟體需搭配編(直)譯器使用，請根據支援選擇適當的或內建的編(直)譯器。
2. 編譯器使用需自行取得選擇編譯器或直譯器的授權，且取得之授權需無礙於搭配本軟體使用。
3. 目前CPP語言支援的編譯器條列如下，請自行取得並安裝在C槽預設位置。
   1. Microsoft Visual C++ 2010。
   2. DevC++。
   3. WatCom C++。
   4. Microsoft Visual C++ 2008。
   5. MinGW。
4. 目前Java語言支援的直譯器條列如下，請依據主站提示網址，自行下載安裝在預設位置。
   1. Java 1.7.0

3. 安裝適當的編譯器。

圖 3.9
CPE 練習系統使用步驟 4 至 5

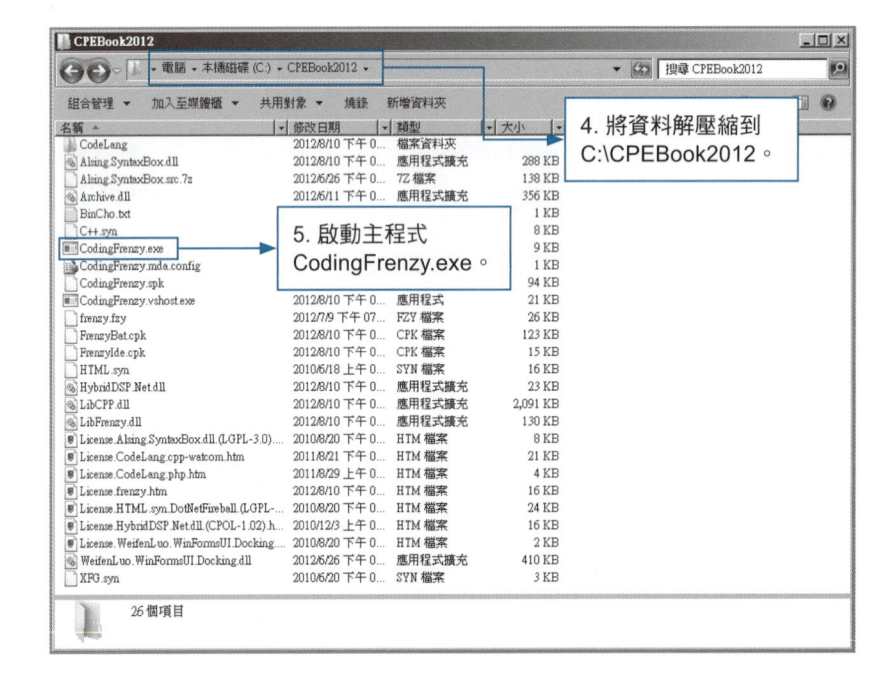

4. 將資料解壓縮到 C:\CPEBook2012。

5. 啟動主程式 CodingFrenzy.exe。

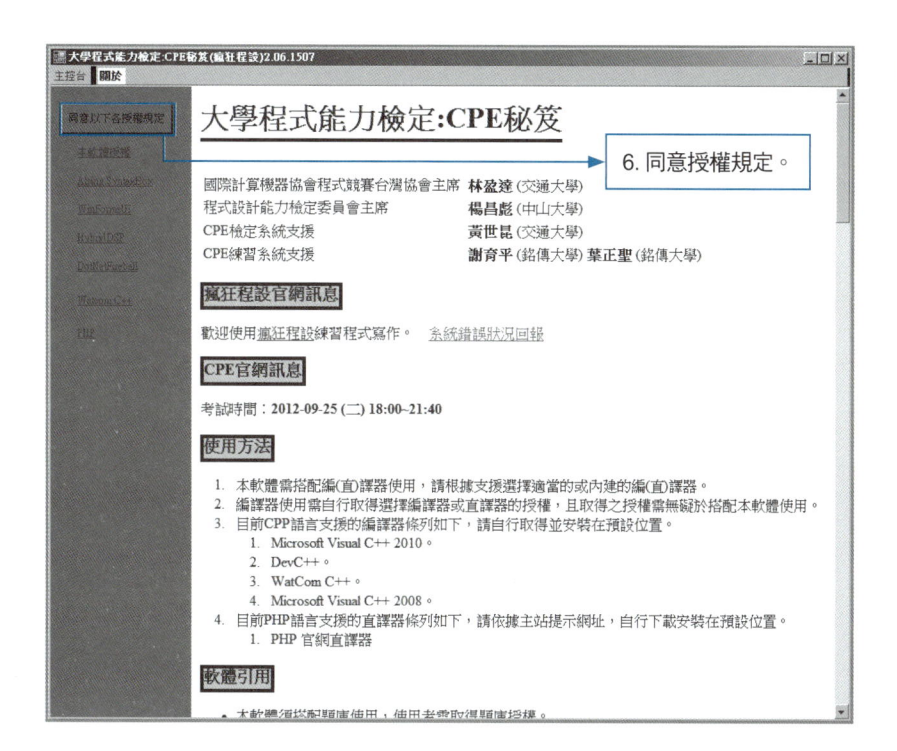

瘋狂程設軟體簡介 3
CHAPTER

圖 3.10
CPE 練習系統使用步驟 6

圖 3.11
CPE 練習系統使用步驟 7

大學程式能力檢定：CPE 祕笈

圖 3.12
CPE 練習系統使用步驟 8 至 13

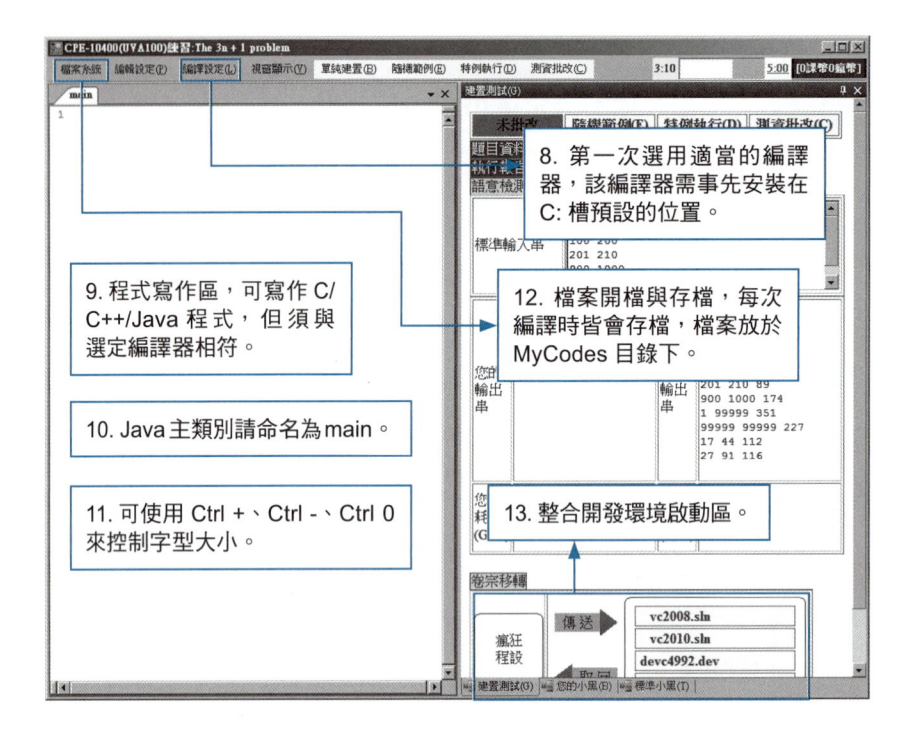

- 8. 第一次選用適當的編譯器，該編譯器需事先安裝在 C: 槽預設的位置。
- 9. 程式寫作區，可寫作 C/C++/Java 程式，但須與選定編譯器相符。
- 10. Java 主類別請命名為 main。
- 11. 可使用 Ctrl +、Ctrl -、Ctrl 0 來控制字型大小。
- 12. 檔案開檔與存檔，每次編譯時皆會存檔，檔案放於 MyCodes 目錄下。
- 13. 整合開發環境啟動區。

圖 3.13
CPE 練習系統使用步驟 14 至 18

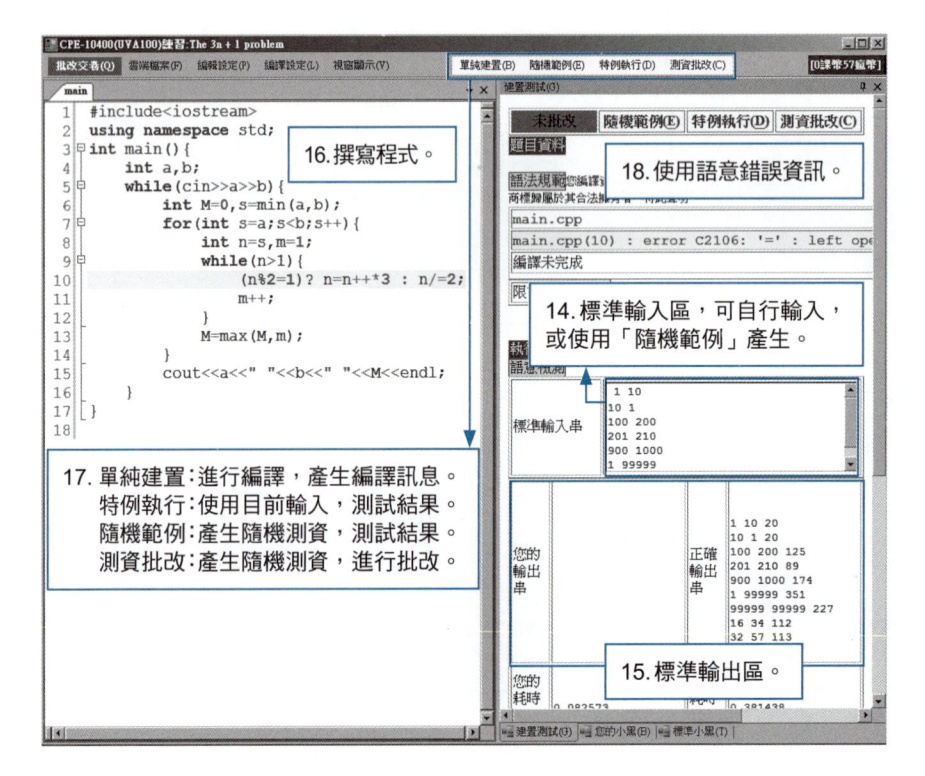

```
#include<iostream>
using namespace std;
int main(){
    int a,b;
    while(cin>>a>>b){
        int M=0,s=min(a,b);
        for(int s=a;s<b;s++){
            int n=s,m=1;
            while(n>1){
                (n%2=1)? n=n++*3 : n/=2;
                m++;
            }
            M=max(M,m);
        }
        cout<<a<<" "<<b<<" "<<M<<endl;
    }
}
```

- 14. 標準輸入區，可自行輸入，或使用「隨機範例」產生。
- 15. 標準輸出區。
- 16. 撰寫程式。
- 17. 單純建置：進行編譯，產生編譯訊息。
     特例執行：使用目前輸入，測試結果。
     隨機範例：產生隨機測資，測試結果。
     測資批改：產生隨機測資，進行批改。
- 18. 使用語意錯誤資訊。

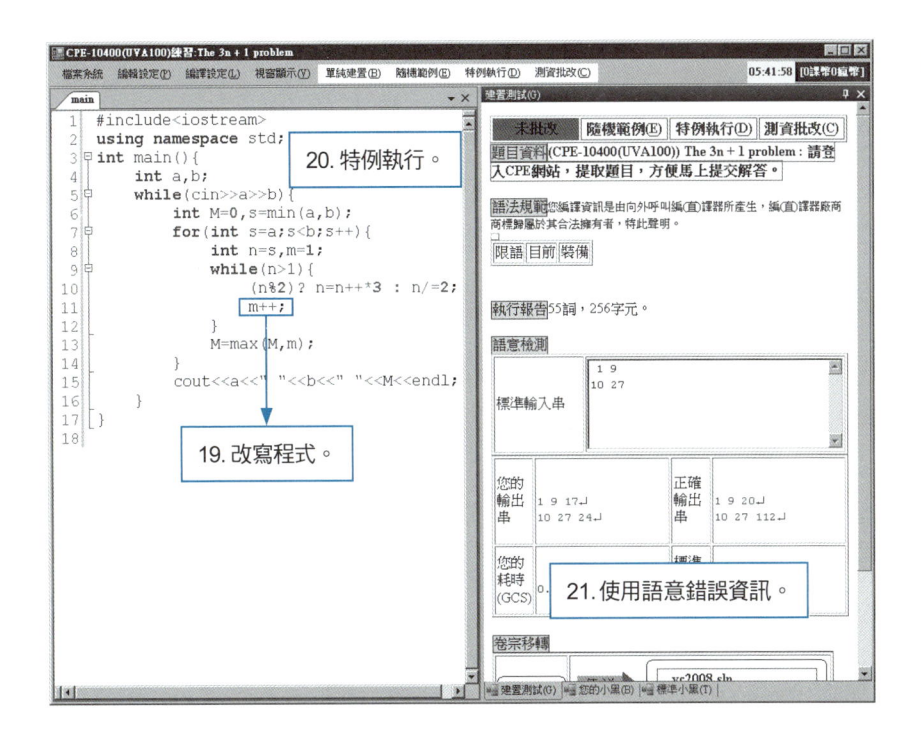

瘋狂程設軟體簡介 3
CHAPTER

圖 3.14

CPE 練習系統使用步驟 19 至 21

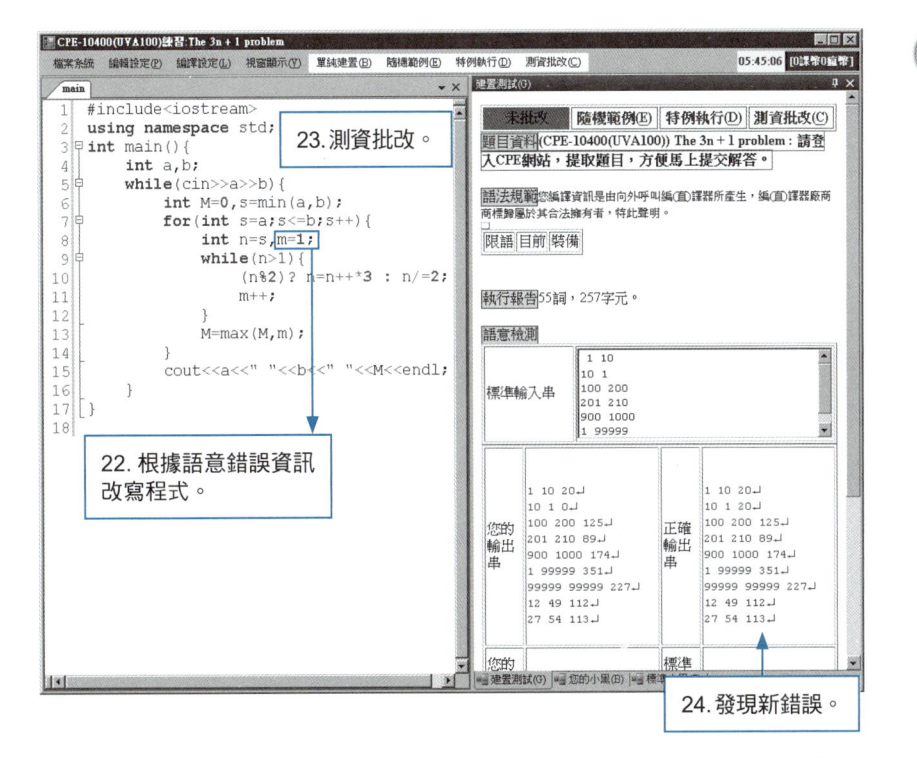

圖 3.15

CPE 練習系統使用步驟 22 至 24

051

大學程式能力檢定： CPE 祕笈

圖 3.16
CPE 練習系統使用步驟 25 至 26

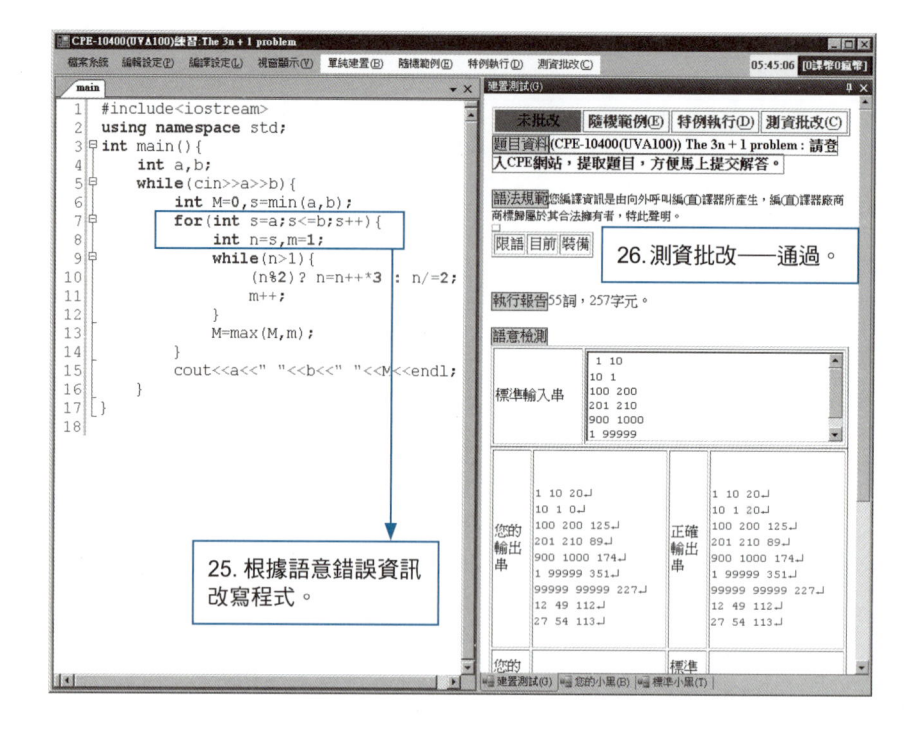

```
1    #include<iostream>
2    using namespace std;
3    int main(){
4        int a,b;
5        while(cin>>a>>b){
6            int M=0,s=min(a,b);
7            for(int s=a;s<=b;s++){
8                int n=s,m=1;
9                while(n>1){
10                   (n%2)? n=n++*3 : n/=2;
11                   m++;
12               }
13               M=max(M,m);
14           }
15           cout<<a<<" "<<b<<" "<<M<<endl;
16       }
17   }
18
```

25. 根據語意錯誤資訊改寫程式。

26. 測資批改——通過。

052

CHAPTER 4

C/C++ 基本輸入與輸出

　　由於 CPE 題目只要求純文字的輸入與輸出 (input/output, I/O)，故此處只介紹純文字 I/O。本章將介紹一些常見的測試資料形式，以及該如何讀取這些資料。

　　對 C 語言來說，最基本的輸入與輸出便是 scanf() 與 printf()，另尚有較為少見的 gets()/fgets()。對於 C++ 來說，輸入與輸出就是 cin 與 cout。

4.1　C 語言的 scanf() 函式

　　scanf() 是輸入函式，用來讀取資料。函式的第一個參數 format 是個字串，裡面敘述如何讀取接下來的輸入資料。對於欲讀取的資料格式與型態，依序填入對應的符號，如表 4.1 所示。

　　接下來的參數依序為對應變數的位址，即變數名稱前面加上 & 符號。特別注意，字串變數名稱本身已代表位址，所以唯有字串變數不必再加上 & 符號。舉例如下：

表 4.1　C 語言輸入格式化控制符號

字元	char*	%c	字串	char*	%s
		整數	正整數	八進位	十六進位
(unsigned) char*		%hhd	%hhu	%hho	%hhx
(unsigned) short*		%hd	%hu	%ho	%hx
(unsigned) int*		%d	%u	%o	%x
(unsigned) long*		%ld	%lu	%lo	%lx
(unsigned) long long*		%lld	%llu	%llo	%llx
浮點數	float*	%f	浮點數	double*	%lf

```
char ch,str[64];
int num;
float value;
scanf("%c %s %d %f", &ch, str, &num, &value);
```

除了 %c 以外，各種輸入方式皆會忽略前方多餘的空白字元，即 space、tab 與 enter。因此，只要資料順序一樣，其間間隔多少空格，其實都是無所謂的。例如，下面的輸入資料都能以 scanf("%d %f %f %f", ...) 的方式正確讀取，故這些資料對於程式設計者而言都是相同的資料。

3 1.10 2.20 3.30	3 1.10 2.20 3.30	3 1.10 2.20 3.30	3　1.10 2.20　3.30

4.2　C 語言的 fgets() 函式

由於 scanf() 函式讀入字串遇到空白字元時會中斷字串的讀取，若不希望受到空白字元分隔的影響，而欲讀入一整列資料時，可以使用 fgets() 函式。

```
char *fgets(char *str,int num,FILE *stream);
```

我們於參數 str 與 num 分別填入欲存放字串的陣列空間，以及此陣列空間的長度；參數 stream 則填入 stdin，表示從標準輸入讀取資料。fgets() 函式讀取資料時，分成兩種情形如下：

- **輸入的資料至多為 num-1 個字元**：讀取資料直到換行字元「\n」或資料結束 (EOF) 為止（若有換行字元也會一併讀取進來），然後所得字串會以「\0」結尾。
- **輸入的資料超過 num-1 個字元**：只會讀取前面 num-1 個字元，然後所得字串會以「\0」結尾。

資料若讀取成功，fgets() 函式會回傳字串指標；若遇到資料結束或錯誤，則回傳 NULL，藉此判斷資料是否結束。

```
char line[64];
fgets(line,64,stdin);
```

若不希望所得的字串尾端含有換行字元，則必須另外處理。以下的程式碼片段可判斷 line 字串尾端的字元，若為換行字元，則將之取代為「\0」。

```
#include <string.h> // for strlen
int len=strlen(line);
if (line[len-1]=='\n') line[len-1]='\0';
```

我們在此僅介紹 fgets() 函式，但沒有介紹 gets() 函式。雖然以 gets() 函式來讀入整行資料看似較為方便，但這種作法並不安全。因為 gets() 函式並沒有檢查所讀入資料的長度，而使得記憶體有溢位 (overflow) 的風險。如果資料超出陣列的大小，程式將發生不可預期的錯誤，駭客也能藉機植入惡意程式碼。

4.3　C 語言的 printf() 函式

printf() 函式的功能是印出（輸出）資料。第一個參數 format 是格式字串，在裡面填寫所要輸出的字串，如果需要換行則使用「\n」。與 scanf() 函式類似，這個格式字串也可一併敘述要如何印出後面參數所提供的變數內容。對於各個變數，依據欲輸出的資料格式與變數型態，依序填入對應的符號，如表 4.2 所示。

表 4.2 C 語言輸出格式化控制符號

字元	Char	%c	字串	char*	%s
		整數	正整數	八進位	十六進位
(unsigned) char		%hhd	%hhu	%hho	%hhx
(unsigned) short		%hd	%hu	%ho	%hx
(unsigned) int		%d	%u	%o	%x
(unsigned) long		%ld	%lu	%lo	%lx
(unsigned) long long		%lld	%llu	%llo	%llx
浮點數	float	%f	浮點數	double	%lf

接下來的參數，則填入所要印出的變數即可，不必填入變數的位址，亦即不用在變數名稱前面加上 &。舉例來說，某範例程式如下：

```
char ch='A',str[64]="Apple";
int num=3;
float pi=3.14;

printf("Hello World!\n");
printf("Output: %c, %s, %d, %f\n", ch, str, num, pi);
```

上面的程式印出的結果如下：

```
Hello World!
Output: A, Apple, 3, 3.140000
```

上述的輸出方式，只是依照資料內容按序輸出，每項資料顯示於輸出列的長度則依據該項資料本身的長度。輸出資料時，若希望按照某種特別的格式或長度印出結果，可利用如表 4.3 的符號來控制額外的格式設定。

表 4.3 printf() 額外的格式控制

n	保留 n 字元的寬度（剩餘空位補上空白字元）。
.m	用於浮點數，控制小數部分的位數為 m。
-	靠左對齊（預設為靠右對齊）。
+	強制顯示正負符號。
0	將數字前方不足的部分補 0。

範例程式如下：

```
int a=123;
int b=-876;
float pi=3.14159;

printf("[%d] [%d]\n", a, b);
printf("[%8d] [%8d]\n", a, b);
printf("[%-8d] [%-8d]\n", a, b);
printf("[%+8d] [%+8d]\n", a, b);
printf("[%+-8d] [%+-8d]\n", a, b);
printf("[%08d] [%08d]\n", a, b);

printf("[%f]\n", pi);
printf("[%.2f]\n", pi);
printf("[%8.2f]\n", pi);
```

輸出結果如下：

```
[123] [-876]
[     123] [    -876]
[123     ] [-876    ]
[    +123] [    -876]
[+123    ] [-876    ]
[00000123] [-0000876]
[3.141590]
[3.14]
[    3.14]
```

4.4　C++ 語言的 cin 物件

　　C++ 語言的 cin 與 cout 使用運算子多載 (operator overloading) 的方式，來輸入與輸出不同型態的資料。

　　cin 讀入資料所使用的運算子，是箭頭向右的 >>，看起來就像是將資料從 cin 物件傳給變數存放。這個運算子可以串接使用。寫法如下：

```
cin >> x >> y;
```

上述程式讀入的第一項資料存放於變數 x，第二項資料存放於變數 y。

　　由於運算子多載的使用，若提供給 cin 不同型態的變數，編譯器就能依據變數的型態，選擇以不同的多載函式來處理。傳統的 scanf() 與 printf() 需要於第一個參數依序標明接下來各個變數的型態，故使用 cin 變得更為簡潔。範例如下：

```
char ch,str[64];
int num;
float value;
cin >> ch >> str >> num >> value;
```

4.5　C++ 語言的 cin.getline 成員函式

　　使用 cin 的 getline() 成員函式可以讀取整列的資料。第一個參數為字元陣列的指標，第二個參數為陣列的大小，如此可以避免緩衝區溢位的問題。運作方式與 C 語言的 gets() 函式類似，讀取到換行字元「\n」或檔案結束為止。所讀得的字串不含換行字元「\n」，並會以「\0」結束。範例如下：

```
char line[64];
cin.getline(line,64);
```

4.6　C++ 語言的 cout 物件

C++ 語言的 cout 輸出資料所使用的運算元，是箭頭向左的 <<，看起來像是把變數裡的資料傳給 cout 進行輸出。

```
char ch='A',str[64]="Apple";
int num=3;
float pi=3.14;

cout<< "Hello World!" <<endl;
cout<< "Output: " << ch << "," << str << "," << num << "," << pi
    << endl;
```

上面程式印出的結果如下：

```
Hello World!
Output: A, Apple, 3, 3.14
```

欲透過 cout 控制輸出格式，有兩種方式：第一種為使用 cout 的成員函式，必須分成多行撰寫；第二種為使用 iomanip 標頭檔，需引入 iomanip 標頭檔，通常能以較簡潔的方式撰寫。

例如，如果我們需要設定為以下格式：(1) 輸出資料寬度為 8 字元；(2) 小數點位數有三位；(3) 小數位數不足時以 0 補齊。

第一種方式的程式如下：

```
double value=1.83;
cout.width(8);
cout.precision(3);
cout.setf(cout.fixed);
cout << value;
```

第二種方式的程式如下：

```
#include <iomanip>    // 必須先引入 iomanip 標頭檔
```

```
double value=1.83;
cout << setw(8) << setprecision(3) << fixed << value;
```

第二種方式常用的函式如表 4.4 所示。

表 4.4 C++ 輸出格式化控制函式與參數

setw(n)	保留 n 個字元的寬度
setfill(ch)	內容長度不足保留寬度時，要填補的字元。
right	靠右對齊
left	靠左對齊
setprecision(n)	設定小數點位數為 n 位
fixed	小數位數不足時補 0
oct	以 8 進位表示
dec	以 10 進位表示
hex	以 16 進位表示
showpos	強制顯示正負符號
noshowpos	負數則顯示負號，但正數不顯示正號

特別注意，setw 僅對下一個輸出有效，而其他函式則對往後的輸出均有效。完整範例如下：

```
#include <iostream>
#include <iomanip>
using namespace std;

int main() {
    int a=123;
    double pi=3.14159,x=-1.83;

    cout << "[" << setw(8) << a << "]" << endl;
    cout << "[" << a << "]" << endl;
    // setw 的效果僅作用一次

    cout << "[" << setw(8) << setfill('0') << a << "]" << endl;
    cout << "[" << setw(8) << a << "]" << setfill(' ') << endl;
    // 其他函式則會持續作用
```

```cpp
    cout << "[" << setw(8) << left << a << "]" << endl;
    cout << "[" << setw(8) << right << a << "]" << endl;

    cout << pi << "," << x << endl;
    cout << setprecision(4) << pi << "," << x << endl;
    // 若無 fixed，則小數點也算在內。
    cout << setprecision(4) << fixed << pi << "," << x << endl;
    // 若有 fixed，則取到小數點後 4 位數字，小數位數不足時則補 0。

    cout << oct << a << endl;
    cout << hex << a << endl;
    cout << dec << a << endl;

    cout << showpos << a << "," << x << endl;
    cout << noshowpos << a << "," << x << endl;

    return 0;
}
```

輸出結果如下：

```
[     123]
[123     ]
[00000123]
[00000123]
[123     ]
[     123]
3.14159,-1.83
3.142,-1.83
3.1416,-1.8300
173
7b
123
+123,-1.8300
123,-1.8300
```

4.7 基本輸入類型題目範例

　　CPE 題目的輸入與輸出資料全為純文字資料，測試資料的格式必定依照題目所給予的輸入與輸出格式（輸入與輸出範例亦同），並且保證格式正確。如此在撰寫程式時，就不必檢查輸入資料格式的正確性。不過，仍需熟悉幾個基本輸入類型，以便加快撰寫程式的速度。本節將提供幾個基本類型的範例介紹。

1. 讀入 n 筆資料

　　測試資料最常見的就是這種形式，通常第一列為欲處理的資料筆數（此處假設為 n）。處理方式就是讀進 n 之值，並執行 n 次迴圈，讀取往後的每筆資料。

(1) C 語言範例

```c
int main() {
    int n;
    scanf("%d", &n);
    while (n--) {
        /* 依序讀取每筆資料，並處理之 */
    }
    return 0;
}
```

(2) C++ 語言範例

```cpp
int main() {
    int n;
    cin>>n;
    while (n--) {
        // 依序讀取每筆資料，並處理之
    }
```

```
        return 0;
}
```

實際題目範例如例 4.7.1 所示。

例 4.7.1　Vito's Family (CPE10406, UVA10041)

◎關鍵詞：排序、中位數

◎來源：http://uva.onlinejudge.org/external/100/10041.html

◎題意：

Vito Deadstone 在紐約有非常多的親戚，他希望在紐約找到一間房子，該房子到各個親戚家的距離相加之後總和為最小。

◎輸入／輸出：

輸入	2 2 2 4 3 2 4 6
輸出	2 4
說明	第一列表示有 n 筆測資（測試資料），每筆測資先輸入親戚個數，範圍從 1 到 499，之後依序輸入親戚家的街號，數字範圍從 1 到 29999。針對每筆測資，輸出為 Vito Deadstone 家到各個親戚家的距離總和，此必須為最佳值。

◎解法：

假設親戚人數為奇數，例如親戚的街號為 {2,5,8,4,2}，經過排序後為 {2,2,4,5,8}，選取中位數 4 做為 Vito Deadstone 的住家將是最佳解，因為住在 4 號街的距離總和是 (4−2)+(4−2)+(4−4)+(5−4)+(8−4)=9，為最小值。

假設親戚人數為偶數，例如親戚的街號為 {2,5,8,4}，經過排序後為 {2,4,5,8}，中位數可為 4 或 5，距離總和為 (4−2)+(4−4)+(5−4)+(8−4)=7，或是 (5−2)+(5−4)+(5−5)+(8−5)=7，都是最小值。

請注意，若以親戚街號的平均值做為 Vito Deadstone 的住家，答案將是錯誤的。例如，親戚的街號為 {1,7,9}，計算平均值得到 6，則距離總和為 (6−1)+(7−6)+(9−6)=9。但是，中位數為 7，距離總和為 (7−1)+(7−7)+(9−7)=8，才是最佳值。

◎程式碼：

01	`#include<iostream>`	
02	`#include<vector>`	
03	`#include<algorithm>`	
04	`using namespace std;`	
05	`vector<int> num;`	05：宣告一個 vector 為 num。
06		
07	`int main(){`	
08	`　　int n,r,s;`	
09	`　　cin >> n;`	09：輸入測資筆數。
10	`　　while(n--){`	
11	`　　　　cin >> r;`	11：輸入親戚個數。
12	`　　　　num.clear();`	
13	`　　　　for(int i=0;i<r;i++){`	13-16：將親戚街號輸入到 vector 中。
14	`　　　　　　cin >> s;`	
15	`　　　　　　num.push_back(s);`	
16	`　　　　}`	
17	`　　　　sort(num.begin(),num.end());`	17：將 vector 內的號碼排序。
18	`　　　　int mid=num[r/2];`	18：取出中位數。
19	`　　　　int sum=0;`	19-22：計算 Vito Deadstoner 家到各個親戚家的距離總和。
20	`　　　　for(int i=0;i<r;i++){`	
21	`　　　　　　sum+=abs(num[i]-mid);`	
22	`　　　　}`	
23	`　　　　cout<<sum<<endl;`	23：印出結果。
24	`　　}`	
25	`　　return 0;`	
26	`}`	

2. 讀至檔案結束

這種測試資料不會告訴我們有多少筆資料，因此必須一直處理到沒有資料，亦即至檔案結束為止。

(1) C 語言範例

檢查 scanf() 函式的回傳值可以知道資料是否已經結束。scanf() 函式會回傳它所成功讀入的元素個數；當讀到檔案結束時，scanf() 回傳 EOF。把它整合在 while 的判斷條件裡，就形成如下的程式：

```c
int main() {
    int x;
    while (scanf("%d", &x)!=EOF) {
        /* 處理目前這筆資料 */
    }
    return 0;
}
```

(2) C++ 語言範例

若把 cin 放進 while 的判斷條件裡，cin 會自動轉型成 void*。當檔案結束時，其值會變成 NULL，也就是 0，代表 false。程式範例如下：

```cpp
int main() {
    int x;
    while (cin>>x) {
        // 處理目前這筆資料
    }
    return 0;
}
```

實際題目範例如例 4.7.2 所示。

例 4.7.2　Hashmat the Brave Warrior (CPE10407, UVA10055)

◎關鍵詞：整數

◎來源：http://uva.onlinejudge.org/external/100/10055.html

◎題意：

Hashmat 是一個帶領士兵四處征戰的戰士。在每場戰爭開始前，他會計算自己的士兵與對手士兵的數量差距，其中 Hashmat 的士兵數量不會大於對手的士兵數量。本題就是簡單地計算兩方士兵的數量差距。

◎輸入／輸出：

輸入	10 12 10 14 100 200
輸出	2 4 100
說明	每列輸入包含兩個整數，代表兩方的士兵數量（並未依照固定順序），而這些整數不會大於 2^{32}，題目要求輸出這兩個整數的差之絕對值。

◎解法：

資料型態 int 的範圍介於 -2^{31} 至 $2^{31}-1$ 之間，而 unsigned int 的範圍介於 0 至 $2^{32}-1$ 之間，但本題的輸入測資有可能為 2^{32}，所以必須使用長整數 (long long int)（64 位元）來儲存運算值。

◎程式碼：

01	`#include<iostream>`	
02	`#include<cstdlib>`	02：abs() 函式可以計算目標值的絕對值，使用 abs() 函式必須引入 cstdlib。
03	`using namespace std;`	
04	`int main(){`	
05	`    long long int a,b;`	05：輸入的值有可能等於 2^{32}，所以必須宣告為 long long int。
06	`    while(cin >> a >> b){`	
07	`        cout<<abs(a-b)<<endl;`	07：使用 abs() 計算兩數之差的絕對值。
08	`    }`	
09	`    return 0;`	
10	`}`	

3. 讀至 0 結束

這種類型也是時常會出現的形式，而只要簡單地加個判斷跳出迴圈即可。

(1) C 語言範例

```c
int main() {
    int n;
    while (scanf("%d",&n)!=EOF) {
        if (n==0) break;
        /* 處理目前這筆資料 */
    }
    return 0;
}
```

(2) C++ 語言範例

```cpp
int main() {
    int n;
    while (cin>>n) {
        if (n==0) break;
        // 處理目前這筆資料
    }
    return 0;
}
```

實際題目範例如例 4.7.3 所示。

例 4.7.3　Primary Arithmetic (CPE10404, UVA10035)

◎關鍵詞：迴圈、模擬

◎來源：http://uva.onlinejudge.org/external/100/10035.html

◎題意：

給兩個十進位正整數，計算兩數相加過程中產生的進位次數。

◎輸入／輸出：

輸入	123 456 555 555 123 94 0 0
輸出	No carry operation. 3 carry operations. 1 carry operation.
說明	每列有兩個不大於 10^{10} 的正整數。若兩數皆為 0，則表示輸入結束，且該輸入不需輸出答案。

◎解法：

　　模擬大數加法的作法，但需先將數字分解並存入陣列中，使陣列的每格僅存一個位數。儲存的方式如圖 4.1 所示，從個位數、十位數、百位數……（第 0 個元素位置為個位數），依序存入矩陣。例如，數字 4567 與 6239，分解存入陣列後會得到兩個陣列 {...,4,5,6,7} 與 {...,6,2,3,9}。

　　令欲分解的數字為 N，a mod b 表示 a 除以 b 之餘數，分解的步驟如下：

1. 計算 N mod 10，得到 N 的最小位數，將該位數存入陣列。
2. N=N/10，取整數部分（將已經儲存的最小位數去掉）。
3. 若 N 已經為 0，則處理完畢，否則執行步驟 1，繼續分解。

　　將兩個輸入的數字分解並儲存於陣列後，接著模擬大數加法，以迴圈將兩個陣列依序相加並儲存（從個位數開始，亦即第 0 個元素），在相加的過程即可算出進位次數。

圖 4.1 整數加法範例

位置	…	[5]	[4]	[3]	[2]	[1]	[0]
4567	0	0	0	4	5	6	7
6239	0	0	0	6	2	3	9
相加	0	0	1	0	8	0	6

◎程式碼：

01 `#include<iostream>`	
02 `using namespace std;`	
03 `int divide(int n,int arr[],int &cnt){`	03-08：將數字 n 分解後存入陣列 arr 中，同時將數字的位數存入變數 cnt 中。
04 `for(cnt=0;n!=0;cnt++){`	
05 `arr[cnt]=n%10;`	
06 `n/=10;`	
07 `}`	
08 `}`	
09 `int main(){`	
10 `int a, b;`	
11 `while(cin >> a >> b && (a!=0||b!=0)){`	11：讀入兩數皆為0時終止迴圈。
12 `int lenA, lenB;`	
13 `int arrA[11]={},arrB[11]={};`	13：儲存分解後數字的陣列，每格的初值皆為0。
14 `int sum[12]={};`	14：儲存相加後的值，初值為0。
15 `divide(a,arrA,lenA);`	15-16：將a、b兩數分解並分別存入陣列 arrA 和 arrB 中。
16 `divide(b,arrB,lenB);`	
17 `int lenM=max(lenA,lenB);`	17：lenM 為 a 和 b 的長度中較大者，後續計算僅需計算 0 至 lenM-1 即可，可節省計算次數。
18 `int ans=0;`	
19 `for(int i=0;i<lenM;++i){`	19-25：計算 0 至 len-1 每位數的相加，並記錄進位次數。
20 `sum[i]+=(arrA[i]+arrB[i]);`	
21 `if(sum[i]>=10){`	21-24：檢查是否超過 10。若大於或等於 10，需進位。
22 `sum[i]-=10;`	
23 `sum[i+1]++;`	
24 `++ans;`	
25 `}`	
26 `}`	
27 `if(ans==0)`	27-33：輸出答案。
28 `cout<< "No carry operation.\n";`	
29 `else if(ans==1)`	
30 `cout<< "1 carry operation.\n";`	
31 `else`	
32 `cout<<ans<< " carry operations.\n";`	
33 `}`	
34 `return 0;`	
35 `}`	

CHAPTER 5

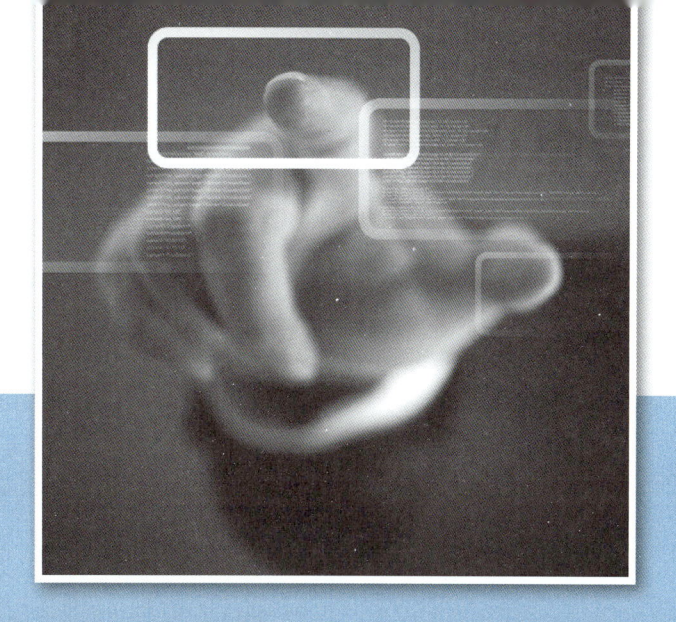

由基礎至進階

5.1 理解題意

　　從過去的經驗可知,學生在面對三顆星以上難度的題目時,經常感到茫然,不知道如何下手。但其實這些問題在演算法課程中,都有相關的方法可以解決。學生只是因為不清楚題意、找不出相關的演算法,或演算法實作上不熟練等原因而無法正確解答。因此,本章將介紹如何克服這類問題,讓讀者自己在面對複雜問題時不會感到困惑。更進一步地,如果能夠善用 C/C++ 所提供的程式函式庫,亦能減少撰寫程式所需的時間,以達事半功倍之效。

　　解決一個問題時,首先須面對的就是讀懂題目。難度高的題目往往包含冗長的題目描述、限制、範例等等,而且文字敘述大多較長。由於解題的時間有限,因此讀題的時間愈短愈好。「熟能生巧」乃金科玉律,大量閱讀題目,繼而找出有效率的方法不僅可以縮短閱讀時間,更可以快速地找出題目關鍵。

　　題目的來源除了 CPE 網站的題庫外,近來各類程式競賽如 IOI(International Olympiad in Informatics,奧林匹亞資訊競賽)、ACM ICPC(International Collegiate Programming Contest，國際大學程式競賽）、Google Code Jam 等也頗受矚目。網路上專門蒐集與分析這類比賽題目的網站愈來愈多。以下列出幾個知名網站，讀者可以自行前往參考：

- **UVA Online Judge (http://uva.onlinejudge.org/)**：這個網站的歷史相當悠久，可以追溯到 1995 年西班牙 Valladolid 大學內部自行研發的程式。之後，並聯合 ACM ICPC 組織一同推廣程式競賽。目前它的題目和相關討論都相當多，因此是剛入門時一個不錯的參考。不過，它的題目並沒有經過整理，建議配合後面提到的網站一起使用，才不會在找題目時亂槍打鳥。
- **USACO Training Program Gateway (http://ace.delos.com/usacogate)**：此網站不單純只是蒐集題目，它更提供一系列的教學和題目來訓練美國有意參加 IOI 競賽的學生。不過，任何人都可以在網站註冊並使用它的資源，因此對於入門練習的人來說，也是一個不錯的網站。
- **PKU Judge Online (http://poj.org)**：近年來，中國相當熱衷於此類程式競賽，因此中國的各主要大學也會建立 Online Judge 來練習。其中，除了蒐集過去比賽的題目外，也有各校練習時自己設計的題目。不少題目相當有創意，因此也是一個不錯的練習管道。此網站為北京大學設立的 Online Judge，在中國各網站中算是題目數量多、討論也很熱烈的網站。

以上的練習網站，雖然題目量多，但題目通常沒經過整理、分類。以下幾個網站則根據題目類型來分類：

- Method to Solve (http://www.comp.nus.edu.sg/~stevenha/programming/acmoj.html)
- The Algorithmist (http://www.algorithmist.com/index.php/Main_Page)
- Lucky 貓的 UVA (ACM) 園地 (http://luckycat.kshs.kh.edu.tw/)

接下來，我們先以 UVA10393 [1] 這道題目示範如何閱讀題目，並分析可能的作法。打開題目時，我們先觀察題目中除了文字外，有沒有什麼需要注意的圖、表，或其他和文章比較沒關聯者。以下用粗體標示需要注意的地方：

---

[1] http://acm.uva.es/p/v103/10393.html

Jimmy has a job of typing documents for ACM or he rather had a job until his unfortunate skiing accident. With some of his fingers in a cast, he is finding it difficult to type as he cannot press all the keys of a keyboard and hence his job is in danger.

Jimmy has come to you for help. He needs to prove to his boss that he can still type long words (his boss likes long words because it makes him look smart). **Given** a list of fingers (fingers are identified by integers) that cannot be used (due to his accident), and a list of words Jimmy can add to his boss's documents to make him look smart, find all the longest words that Jimmy can type.

Jimmy uses standard fingering, meaning he can type each of these letters with a finger. The list below shows a finger number and the characters it can press.

1. **qaz**   //Means finger 1 is used to type q, a, z
2. **wsx**   //Others have same meaning
3. **edc**
4. **rfvtgb**
5. **space**
6. **space**
7. **yhnujm**
8. **ik,**
9. **ol.**
10. **p;/**

題目為了增添趣味性，通常會針對問題設計故事。像這道題目的開頭就說明某人碰到了某個麻煩，因此這類問題的開頭一、兩段都可以先省略不看。若是後來真的不瞭解題意，才需要試著閱讀這些情境描述。

接著，因為題目都是要求讀者去解決一個問題，所以常會出現要做什麼事的關鍵字。例如，第二段有一個關鍵字：Given，之後會說明要解答什麼問題。其他如 Let's、Define、Solve 等等也是很常見的關鍵字。

最後，題目中不是文章的段落，一定有其用意，所以可以注意題目中圖片、表格等不是文章的地方。例如此題最後是一個清單，而在這一段前後，就有說明清單的意義，從這裡就可以找到問題要求了。

由以上的方法，我們很快整理出題意如下：

> 某個人因為手指受傷了，無法按到鍵盤上某些字，請你幫他找出單字列表中，他可以輸入的最長單字。

瞭解題目後，我們開始簡化成一個一個的步驟，方便找出適用的演算法。因此接下來就簡化成：

> 找出某些字母不出現的最長單字。

由此我們知道這題的解題步驟如下：

1. 讀取單字列表中一個未處理的單字。
2. 若單字中包含禁止的字母，則回到 1 讀取下一個字。
3. 如果單字長度比目前最長的單字長，就清除答案陣列，然後放入此單字。
4. 如果一樣長，則放入答案的陣列中。
5. 如果還有單字尚未處理，回到 1。
6. 輸出答案陣列。

5.2　挑選適合的演算法

經過上一節的說明後，應該可以清楚地瞭解如何分析題目。接下來就是要找出合適的演算法，以最有效率的方法找出答案。以下介紹一些常見的演算法，並說明如何從抽象化的題目中聯想到可用的演算法。

1. 排序、搜尋法

這類的問題通常在題目中會有很明確的排序要求，或是找出特定的值等關鍵字。舉例來說，UVA 11039 [2] 中有提到：

The size of a floor must be greater than the size of the floor immediately above it.

這題只需排序後，再針對它的條件去確認就好。雖然此類問題有點類似 UVA 10131 [3] 的最長遞增子序列 (longest increasing subsequence, LIS) 問題，但兩者的差別從演算法的角度即可清楚分辨。排序演算法在運作時，會重新排列元素的位置；而 LIS 演算法是從指定的序列中找出符合的子序列，並不會改變元素的相對位置。如同前面所說，要先找出演算法的核心，然後和抽象化的題目對應，就可以知道要用何種演算法來解題。

搜尋的問題以 UVA 10530 [4] 為例：

Standard input consists of several transcripts. Each transcript consists of a number of paired guesses and responses. A guess is a line containing single integer between 1 and 10, and a response is a line containing "too high", "too low", or "right on". Each game ends with "right on". A line containing 0 follows the last transcript.

表面上它看起來只是猜數字的問題，不過將它抽象化以後，問題中的太大或太小就如同二分搜尋 (binary search) 一樣，每次都在兩個方向中選一條路走。所以，我們可以用二分搜尋去確定數字是否在範圍中，進而解決此問題。

2. 貪婪演算法 (Greedy Algorithm)

這類問題的作法很簡單，通常只要使用迴圈，並在每次迴圈中都選當下最好的選擇即可。不過，困難處在於如何確定這個問題可以使用貪婪演算法。雖然在數學上可以用 Matroid（擬陣）證明題目以貪婪演算法能得到正確解答，但是考試的時間有限，因此只能先嘗試一些技巧來幫助判斷。

---

[2] http://uva.onlinejudge.org/external/110/11039.html
[3] http://uva.onlinejudge.org/external/101/10131.html
[4] http://uva.onlinejudge.org/external/105/10530.html

常見的方法是用特例來嘗試，例如說反向思考：不選當下最佳時，是否可以得到最好的答案。若是有一個狀況不選最佳也可以得到解，那麼可能是使用了不對的演算法，或是不適用貪婪演算法。

3. 動態規劃 (Dynamic Programming)

此類問題的基本性質和遞迴、排列組合類似，皆為得到前面的結果後，可以根據它算出後面的結果。因此將問題抽象化時，可以假設已知先前的結果，如果能用它來推導之後的答案，則此題便可用動態規劃來求解。

以 UVA 900 [5] 為例，題目開頭就有一張圖：

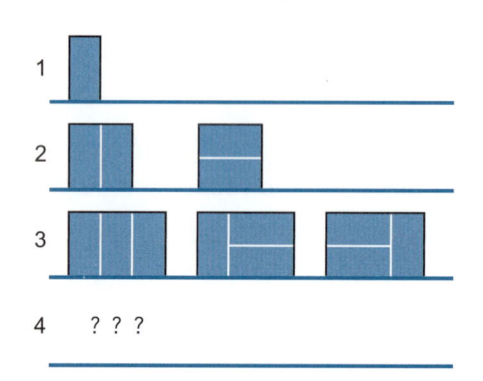

從圖中可以看到這是提供一個數字，問你有幾種排列組合的問題。這很明顯就是要推導出它的遞迴公式，再以動態規劃來解題。因此，你可以先畫出某一個數字的所有可能，再從中找出它和前幾個數字的關係，便可得到答案。

動態規劃與遞迴的差異在於：動態規劃是它利用表格來暫存運算結果。這個方法可以解決遞迴經常需要重複運算，而花費過多時間的窘境。因此，不只常見的找零錢、最短路徑等問題可以用動態規劃來解決，一般的遞迴問題亦能使用這種方法來減少時間和降低記憶體的使用量。

4. 圖形走訪 (Graph Traversal)

深度優先 (depth-first search) 和廣度優先 (breadth-first search) 是兩種簡

---

[5] http://uva.onlinejudge.org/external/9/900.html

單的走訪方法。但這兩種方法除了簡單的走訪圖以外，還可以在暴力法解題時，幫助你判斷每一個可能的狀態。要達到這個目的，可以先將題目的狀態想像成圖中的節點，狀態改變時的參數就在兩個節點間的路徑上。

以 UVA 11730 為例[6]，一個數字加上它的任一個質因數後可轉換成另一個數字。若給定兩個數字 A 及 B，試問 A 最少要做幾次轉換才能得到 B？這題的每個數字可以看成一個狀態，狀態轉換後的下一個數字，即是這個數字加上它的任一個質因數，由此便可將題目轉換成圖形走訪的問題。

這一題的另一個重點是要找出最短的完成法。兩種走訪方法中，廣度優先的特性是會看完目前這一層，再去看下一層。因此，若每一層代表新的一步，以廣度優先走訪保證可以找到最短的解答。

另外，走訪時常用的加速方法——剪枝 (tree cut)——也要善用。若目前的狀態和它衍生出的狀態都不可能是最佳解，那麼這個節點就沒必要再繼續看下去。如此在走訪時，將可省下大量時間。

5. 最小生成樹 (Minimum Spanning Tree)

通常這類題目中就會明確說出找出連接所有點的最短長度。但是這類題目的變化往往很大，除了傳統地找最小生成樹，還可能有以下變化：

- 找出次小的生成樹。
- 在有向圖中尋找生成樹。
- 找出最大的生成樹。

面對這麼多種變化，只要熟悉最小生成樹的 Prim 演算法與 Kruskal 演算法就足夠。換言之，只要在演算法的計算過程中做一些相對應的修正即可。如上所述的最大生成樹問題，一般的演算法是每次取可能的選項中最小的邊，最後的總和就是最小的樹。因此若要求出最大的總和，只要將邏輯反過來，每次取最大的邊，最後的總和自然就是最大的樹。

---

[6] http://uva.onlinejudge.org/external/117/11730.html

6. 最短路徑 (Shortest Path)

這個問題和前面最小生成樹一樣，題目有多種變化，包括：

- 找出第 k 短的路徑（如第二短、第三短……）。
- 座標平面上的最短路徑。
- 一條路徑上有多個限制。
- 兩點間有多條路徑。

同樣地，只要熟悉 Bellman-Ford 演算法、Dijkstra 演算法、Floyd-Warshall 演算法、A* 演算法等基本演算法就足夠了。只要將題目抽象後形成多個節點、節點間的連線有權重、找出兩點間的最小權重和等題目，就可以轉換成最短路徑問題。之後從各個演算法的運作原理及限制思考，即可找出適合的演算法加以變化來解決題目。

7. 最大流 (Maximum Flow)

此類題目需要花最多心力去解。首先，常用的 Ford-Fulkerson 演算法與 Push-Relabel 演算法都需要花一定時間才可以寫出來。其次，此種題目變化相當大，除了一般的最大流問題，還可變化為：

- 無向圖形中的最大流。
- 多個出入口的最大流。
- 節點容量有限的最大流。
- 所有點之間的最大流。

再加上題目本身並不容易看出如何轉換成最大流問題，因此解這種題目有很大的難度。

基本上，這類題目都需要先把問題轉換成節點和邊，再把限制變成邊的流量上限。譬如 UVA 563 [7]：

Given a grid of (S*A) and the crossings where the banks to be robbed are

---

[7] http://uva.onlinejudge.org/external/5/563.html

located, find out whether or not it is possible to plan a get-away route from every robbed bank to the city-bounds, without using a crossing more than once.

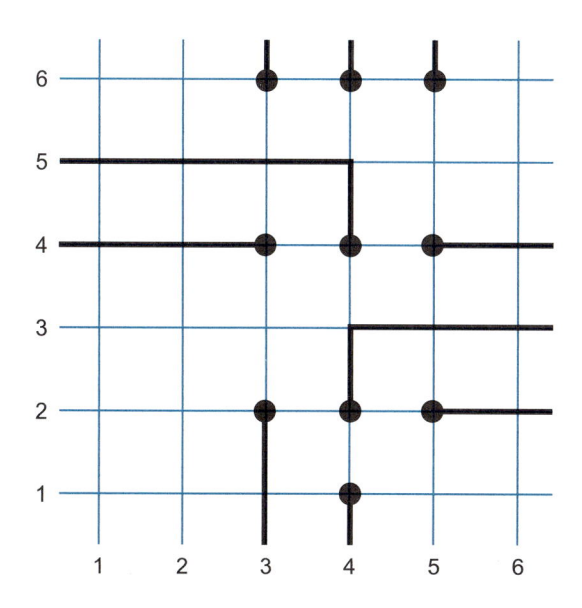

表面上看來只是安排不交錯的路線，但是我們可以把不交錯轉換成只有一個人能走；也就是那條路的容量是 1，於是就變成最大流問題。

5.3 估計程式效率

　　演算法不但要正確，執行效率也很重要。如果一個程式能夠算出正確的結果，卻需要極大的執行時間或記憶體使用量，還是沒辦法解決問題。一般程式競賽的題目都會對程式的執行時間及記憶體使用量有所限制，因此在實作演算法時，除了確保正確性，也要評估其最大記憶體使用量及執行時間是否符合題目的要求。

1. 估計記憶體使用量

　　程式運行中所佔用的記憶體主要可分為三大部分：global（全域）、stack（堆疊）、heap。global 部分存放的是全域變數；stack 存放區域變數、函式參數及函式返回位置；heap 則是存放動態產生的資料。其中，global 所使用的記憶體是固定的，而 stack 及 heap 的記憶體使用量則隨時間改變。因此，估算程式所需之最大記憶體使用量的方法，是找出 stack 及 heap 使用最多記憶體的時間點，計算當時以上三者的總和。

以下是一個簡單的範例：

```
01  #include <stdio.h>
02
03  int A[200]={};
04  void createC(){
05      int C[500]={};
06  }
07
08  int main(){
09      int *B= malloc(100*sizeof(int));
10      createC();
11      free(B);
12      return 0;
13  }
```

在此範例中，我們分別對 global、stack、heap 做評估。陣列 A 為全域變數，其中包含 200 個 int（整數）型態的變數。int 型態的變數大小會因平台而不同，此處以 4 位元組為例，因此陣列 A 的大小為 4×200 = 800 位元組。就 stack 而言，範例中有陣列 B 指標、createC 返回位置與陣列 C，其中陣列 B 指標及 createC 返回位置太小而可以忽略不計；陣列 C 的大小為 2000 位元組。此範例中由 malloc 動態產生的陣列 B 存放於 heap 中，大小為 400 位元組。將以上三者相加，便可得到此程式的最大記憶體使用量：800 + 2000 + 400 = 3200 位元組。

2. 估計時間

衡量程式的執行時間有兩種方法。第一種方法是根據程式的時間複雜度而定。比較常見的如 N 迴圈為 O(n)、二分搜尋為 O(log(n))……等。由輸入資料的大小 (n) 和電腦的運算速度，便可約略估計程式執行所需的時間。電腦執行運算指令的速度會因不同電腦而異，在估計時可以假設 1 秒執行 1000 萬 (10^7) 個運算，若 n 的大小為 1000 萬，O(n) 的迴圈就需要花上 1 秒才可以完成。第二種方法較簡單，只要在程式開始及結束的部分，插入程式語言所提供與時間有關的函式庫，將兩個時間相減，便可取得程式的執行時間。雖然計算程式的時間複雜度並不能很準確地估計程式運行的時間，但使用此方法的好處是在構思演算法時，便可進行評估。例如在解題時想到兩種解法，一種使用遞迴、另一種用迴圈，分別計算兩者的時間複雜度，便可發現使用遞迴似乎會超過題目的時限，因此放棄遞迴而改用迴圈。

以下為一個簡單的範例：

```
for (int i =0;i<m;i++){
    for(int j=0;j<n;j++){
    }
}
```

以上兩個 for 迴圈的執行次數分別為 m 及 n，因此可得到時間複雜度為 $O(mn)$。

3. 從限制條件猜測解法

一般題目的記憶體限制用量都差不多，但時間的限制差異很大。有些題目透過時間限制來限制此題可用的解法，因此我們可以透過題目的時間限制來猜測可能的解法。若這個題目的時間限制較長（超過 1 分鐘），此題很有可能需要使用暴力解，因此給予較寬鬆的時間限制。若這個題目的時間限制較短（0.1 秒），這題就很有可能需要使用特殊的數學公式。

如 2009 年高中能力競賽全國賽的尋寶問題[8]，這是一個求最短路徑的題目，輸入為一個包含 m 個點的迷宮，其中最多有 n 個點為寶藏，n 小於 m：

在圖 5.1 中，點 1 為起點，點 6 為終點，點 2、點 3 與點 6 為寶藏存放點，路徑上的數字表示點與點之間的距離。

---

[8] http://zerojudge.tw/ShowProblem?problemid=d598

圖 5.1

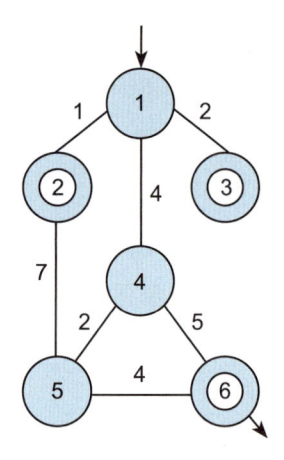

雖然求最短路徑有許多方法，但此題的時間限制相當長，因此它的解法可能是暴力解，如使用深度優先 (depth-first search, DFS) [9] 或較有效率的 A*[10] 搜尋演算法，反覆地嘗試可能路徑，即可找出最短路徑。

以下為使用 DFS 解題的範例：

01	`#include<stdio.h>`	
02	`#include<string.h>`	
03	`#define infinite 99999`	03：定義無限遠的距離。
04	`int ans,m,n;`	04：ans 為答案，m 為可能的寶藏點總數，n 為寶藏總數。
05	`int map[21][21],dist[21][21];`	05：map 為路徑資訊，dist 為各點之間的距離。
06	`int t[21],list[21];`	06：t 為寶藏點資訊，list 記錄行經寶藏與否。
07	`void DFS(int now,int find,int len){`	07：DFS 函式進行最短路徑搜尋，now 為目前所在的點，find 為目前找到的寶藏數量，len 為目前路徑長度。
08	`    if(find==n){`	
09	`        if(len+dist[now][m]<ans)`	
10	`            ans=len+dist[now][m];`	08-12：判斷行經所有寶藏後到達終點是否為最短路徑。若是最短路徑，則為目前最好之答案。
11	`        return;`	
12	`    }`	
13	`    if(len+dist[now][m]>=ans)`	13-14：若目前路徑長度已超過目前最小值，則停止搜尋。
14	`        return;`	
15	`    int i,tmp;`	
16	`    for(i=0;i<n;i++){`	
17	`        tmp=list[i];`	

---

[9] http://en.wikipedia.org/wiki/Depth-first_search
[10] http://en.wikipedia.org/wiki/A*_search_algorithm

18	`            if(dist[now][t[tmp]]){`	16-23：透過記錄各點寶藏的 list 對所有可能的排序進行搜尋。
19	`                list[i]=0;`	
20	`                DFS(t[tmp],find+1,len+dist[now][t[tmp]]);`	
21	`                list[i]=tmp;`	
22	`            }`	
23	`        }`	
24	`}`	
25	`void Floyd(){`	25-41：Floyd 函式的功能是將輸入得到的迷宮資訊 map 轉換成迷宮中各點之間的距離，如 dist[i][j]=5，表示迷宮中的點 i 到點 j 的距離為 5。若值為 infinite，則表示點 i 無法到達點 j。計算各點間的距離可使用 Floyd 演算法[11]。
26	`    int i,j,k;`	
27	`    for(i=1;i<=m;i++){`	
28	`        for(j=1;j<=m;j++){`	
29	`            dist[i][j]=map[i][j];`	
30	`            if(dist[i][j]==0)`	
31	`                dist[i][j]=infinite;`	
32	`            if(i==j)`	
33	`                dist[i][j]=0;`	
34	`        }`	
35	`    }`	
36	`    for(i=1;i<=m;i++)`	
37	`        for(j=1;j<=m;j++)`	
38	`            for(k=1;k<=m;k++)`	
39	`                if(dist[j][i]+dist[i][k]<dist[j][k])`	
40	`                    dist[j][k]=dist[j][i]+dist[i][k];`	
41	`}`	
42	`void main(){`	
43	`    while(scanf("%d %d",&m,&n)==2){`	43：取得 m 與 n。
44	`        int find=0,i,j;`	
45	`        for(i=0;i<=21;i++)`	45-46：初始化寶藏列表 t。
46	`            t[i]=0;`	
47	`        for(i=1;i<=n;i++)`	47-48：取得 n 個寶藏點。
48	`            scanf("%d",&t[i]);`	
49	`        for(i=0;i<n;i++)`	49-50：建立選擇寶藏清單。
50	`            list[i]=i+1;`	
51	`        for(i=1;i<=m;i++)`	51-53：取得迷宮 map。
52	`            for(j=1;j<=m;j++)`	
53	`                scanf("%d",&map[i][j]);`	

---

[11] http://en.wikipedia.org/wiki/Floyd%E2%80%93Warshall_algorithm

54　　　　　Floyd();	54：建立各點之間的距離 dist。
55　　　　　for(i=0;i<n;i++){	55-60：如果起點便有寶藏，直接找到並
56　　　　　　if(t[i]==1){	從 t 去除。
57　　　　　　　t[i]=0;	
58　　　　　　　find++;	
59　　　　　　}	
60　　　　　}	
61　　　　　ans=infinite;	61：初始化 ans。
62　　　　　DFS(1,find,0);	62：進行 DFS。
63　　　　　printf(«%d\n»,ans);	63：得到最短路徑。
64　　　}	
65　　　return 0;	
66　}	

另一個例子為 UVA438: The Circumference of the Circle [12]，此題給三個不共線的點，求通過這三點的圓之周長。此題的時間限制極短，所以需要利用海龍公式 [13] 算出三點形成的三角形面積，再透過正弦定理推得三角形邊長與外接圓半徑的公式，推導過程如下：

$$海龍公式：\Delta = \sqrt{s \times (s-a) \times (s-b) \times (s-c)}$$

其中，$s = \dfrac{a+b+c}{2}$，a、b、c 為三點所形成的三角形之三邊長。

$$三角形外接圓公式：\Delta = \dfrac{a \times b \times c}{4 \times R}$$

其中，R 為外接圓半徑。因此透過此公式可得：

$$圓半徑 = \dfrac{a \times b \times c}{4 \times \sqrt{s \times (s-a) \times (s-b) \times (s-c)}}$$

再乘上 2π，便可快速算出三點形成之圓周長。

---

[12] http://uva.onlinejudge.org/external/4/438.html

[13] http://zh.wikipedia.org/wiki/%E6%B5%B7%E4%BC%A6%E5%85%AC%E5%BC%8F

5.4 程式測試資料

CPE 採用 ACM ICPC 的評分方式，當上傳的程式通過所有測試資料時，才算答對。若上傳的程式答錯，則會給予懲罰（每送出題解錯一次，加罰 20 分鐘的解題時間），因此在上傳前確保撰寫的程式之正確性非常重要。本節會針對涵蓋測試資料的範圍、如何進行測試、邊界測試及產生測試資料做說明。

1. 測試資料範圍

通常題目在敘述中會說明輸入的測試資料範圍、定義測試資料形成的規則並給予數個範例。此處需特別注意的是，就算是常理認為不會出現的資料，只要它符合此題測試資料形成的規則，就有可能會出現。

以下為兩個簡單範例。

例 5.4.1　The 3n + 1 Problem (CPE10400, UVA100)

◎關鍵詞：陣列、模擬

◎來源：http://uva.onlinejudge.org/external/1/100.html

◎題意：

考拉茲臆測 (Collatz conjecture)，又稱為 3n + 1 臆測，係指輸入一個正整數 n，如果它是奇數，將它乘 3 再加 1；如果它是偶數，則將它除以 2。如此循環，最終都能夠得到 1。例如：

- n=10，可經由 10 → 5 → 16 → 8 → 4 → 2 → 1，得到最終的 1，其長度為 7，稱之為考拉茲長度。
- n=34，可經由 34 → 17 → 52 → 26 → 13 → 40 → 20 → 10 → 5 → 16 → 8 → 4 → 2 → 1，得到最終的 1，其考拉茲長度為 14。

任何正整數經過上述的計算步驟後，最終都會得到 1。現在請你撰寫程式，輸入兩個正整數 a 與 b，計算 a 到 b 中間每個可能的數字 n，a ≤ n ≤ b 或 b ≤ n ≤ a，試問 n 的考拉茲長度最長為多少？

◎輸入／輸出：

輸入	1 10 100 200 201 210 900 1000
輸出	1 10 20 100 200 125 201 210 89 900 1000 174
說明	輸入資料的每一列為一組測試資料。每組測資有兩個正整數a與b，0 ≤ a，b ≤ 1000000。測試資料至檔案結尾時結束。針對每組測資，輸出a與b之間的最長考拉茲長度。例如，第一列 1 10，即是要求計算1、2、3、4、5、6、7、8、9、10等10個數的考拉茲長度，並將其最長的長度（此例為20）印出。

◎解法：

以範例測資 1 10 為例（即 a=1，b=10），其範圍內的考拉茲長度如表 5.1 所示。我們可以觀察出最長的考拉茲長度發生在值為 9 時，其長度為 20，故連同 a、b 輸出為 1 10 20。

讀取 a 與 b 之後，列舉 a 到 b 間的所有數 n，使用迴圈計算考拉茲長度，在眾多考拉茲長度中選取最長的輸出。因此，依照題意，使用直接模擬即可。換言之，如果目前變數 n 的值為奇數，則 n=n×3+1；若為偶數，則 n=n/2。

表 5.1

1	1→4→2→1	長度：4
2	2→1	長度：2
3	3→10→5→16→8→4→2→1	長度：8
4	4→2→1	長度：3
5	5→16→8→4→2→1	長度：6
6	6→3→10→5→16→8→4→2→1	長度：9
7	7→22→11→34→17→52→26→13→40→20→10→5→16→8→4→2→1	長度：17
8	8→4→2→1	長度：4
9	9→28→14→7→22→11→34→17→52→26→13→40→20→10→5→16→8→4→2→1	長度：20
10	10→5→16→8→4→2→1	長度：7

◎程式碼：

01 `#include<iostream>`	
02 `using namespace std;`	
03 `int main(){`	
04 `　　int a,b;`	
05 `　　while(cin >> a >> b){`	05：讀取所有測資的 a 與 b。如果遇檔尾，會傳會 false，然後離開迴圈。
06 `　　　　cout << a << " " << b << " ";`	
07 `　　　　if(a>b){int c=a;a=b;b=c;}`	07：將較小值存到 a，較大值存到 b。
08 `　　　　int maxLen=0;`	
09 `　　　　for(int k=a;k<=b;k++){`	09：列舉所有 [a,b] 間的數字 k。
10 `　　　　　　int n=k,len=1;`	10：將 k 轉交給 n，因為 n 在執行過程會更動，所以要確保 k 不動。使用變數 len 來記載考拉茲長度。
11 `　　　　　　while(true){`	11-14：3n+1 問題的計算公式：n*3+1 或 n/2。
12 `　　　　　　　　if(n==1)break;`	12：如果 n 已是 1，則得出考拉茲長度。
13 `　　　　　　　　if(n%2)n=n*3+1;`	13-14：奇數則三倍加 1，偶數則以 2 除之。
14 `　　　　　　　　else n/=2;`	
15 `　　　　　　　　len++;`	15：將考拉茲長度加 1。
16 `　　　　　　}`	
17 `　　　　　　maxLen=max(len,maxLen);`	17：此時 len 記錄 n 的考拉茲長度，將它與目前最大者比較並記錄最大者。
18 `　　　　}`	
19 `　　　　cout << maxLen << endl;`	19：列印結果。
20 `　　}`	
21 `　　return 0;`	
22 `}`	

須注意的是，題目只有說 0 < a，b < 1000000，但沒有說 a 一定小於 b，因此在撰寫程式時必須處理 a 大於 b 的狀況。

例 5.4.2　You Can Say 11 (CPE10460, UVA10929)

◎關鍵詞：數學公式解、迴圈、字串處理

◎來源：http://uva.onlinejudge.org/external/109/10929.html

◎題意：

　　判斷輸入的整數是否為 11 的倍數。

◎輸入／輸出：

輸入	112233 30800 2937 323455693 5038297 112234 0
輸出	112233 is a multiple of 11. 30800 is a multiple of 11. 2937 is a multiple of 11. 323455693 is a multiple of 11. 5038297 is a multiple of 11. 112234 is not a multiple of 11.
說明	輸入資料的每一列為一組測試資料，包含一個正整數，至多有1000位數。該整數若為0，代表測試資料結束。針對每個整數，印出其是否為11的倍數。

◎解法：

十進位的整數，其奇數位的和與偶數位的和，兩者相減之差若為11之倍數，則此十進位的整數亦為11的倍數。若兩者相減之差不是11的倍數，則原來的十進位整數也不是11的倍數。

例如，5038297的奇數位之和為7+2+3+5=17，偶數位之和為9+8+0=17，兩者之差為0，是11的倍數，故原數為11之倍數。又如，112234的奇數位之和為4+2+1=7，偶數位之和為3+2+1=6，兩者之差為1，不是11的倍數，故原數不是11之倍數。

◎程式碼：

01	`#include <iostream>`	
02	`#include <string>`	
03	`using namespace std;`	
04	`int main(){`	
05	`    string s;`	
06	`    while (cin >> s && s!="0"){`	06：輸入字串，當字串為「0」時，結束迴圈。
07	`        long long sum[2] = {0, 0};`	
08	`        for(int i=0;i<s.length(); i++)`	09：將字串的字元減去0（它的值為48），可得奇數值，然後將奇數與偶數分開相加。
09	`            sum[i%2]+=s[i]-'0';`	
10	`        cout << s << "is" <<`	10-12：奇數和減偶數和，並檢查兩者之差是否為11的倍數，並輸出結果。
11	`            ((sum[0]-sum[1])%11?"not":"");`	
12	`        cout << "a multiple of 11." << endl;`	
13	`    }`	
14	`}`	

須注意的是，輸入的數字可能會由 0 開頭，如 0011，所以要以字串變數來儲存數字，以保留開頭的 0。

2. 軟體測試

在上傳到評判系統前，首先要確認程式是否正確，而進行檢查程式之正確性的動作就稱為軟體測試。軟體測試又可分為黑箱 (black box) 測試及白箱 (white box) 測試。所謂的黑箱測試，為單純測試程式的功能是否達到要求，而不管其內部運作，即輸入一筆特定的測資並確認是否得到特定的結果。例如，讀取題目提供的範例輸入或自行設計的測試資料，檢查程式的輸出是否符合對應的結果。白箱測試則是檢查程式內部的運作是否正確，是否如程式設計者預期般運行，常用的方式如於程式碼插入 printf 或使用 debug 工具（如 gdb）追蹤變數狀態，利用此方法可以幫助程式設計者找出程式發生問題的根源。

3. 邊界測試

當程式出錯時，問題經常是發生在邊界值，針對這種問題所做的測試稱為邊界測試 (boundary test)。程式執行時遭遇到的邊界問題有很多種，以下將一一介紹。

第一種為輸入測試資料的邊界值。一般題目都會對輸入測試資料的範圍、輸入規則做詳細的定義，將測試資料的最大值、最小值輸入程式，檢查其結果是否正確。

第二種為程式使用的變數所能表示之邊界值。例如，4 位元組的 singed int 所能表示的範圍為 −2147483648 至 2147483647，在運算程式後，須檢查計算結果是否可能超出此範圍。另外，也要注意使用的陣列索引，確認是否有超過陣列宣告之大小的情況，導致存取到錯誤的記憶體位置，造成記憶體錯誤。

第三種為判斷式的判斷條件，檢查是否已針對所有的條件做對應的處理，如以下範例：

```
if(x>0){
    ...
}
else if(x<0){
    ...
}
```

上述範例程式針對 x 大於 0 及 x 小於 0 分別做相對應的處理，但是沒有對 x 等於 0 的情況做處理，因此有可能產生錯誤的執行結果。

4. 產生測試資料

對程式進行黑箱測試需要有足夠的測試資料，才能確保程式的正確性。基本上，除了使用題目提供的範例測試資料及答案外，仍需自行產生測試資料及對應的答案。當測試資料較簡單時，很容易算出答案。但是當測試資料的數值較大或較複雜時，就不容易計算出答案。有些題目的測試資料很複雜，但答案卻很簡單。此時可以先從答案著手，亦即先產生可能的答案，再反推出對應的測試資料，以產生較複雜的測資，供黑箱測試。以下為兩個簡單範例。

第一個範例為前面所提到的 UVA 10929: You Can Say 11。判斷整數是否為 11 的倍數。要產生數字較大的測試資料，可以透過判別 11 的倍數之方法，亦即奇數的總和減去偶數的總和為 11 的倍數。例如，現在設計一筆測試資料，其奇數和為 17，偶數和也為 17，相減為 0 是 11 的倍數。接著，將奇數拆成 5、3、2、7，偶數拆成 1、7、9，交錯組合便可得到一筆測試資料 5137297，為 11 的倍數，如此即可輕易得到複雜的測試資料及其對應答案。

另一個例子為 RSA 因式分解[14]。輸入測試資料為一正整數 N，此正整數 N 為兩個質數 p、q 之積，兩質數 p、q 必須滿足兩個條件：$p \le q$；且對正整數 k，$|q - kp| \le 10^5$。求此兩質數 p、q。此題要產生一筆測試資料，判斷其是否為兩質數之積很不容易，但若事先撰寫程式來建立質數表，並從中挑選出兩個質數 p、q 以決定整數 k，再將 p、q 相乘得到 N，將會容易得多。

---

[14] http://livearchive.onlinejudge.org/external/45/4541.html

以下為建立質數表的程式：

01	`#define Max`	01：定義找質數的範圍。
02	`#define pMax`	02：定義質數表的最大數量。
03	`int n[Max]={};`	03：一開始，n[i] 的值均為 0。在計算過程中，n[i] 的值若被變更為 1，代表 i 不是質數。
04	`int primes[pMax],pnum;`	
05	`void generatePrimeTable(){`	
06	`  int i, j, k;`	
07	`  int sqrtMax = sqrt(Max);`	07：篩選範圍只需至 $\sqrt{Max}$ 為止。
08	`  primes[0]=2;`	08：將質數 2 加入質數表。
09	`  pnum=1;`	
10	`  for(i=3;i<sqrtMax;i+=2){`	10：由 3 開始篩選，過程忽略偶數。
11	`    If(n[i] == 0){`	
12	`      k=2*i;`	12：處理 i 的倍數。
13	`      for(j=i*i;j<Max;j+=k){`	13-15：從 i*i 開始（i*i 之前的數在前面的運算已經檢查過），將 i 的倍數（也就是 j）對應的 n[j] 設為 1，表示 j 不是質數。運算結束後，n[i] 之值若仍為 0，表示 i 為質數。
14	`        n[j]=1;`	
15	`      }`	
16	`    }`	
17	`  }`	
18	`  for(i=3;i<Max;i+=2){`	
19	`    if(n[i]==0){`	19-21：運算結束後，n[i] 之值若仍為 0，表示 i 為質數。
20	`      primes[pnum++]=i;`	
21	`    }`	
22	`  }`	
23	`}`	

利用以上程式建立之質數表，挑選出兩質數 10007、100003 並決定 k=9，符合題目的條件 |100003 − 9×10007| = 9940 ≤ 10^5，便可得到一筆測試資料 N 為 1000730021，k 為 9，其答案為 10007 與 100003。

5.5 善用既有資源

撰寫程式時，常會使用一些功能，如 I/O 處理、數學公式計算等，這些功能可能會在同一程式或多個程式中被重複使用。如果每次使用時都必須重新撰寫，相當浪費時間。因此一些公認的標準函式庫應運而生，讓程式設計師可以方便地使用各種功能。例如想在螢幕中印出一些內容，只要使用 printf() 這個函式即可，而可不需處理硬體操作。在程式競賽時，需要在一定時間內完成數個題目，因此如果能熟悉這些函式庫的功能及使用方式，便能大幅節省撰寫程式的時間，將更多時間投注於其他部分。以下介紹兩個既簡單又可節省時間的方法。

1. Don't Repeat Yourself

　　Don't Repeat Yourself 簡稱 DRY，又名 Once and Only Once(OAOO)，為程式設計的法則之一。DRY 所表達的概念為「不要寫出重複的程式」。當撰寫程式時發現有一部分重複了，應當將之提出做為一個共通的函式來使用。遵照此法則可以讓程式看起來更簡潔，不僅減少重複的部分，當程式需要修改時，也只需要修改函式的部分即可。範例說明如下。

例 5.5.1　Bangla Numbers (CPE10414, UVA10101)

◎關鍵詞：陣列、口語數字

◎來源：http://uva.onlinejudge.org/external/101/10101.html

◎題意：

　　孟加拉語在表達數字時，使用 kuti(10000000)、lakh(100000)、hajar(1000)、shata (100) 來描述。本題要求輸入一個整數 n，並輸出孟加拉語描述 n 的句子。

◎輸入／輸出：

輸入	23764000 0 100453789000045
輸出	1. 2 kuti 37 lakh 64 hajar 0 2. 0 3. 1 kuti 45 hajar 3 shata 78 kuti 90 lakh 45
說明	輸入資料的每一列為一組測試資料，每組測資為一個非負整數 n，最多有 15 位數字。測試資料至檔案結尾時結束。針對每個 n，印出其孟加拉語的描述方式，且印出時在每一列前方加上測資編號。

◎解法：

孟加拉語 kuti、lakh、hajar、shata，很像中文裡的萬、千、百、十，但是單位不一樣。在整體上，中文使用千、百、十當作一個區段的描述，萬、億或兆當成一個區段的結尾，例如五兆七千六百二十五億五千九百三十萬四千三百二十五，可以看到以萬、億、兆隔開的三個區段都是用千、百、十來描述的。在孟加拉語，kuti 就相當於萬、億、兆，是區段的結尾；而 lakh、hajar、shata 就相當於千、百、十，是區段的描述。

以孟加拉數而言，每一區段的數字表達大小為 base=100×100×10×100=10000000。所以先將輸入數字 n，依照 base 分成三個區段的數字 a、b、c。kuti() 函數為區段表達函數，第一個參數為區段數值，第二個參數代表區段之前是否已經有值。如果有值，則需要印出前導 0。所以在列印時，會先印出區段的描述，再印出區段的結尾。如果前方區段或目標區段有值，則印出區段的結尾。

以輸入 23764000 為例，分成三個區段為 a=0、b=2、c=3764000。由於 a=0，第一區段不會列印任何資料；第二區段，列印出 2 kuti；第三區段，印出 37 lakh 64 hajar 0。

◎程式碼：

```
01  #include<iostream>
02  #include<cstdio>
03  using namespace std;
04  void kuti(int data,int start){
05      char* s[]={"lakh","hajar","shata"," "};
06      int base[]={100000,1000,100,1};
07      int mod[]={100,100,10,100};
08      for(int k=0;k<4;k++){
09          int v=data/base[k]%mod[k];
10          if(v==0 && start==false)continue;
11          start=true;
12          if(v) cout << " " << v << s[k];
13      }
14  }
15  int main(){
16      long long n,num=0;
17      while(cin >> n){
```

09：對於每一個單位，萃取出數值 v。

10-11：如果本身無值且還沒開始列印，則跳過；否則開始列印，設定 start 為真。

12：如果 v 有值，就印出該數值 v 及單位。

18	`        printf("%4d",++num);cout << ".";`	
19	`        long long base=10000000;`	
20	`        long long a=n/base/base%base;`	20-22：依照 base，計算三個區段 a、b、
21	`        long long b=n/base%base;`	c。
22	`        long long c=n/1%base;`	
23	`        kuti(a,0);if(a)cout << "kuti";`	23：因為第一區段前方沒有區段，所以呼
24	`        kuti(b,a);if(a|b)cout << "kuti";`	叫 kuti(a,0) 來印出區段內之表達
25	`        kuti(c,a|b);`	式。如果 a 有值，則需印出區段結
26	`        if(n==0)cout << "0";`	尾。
27	`        cout << endl;`	24：呼叫 kuti(b,a) 印出第二區段的描
28	`    }`	述，如果第一區段或第二區段有值，
29	`    return 0;`	則需印出區段結尾。
30	`}`	25：呼叫 kuti(c,a|b) 印出第三區段的
		描述，其中第二參數指示前方區段是
		否有值，該指導會影響 kuti 函數的
		內部運作。
		26：如果 n 為 0，則因為沒有前導值，整
		個運作都不會印出資料，所以需特別
		處理。

由以上程式可以看出使用函式的好處，在程式的第 23 行到第 25 行都使用到自定義函式 kuti。若不把 kuti 函式內進行的動作寫成函式，在此程式就需要撰寫三段相同的程式碼。如此一來，不僅浪費時間，若需要修正，亦須同時修正多個部分。

2. C/C++ 語言函式庫

C++ 的函式庫除了 C 的標準函式庫，還增加了 Standard Template Library(STL) [15]。STL 主要有三大部分：容器函式庫 (containers library)、演算法函式庫 (algorithms library) 及指標函式庫 (iterators library)。容器函式庫主要提供各種不同的資料結構供程式設計者儲存資料，如 vector、stack、queue、map 等；演算法函式庫提供常用的操作資料結構之方式，如 find、sort、count、copy 等；指標函式庫則是用來指示資料結溝中的元素，提供 begin、end 以提取資料結構中的第一個及最後一個元素。

以容器函式庫所提供的資料結構為例，比較常用的為 vector、stack、queue、set、map。vector 如同 C 所提供的陣列，但跟陣列不同的是，vector

---

[15] http://www.cplusplus.com/

能動態增加且記錄所含的元素個數，比陣列好用很多。stack 模擬堆疊的機制，為一種 FILO (first-in, last-out) 資料結構，亦即最先進去的元素，到最後才能取出。queue 是實作 FIFO (first-in, first-out) 的機制，亦即元素先進先出。set 為模擬數學的集合之資料結構，其中相同的元素只會存在一份。map 則為提供查表功能的資料結構，每一筆資料都有 key/pair，key 為索引，pair 為存放資料。查詢時找 key 即可取得相對應的 pair 資料。

以下為 vector 的使用範例，其中利用 iterator 及 sort 將一個由大到小排列的數列改為由小到大排列。

01	`#include<iostream>`	
02	`#include<vector>`	
03	`#include<algorithm>`	
04	`using namespace std;`	
05	`int main(){`	
06	`    vector<int> v;`	
07	`    vector<int>::iterator it;`	
08	`    for(int i=10; i > 0; i--)`	08-09：將資料由大到小輸入 vector。
09	`        v.push_back(i);`	
10	`    for(it=v.begin();it!= v.end();it++)`	10-12：顯示目前的 vector 狀態。
11	`        cout << *it << " ";`	
12	`    cout << endl;`	
13	`    sort(v.begin(),v.end());`	13：使用 sort 將 vector 資料由小排到大。
14	`    for(it=v.begin();it!=v.end(); it++)`	14-16：顯示排序後 vector 狀態
15	`        cout << *it << " ";`	
16	`    cout << endl;`	
17	`    return 0;`	
18	`}`	

以下為 map 及 set 的使用範例。

例 5.5.2　List of Conquests (CPE21924, UVA10420)

◎關鍵詞：字串、排序

◎來源：http://uva.onlinejudge.org/external/104/10420.html

◎題意：

每列資料包含了一個國家名稱以及一個人名，將 n 列資料依據國家名稱進行出現次數統計，並依據國家名稱的字母順序 (alphabetical order) 輸出每個國家及所含的人數（以一個空格隔開）。

◎輸入／輸出：

輸入	3 Spain Donna Elvira England Jane Doe Spain Donna Anna
輸出	England 1 Spain 2
說明	輸入的第一列是一個整數 n(n≤2000)，代表之後將有 n 列資料，且每列資料中最多含 75 個字元（包含第一個單字所代表的國家名稱，以及其餘單字代表的人名）。 ※ 註：可以假設國家名稱都是由一個單字所組成。

◎解法：

　　本題題目並未說明測資是否會出現完全相同的資料（即國家名稱和人名皆相同），以及完全相同的資料是否歸類為同一人。雖然經測試後，發現本題目的測資並無重複的情形，但我們仍介紹兩種版本的解法。

　　版本一：假設測資不重複。我們只需計算每列資料的第一個單字（國家名稱）出現的次數即可，而不需考慮其餘的單字（人名的部分）。由於本題必須進行國家名稱的排序（亦即字串排序），因此可使用 C++ STL 中的 map 以方便撰寫程式。map 可視為陣列的增強版，對於索引及值的型態皆可自行定義，並且預設會自動依據索引的字母順序加以排序。

　　版本二：假設測資會重複，而且重複的資料將不累計人數。我們除了使用上述的 map 之外，還可使用 STL 的 set 來判斷某索引（整列資料，包含國家名稱及人名）是否已經出現在集合內。

◎程式碼（版本一）：

01	`#include<iostream>`	
02	`#include<map>`	02：引入 map 的標頭檔。
03	`using namespace std;`	
04	`int main(){`	05：count 用來記錄各國家的人數，第一型態 string 代表以國家名稱做為索引，第二型態 int 則用來統計該國的人數。
05	`    map<string,int> count;`	
06	`    map<string,int>::iterator iter;`	06：建立型態與 count 相同的 iterator。
07	`    string first_s;`	07：first_s 儲存每列的國家名稱。
08	`    char others[76]={0};`	08：others 儲存該列其後的人名。
09	`    int n;`	

10	`cin >> n;`	10：輸入資料列數。
11	`cin.ignore();`	11：cin.ignore 可忽略掉一個輸入的字元，此處是為了忽略一個換列符號「\n」。
12	`while(n--){`	
13	`    cin >> first_s;`	13-14：讀入國家名並累計人數。
14	`    count[first_s]++;`	
15	`    cin.getline(others,76);`	15：讀入該列剩餘的部分。
16	`}`	
17	`for(iter=count.begin();`	17：begin 和 end 分別回傳指向起始及結尾的 iterator。
	`    iter!=count.end();iter++){`	
18	`    cout << iter->first << " ";`	18：iter->first 代表 map 中的索引（國家名稱）。
19	`    cout << iter->second << endl;`	19：iter->second 代表 map 中的值（人數）。
20	`}`	
21	`return 0;`	
22	`}`	

◎程式碼（版本二）：

01	`#include<iostream>`	
02	`#include<sstream>`	
03	`#include<set>`	03-04：引入 set 及 map 的標頭檔。
04	`#include<map>`	
05	`using namespace std;`	
06	`int main(){`	
07	`    map<string,int> count;`	07：count 用來記錄各國家的人數，第一型態 string 代表以國家名做為索引，第二型態 int 則用來統計該國的人數。
08	`    map<string,int>::iterator iter;`	08：建立型態與 count 相同的 iterator。
09	`    set<string> exist;`	09：exist 用來判斷資料是否重複出現。
10	`    stringstream ss;`	10：ss 做為後續字串擷取之用。
11	`    char entire_c[76]={0};`	
12	`    string entire_s,first_s;`	
13	`    int n;`	
14	`    cin >> n;`	14：輸入資料列數。
15	`    cin.ignore();`	15：使用 cin.ignore 忽略掉一個換列符號「\n」。
16	`    while(n--){`	
17	`        cin.getline(entire_c,76);`	17：每列資料以整列讀入。
18	`        entire_s=entire_c;`	18：將資料轉為 string 型態。
19	`        if(exist.count(entire_s)<=0){`	19：判斷本列資料是否已出現過，若國家名稱、人名皆相同，假設為同一個人，人數不累計。
20	`            exist.insert(entire_s);`	20：將新的資料置入 set 中。
21	`            ss.str("");`	
22	`            ss << entire_s;`	21-23：清空 ss，並將整列資料置入 ss，再擷取出第一個字串（國家名稱）。這相當於使用 C 的 sscanf。
23	`            ss >> first_s;`	
24	`            count[first_s]++;`	24：累計該國家的人數。
25	`        }`	
26	`    }`	

27	`for(iter=count.begin();` `    iter!=count.end();iter++){`	27：begin 和 end 分別回傳指向起始及結尾的 iterator。
28	`    cout << iter->first << " ";`	28：iter->first 代表 map 中的索引（國家名稱）。
29	`    cout << iter->second << endl;`	29：iter->second 代表 map 中的值（人數）。
30	`}`	
31	`    return 0;`	
32	`}`	

　　以上這些資料結構在 Java API 也有支援，在 java.util 底下也有提供 map、queue、stack 等資料結構，其使用方式與 STL 大同小異。Java 另外在 java.awt.geom 中還提供許多幾何計算之相關函數，例如計算面積、線段交點、兩點形成的直線等。詳細的使用方式可參考 Java API 文件網站[16]。

3. sort 函式庫

　　使用內建函式庫可以節省程式撰寫的時間。因為函式庫為團隊開發，實作之演算法較有效率，且對於例外情況的處理也較為完善，故使用函式庫的效益非常高。

　　以快速排序演算法[17]為例，以下針對自行撰寫的 quick sort 及函式庫提供的 qsort 函式之執行速度做比較。

- **自行撰寫**

```
01  void QuickSort(int arr[],int low,int high){
02      if(low<high){
03          int i=low;
04          int j=high+1;
05          while(1){
06              while(i+1<n && arr[++i]<arr[low]);
07              while(j-1>-1&&arr[--j]>arr[low]);
08              if(i>=j)
09                  break;
10              swap(arr[i],arr[j]);
11          }
```

---

[16] http://docs.oracle.com/javase/7/docs/api/
[17] http://en.wikipedia.org/wiki/Quicksort

12
13
14
15
16
	`        swap(arr[low],arr[j]);`
	`        QuickSort(arr,low,j-1);`
	`        QuickSort(arr,j+1,high);`
	`    }`
	`}`

- 內建 qsort

01
02
03
04
	`int compare(const void* p,const void* q) {`
	`    return (*(int *)p-*(int*)q);`
	`}`
	`qsort(array,n,sizeof( int ),compare);`
		01-03：比較函式需自行撰寫，根據 p、q 的大小傳回正數、負數及零。
		04：qsort 置入的參數依序為待排序數列、元素個數、元素佔用空間及比較函式。

　　使用 qsort 進行排序時，需先自行撰寫一個比較函式。傳入此函式的參數為兩個要比較的元素，函式中則依需求定義兩元素比較的方式，並由回傳值的正負決定兩元素的前後關係。像上面範例中的比較方式，其最後結果為由小到大，若將 *(int *)p-*(int*)q 改為 *(int *)q-*(int*)p，則排序變為由大到小。定義完比較函式，只需呼叫 qsort 函式，便可完成排序。

　　使用 quick sort 及 qsort 分別對 1,000,000 個數字進行排序，quick sort 平均花費 0.1867 秒，而 qsort 平均花費 0.0768 秒，後者快了 2.4 倍。若對 10,000,000 個數字進行排序，quick sort 平均花費 1.9622 秒，qsort 平均花費 0.7745 秒，後者快了 2.5 倍。由以上結果可知，使用內建函式庫的效率比自行撰寫的函式來得好。

　　除了使用 qsort 函式做比較，也可以使用 sort 函式。若欲瞭解更多關於 sort 函式的用法，可參考以下範例。

例 5.5.3　Sort! Sort!! and Sort!!! (CPE11069, UVA11321)

◎關鍵詞：迴圈、排序

◎來源：http://uva.onlinejudge.org/external/113/11321.html

◎題意：

本題設計了一種特殊的排序方式，你必須依照其規定的排序規則將數字做排序，題目一開始會給你一個模數 M。其排序規則為：

1. 將每個數字除以 M 的餘數由小排到大。
2. 若兩個餘數相同，則奇數在前，偶數在後。
3. 若兩數同為奇數且餘數相同，則數字大者在前。
4. 若兩數同為偶數且餘數相同，則數字小者在前。

對於負整數求餘數的方式，與 C 語言相同，其餘數不可大於 0，例如 −100 MOD 3 = −1，−100 MOD 4 = 0。

◎輸入／輸出：

輸入	15 3 1 2 3 4 5 6 7 8 9 10 11 12 13 14 15 0 0
輸出	15 3 15 9 3 6 12 13 7 1

| | 4
10
11
5
2
8
14
0 0 |
|---|---|
| 說明 | 每一組測試資料的第一列包含兩個整數 N、M，0<M 且 N ≤ 10000，其中 N 為該組測資的資料數量，M 為模數。若 N 為 0 且 M 為 0，則代表資料結束。第一列之後，接著有 N 列，每一列有一個整數。將此 N 個整數依照本題排序規則進行排序後，將資料印出。在本範例測資中，有 15 個整數需要排序，其模數 (M) 為 3。 |

◎解法：

本題必須實作如題目中說明的排序法，以測資範例為例，其規則如下表所示。

上例中，2、5、8、11、14 除以 3 得到的餘數都是 2，依規則一，無法分出前後；依照規則二，5、11 為奇數，故排在前；依照規則三，5、11 同為奇數，但 11 比較大，故排在前；依照規則四，2、8、14 同為偶數，但小者排在前，故排列為 2、8、14。

原測資	使用規則一排序後	使用規則二排序後	使用規則三排序後	使用規則四排序後
1	3	3	15	15
2	6	9	9	9
3	9	15	3	3
4	12	6	6	6
5	15	12	12	12
6	1	1	13	13
7	4	7	7	7
8	7	13	1	1
9	10	4	4	4
10	13	10	10	10
11	2	5	11	11
12	5	11	5	5
13	8	2	2	2
14	11	8	8	8
15	14	14	14	14

本題在程式寫作上，可以利用 sort() 函式，不過需依照本題題意自訂兩數之間的比較函式。

◎程式碼：

01	`#include<iostream>`	
02	`#include<algorithm>`	
03	`using namespace std;`	
04	`int n,m;`	
05	`bool cmp(int x,int y){`	
06	`    int xOdd=abs(x%2),yOdd=abs(y%2);`	
07	`    if(x%m!=y%m) return x%m<y%m;`	07-10：若餘數不同，則比較餘數之大小。若餘數相同，則比較奇數與偶數，奇數在前、偶數在後。若餘數與奇偶相同，則奇數大者在前，或者偶數小者在前。
08	`    else if(xOdd!=yOdd) return xOdd>yOdd;`	
09	`    else if(xOdd) return x>y;`	
10	`    else return x<y;`	
11	`}`	
12	`int main(){`	
13	`    int a[10005];`	
14	`    while(cin >> n >> m){`	14：讀取 N、M。
15	`        cout << n << " " << m << endl;`	
16	`        if(n==0)break;`	
17	`        for(int i=0;i<n;i++)`	17-18：讀取 N 項資料。
18	`            cin >> a[i];`	
19	`        sort(a,a+n,cmp);`	19：使用 sort() 函式，並使用自定義的比較法則 cmp。
20	`        for(int i=0;i<n;i++)`	20-21：列印排序後資料
21	`            cout << a[i] << endl;`	
22	`    }`	
23	`    return 0;`	
24	`}`	

CHAPTER 6

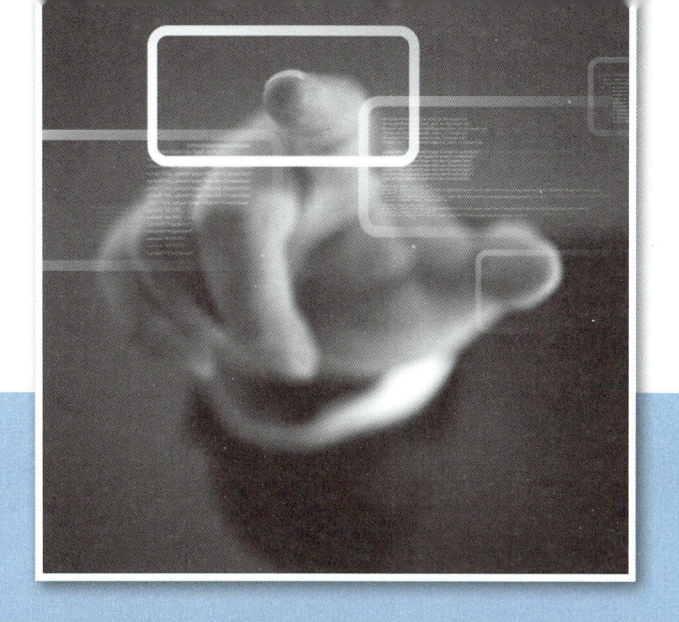

CPE 一顆星題目集

6.1 字元與字串

例 6.1.1　What's Cryptanalysis? (CPE10402, UVA10008)

◎關鍵詞：字元、計數

◎來源：http://uva.onlinejudge.org/external/100/10008.html

◎題意：

輸入 N 列英文句子，統計各英文字母出現的次數，其中不分大小寫，依照出現的次數由大到小印出。如果出現的次數相同，則先印排列較前的字母。

以「An apple a day keeps the doctor away」為例，其中出現了 6 次 A、3 次 E、3 次 P、2 次 D、2 次 O、2 次 Y、1 次 C、1 次 K、1 次 L、1 次 N、1 次 R、1 次 S、1 次 T、1 次 W。

◎輸入／輸出：

輸入	2 To be or not to be. I think, therefore I am.
輸出	E 5 O 5 T 5 I 3 R 3 B 2 H 2 N 2 A 1 F 1 K 1 M 1
說明	輸入資料的第一列為測試資料的列數 N。接下來有 N 列資料，每一列為一句英文句子，可能有空白列。輸出英文字母出現的次數；依照出現的次數由大到小印出；沒有出現過的字母不列印；如果出現的次數相同，則先印排列較前的字母。

◎解法：

　　輸入規則雖然是一個數字 N 加上 N 列英文句，但我們可以將字母一一讀入，以統計所有的輸入資料。需注意的是，讀取字母後，請先將其轉換為大寫。

　　本題需將出現次數由大到小列印出來，原可利用排序方式來完成，但撰寫排序的程式比較費時。我們可以從某一個可能的極大值 len 開始檢查（len 的初始值可以設為所讀入的字母總數量），每次減 1，往下遞減。若有次數等於 len，則印出。檢查次數時，可以從字母 A、B、C……逐字檢查。所以次數相同時，會先印出排列較前的字母。

◎程式碼：

```
01  #include<iostream>
02  #include<cctype>
03  using namespace std;
```

04
05
06
07
08
09
10
11
12
13
14
15
	`int count[256],len;`
	`int main(){`
	   `char c;`
	   `while(cin >> c)len++,count[toupper(c)]++;`
	   `while(--len){`
	      `for(c='A';c<='Z';c++){`
	         `if(count[c]==len)`
	            `cout << c << " " << count[c] << endl;`
	      `}`
	   `}`
	   `return 0;`
	`}`
		04：count 陣列統計各種字母出現的次數；len 統計所有字母的數量。兩者均於全域宣告，所以它們的初值均已經初始化為 0。
		07：讀取每一個字母 c，將 len 加 1，並將對應大寫字母的次數加 1。
		08-13：將 len 遞減到 0，列印出現 len 次的字母。
		10-11：如果該字母的出現次數等於 len，列印之。

例 6.1.2　Decode the Mad Man (CPE10425, UVA10222)

◎關鍵詞：字元、解碼、查表

◎來源：http://uva.onlinejudge.org/external/102/10222.html

◎題意：

發揮聯想力進行解碼，題目只有一組範例測試資料，就是輸入「k[r dyt I[o」時，應輸出「how are you」。題目暗示你要看一下鍵盤。

◎輸入／輸出：

輸入	k[r dyt I[o
輸出	how are you
說明	輸入的測試資料只有一列字串，代表編碼後的密碼。請輸出密碼解碼後還原的字串。原題目說明，請你將字母換成標準鍵盤左邊第二個相鄰的字母。

◎解法：

在題目的輸入輸出說明中，每一個鍵都會對應至左邊第二個相鄰的鍵。例如，K 鍵往左數 2 格是 H 鍵、[鍵往左數 2 格是 O 鍵、R 鍵往左數 2 格是 W 鍵，所以 k[r 會解碼出 how。Y 鍵往左數 2 格是 A 鍵、Y 鍵往左數 2 格是 R 鍵、T 鍵往左數 2 格是 E 鍵，所以 dyt 會解碼出 are。I 鍵往左數 2 格是 Y 鍵、[鍵往左數 2 格是 O 鍵、O 鍵往左數 2 格是 U 鍵，所以 I[o 會解碼出 you。

`	1	2	3	4	5	6	7	8	9	0	-	=
	q	w	e	r	t	y	u	i	o	p	[]	\
	a	s	d	f	g	h	j	k	l	;	'	
	z	x	c	v	b	n	m	,	.	/		

這個題目的一個技巧是，要怎麼建立鍵盤對照表。程式碼中是將鍵盤按鍵直接連續按出成為字串，往後便利用 strchr 函式從字串中找出字元的位置，所得到的指標向前找兩個字元就完成解碼了。

另外的問題是大小寫及特殊符號的部分，應記得將字元轉成小寫，但特殊符號則應該保持原樣不做轉換。

◎程式碼：

```
01  #include <iostream>
02  #include <cstdio>
03  #include <cstring>
04  using namespace std;
05  int main(){
06      char c,s[]=
07          "`1234567890-="
08          "qwertyuiop[]\\"
09          "asdfghjkl;'"
10          "zxcvbnm,./";
11      while(cin.get(c)){
12          c=tolower(c);
13          char *p=strchr(s,c);
14          if(p) {
15              cout << *(p-2);
16          } else {
17              cout << c;
18          }
19      }
20      return 0;
21  }
```

06：s 為鍵盤對應表，是個普通的字串。

12：一律將讀取到的字元轉成小寫。
13：利用 strchr 函式找出字元於對應表中的位置。
15：指標指向的位置向前兩格就是答案。
16-17：其他非對應表中的字元，如空白字元與換行，應保持原樣輸出。

例 6.1.3　Problem J: Summing Digits (CPE10473, UVA11332)

◎關鍵詞：字元、型別轉換

◎來源：http://uva.onlinejudge.org/external/113/11332.html

CPE 一顆星題目集

◎題意：

定義一個函式 F(n) 為十進位數字 n 的每一個位數相加的總和，若不斷地把 F(n) 再代回 F(n)，最後可得到僅有一位數字的值，則定義此數值為 g(n)。

例如當 n=1234567892，則

$$F(n)=1+2+3+4+5+6+7+8+9+2=47$$
$$F(F(n))=F(47)=4+7=11$$
$$F(F(F(n)))=F(11)=1+1=2$$

因此得到 g(1234567892)=2。

◎輸入／輸出：

輸入	2 11 47 1234567892 0
輸出	2 2 2 2
說明	輸入資料的每一列代表一組測試資料，每組測試資料包含一個正整數 n，其中 n≤2,000,000,000。輸入為 0 時，代表測試資料結束。每一筆測試資料輸出一列，內容為 g(n) 的結果。

◎解法：

此題主要是進行字串型與整數型之間的轉換。注意，字串型中每個位元所顯示的數字必須扣掉字元，才會等於整數型的數字，例如字串 n 陣列第 i 位元的數字，轉換成整數型的數字之實作方法為 n[i]−'0'。

資料輸入係用字元陣列儲存。根據題目所提供的資訊 n ≤ 2,000,000,000，所以陣列大小至少需要 10 位元以上。當每個位元相加時，都必須轉成一般所認知的數字後，才可做數學運算。不斷做位元相加的動作，直到僅剩一位數字的數值後，即為答案 g(n)。

◎程式碼：

01	`#include <stdio.h>`	
02	`#include <string.h>`	
03	`int main(int argc,char *argv[]){`	
04	`    char n[11];`	04：宣告至少 10 位元的陣列來儲存正整數 n。
05	`    while(scanf("%s",n)!=EOF && n[0]!=48){`	05：當輸入的數值為 0 時 ('0'=48)，代表停止輸入測試資料。
06	`        while(strlen(n)!=1){`	06-12：當每個位元相加後僅剩一位數字，則停止位元相加的運算。
07	`            int i=0,F=0;`	
08	`            for(i=0;i<strlen(n);i++)`	07-09：宣告變數 F，並將每個位元相加後的數值儲存到變數 F。F 表示 F(n)。
09	`                F+=(n[i]-48);`	
10	`            memset(n,'\0',11);`	10：清空陣列以重複將 F(n) 代入函式 F(n) 來做運算。
11	`            sprintf(n,"%d",F);`	11：使用 string.h 函式庫中的 sprintf() 來將整數型轉成字串型。
12	`        }`	
13	`        printf("%s\n",n);`	13：印出答案，也就是 g(n)。
14	`    }`	
15	`    return 0;`	
16	`}`	

例 6.1.4　Common Permutation (CPE10567, UVA10252)

◎關鍵詞：字串、子序列

◎來源：http://uva.onlinejudge.org/external/102/10252.html

◎題意：

　　給定兩個字串 a 與 b，找出最長的字串 x，使得 x 經重新排列後，成為 a 的子序列 (subsequence)，另將 x 再一次重新排列後，亦成為 b 的子序列。本題的字串皆為小寫。

◎輸入／輸出：

| 輸入 | pretty
women
walking
down
the
street |

輸出	e nw et
說明	每組測試資料有兩列，第一列為字串 a，第二列為字串 b，每列字串長度最多為 1000。測試資料至檔案結尾時結束。輸出資料，依題目要求印出字串 x。若有多個 x，則印出字母順序由小到大排列的那個。

◎ 解法：

本題依題目的講法好像需要排列，看似非常困難，但其實本題並不需要排列，解法的步驟說明如下：

1. 統計兩個字串 a 至 z 字元個數。
2. 按照 a 至 z 的順序，印出較少個數的字元（不包含 0 個）。
3. 處理完一組測資，則換行。

◎ 程式碼：

01	`#include <stdio.h>`	
02	`#include <stdlib.h>`	
03	`#include <string.h>`	
04	`int main(){`	
05	`    char a[1001],b[1001];`	05：儲存字串之兩個陣列。
06	`    int count_a[123],count_b[123];`	06：儲存兩個字串 a 至 z 字元的個數。
07	`    int i,j;`	
08	`    while(gets(a))`	08：讀取字串並儲存到 a。
09	`    {`	
10	`        memset(count_a,0,sizeof(count_a));`	10-11：設定 count_a，count_b 初始值為 0。
11	`        memset(count_b,0,sizeof(count_b));`	
12	`        for(i=0;i<strlen(a);i++)`	12-13：a[i] 代表出現的字元，以其 ASCII 編碼當作索引值，並計算出現次數。
13	`            count_a[a[i]]++;`	
14	`        gets(b);`	14：讀取字串並儲存到 b。
15	`        for(i=0;i<strlen(b);i++)`	15-16：b[i] 代表出現的字元，以其 ASCII 編碼當作索引值，並計算出現次數。
16	`            count_b[b[i]]++;`	
17	`        for(i=97; i<123;i++){`	17-24：依照 a 到 z 字元的順序，找出在 a 和 b 中出現次數較少者，並印出此字元。
18	`            j=0;`	
19	`            while(j<count_a[i]&&j<count_b[i])`	
20	`            {`	
21	`                printf("%c", i);`	
22	`                j++;`	
23	`            }`	
24	`        }`	

25	`        printf("\n");`	25：換行。
26	`    }`	
27	`    return 0;`	
28	`}`	

例 6.1.5　Rotating Sentences (CPE21914, UVA490)

◎關鍵詞：字串

◎來源：http://uva.onlinejudge.org/external/4/490.html

◎題意：

　　將一篇閱讀方式由上至下、由左至右的文章，依順時鐘方向旋轉 90 度後輸出。換句話說，此篇文章的閱讀方式將變成由右至左、由上至下。

◎輸入／輸出：

輸入	This Sunday is Mother's day.
輸出	dMiST aosuh yt ni .h ds 　e a 　r y 　, 　s
說明	輸入的文章最多為 100 列句子，且每個句子最多由 100 個字元所組成，合法的字元包含：換列、空白、標點符號、數字以及大小寫英文字母。 ※ 註 1：不包含縮排 (tabs)。 ※ 註 2：需要特別注意以下的情況：(1) 輸出範例 5 至 8 列的第 5 格並無字元，所以必須避免輸出多餘的空格。(2) 輸出範例 5 至 8 列的第 1 格為了配合右側字元的輸出，必須以空格補齊。

◎解法：

使用二維的字元陣列記錄文章內容，再依照規則模擬輸出順序即可。在讀入每列測資時，需同時更新目前最長的句子長度。若後續的句子短於目前最長的長度，則此句子放入陣列時須以空格補齊至該長度。

以輸入範本為例，陣列儲存字串的一般方式如表 6.1 所示。

本題要求將字串依順時鐘方向旋轉 90 度，調整陣列的儲存方式如下：

1. 讀入第一列測資「This」，並記錄最長句子長度為 4。
2. 第二列測資「Sunday」，將最長句子長度更新為 6。
3. 第三列測資「is」，長度為 2，所以需補四個空格至長度為 6（如表 6.2 所示）。
4. 第四列測資「Mother's」，更新最長句子長度為 8。
5. 第五列測資「day.」，長度為 4，仍需補四個空格至長度為 8。

最後的輸出階段，只要依照陣列的資料內容，由下而上，由左而右，就等於將字串依順時鐘方向旋轉 90 度。

表 6.1 原始輸入之句子

T	h	i	s	\0				
S	u	n	d	a	y	\0		
i	s	\0						
M	o	t	h	e	r	'	s	\0
d	a	y	.	\0				

表 6.2 讀取資料並補足所需之空白

T	h	i	s	\0				
S	u	n	d	a	y	\0		
i	s					\0		
M	o	t	h	e	r	'	s	\0
d	a	y	.					\0

◎程式碼：

01	`#include<iostream>`	02：需要 strlen() 去取得輸入句子的長度，故需要引入 cstring 函式庫。
02	`#include<cstring>`	
03	`using namespace std;`	
04	`int main(){`	
05	`    char str[100][101];`	05-06：str 記錄各個句子，len 記錄各句子的長度。
06	`    int len[100],n=0,max=0;`	
07	`    for(int i=0;i<100;i++){`	07-11：將陣列初始化。
08	`        for(int j=0;j<101;j++)`	
09	`            str[i][j]=0;`	
10	`        len[i]=0;`	
11	`    }`	
12	`    while(cin.getline(str[n],101)){`	12：將輸入逐列存入陣列。
13	`        len[n]=strlen(str[n]);`	13：len[n] 記錄各句子長度。
14	`        if(len[n]>max)`	14-15：max 記錄目前最大的句子長度。
15	`            max=len[n];`	
16	`        for(int add=len[n];add<max;add++){`	16-19：為了之後輸出方便，將必要的空格補足，並調整 len[n] 的值。
17	`            str[n][add]=' ';`	
18	`            len[n]++;`	
19	`        }`	
20	`        n++;`	20：n 代表總列數。
21	`    }`	
22	`    for(int j=0;j<max;j++){`	22-27：模擬旋轉後的順序輸出。
23	`        for(int i=n-1;i>=0;i--)`	
24	`            if(j<len[i])`	24：避免輸出多餘空格。
25	`                cout << str[i][j];`	
26	`        cout << endl;`	
27	`    }`	
28	`    return 0;`	
29	`}`	

例 6.1.6　TeX Quotes (CPE22131, UVA272)

◎關鍵詞：字串

◎來源：http://uva.onlinejudge.org/external/2/272.html

◎題意：

　　更改一句子的雙引號形式，將被雙引號標記起來的那一個句子的前雙引號 " 改成 ``，後雙引號改成 ''。例如："To be or not to be," 這一句要改成 ``To be or not to be,''。

◎輸入／輸出：

輸入	"To be or not to be," quoth the Bard, "that is the question". The programming contestant replied: "I must disagree. To \`C' or not to \`C', that is The Question!"
輸出	\`\`To be or not to be,'' quoth the Bard, \`\`that is the question''. The programming contestant replied: \`\`I must disagree. To \`C' or not to \`C', that is The Question!''
說明	輸入的部分：給不定長度的字串測資，一直到 EOF 為止。 輸出的部分：依照題目要求處理後印出該字串。

◎解法：

因為輸入是到檔案結尾（End of File, EOF）為止，所以可以逐一字元處理之後直接輸出。讀取資料時，只需要判定雙引號 (") 為前或後。可設一個變數 k 來計算雙引號的個數。若遇到雙引號且 k 為奇數則輸出 \`\`，k 為偶數時則輸出 "。

◎程式碼：

```
01  #include <iostream>
02  using namespace std;
03  int main() {
04      char c,k=0;
05      while(cin.get(c)){
06          if(c!='"') cout << c;
07          else if(++k%2)cout << "``";
08          else cout << "''";
09      }
10  }
```

05：處理測資到 EOF 為止。
06-08：個別處理「非雙引號」、「前雙引號」或「後雙引號」的狀況。

6.2 數學計算

例 6.2.1　A - Doom's Day Algorithm (CPE22801, UVA12019)

◎關鍵詞：日曆

◎來源：http://uva.onlinejudge.org/external/120/12019.html

◎題意：

給予一個日期，輸出這天為星期幾。（所有日期都取自 2011 年。）

◎輸入／輸出：

輸入	8 1 6 2 28 4 5 5 26 8 1 11 1 12 25 12 31
輸出	Thursday Monday Tuesday Thursday Monday Tuesday Sunday Saturday
說明	第一列表示有 n 筆測資，之後依序輸入 n 筆月、日的資料。例如第二列輸入 1、6，且輸出第一列 Thursday，表示 2011 年 1 月 6 日是星期四。

◎解法：

根據題目的測試資料得知，2011/1/6 是星期四，可反推 2010/12/31 為星期五。以此做為起點，計算從 2010/12/31 到輸入日期經過的天數，將天數除以 7，得到的餘數即可推算輸入日期為星期幾。

舉例來說，假設欲計算 2011/12/25 為星期幾。從 2010 年年底至該日期，經過 1 月至 11 月，分別有 31、28、31、30、31、30、31、31、30、31、30 天，將這些天數相加之後，得到 334 天。此外，12/25 在 12 月又過了 25 天，故 12/25 為該年第 334+25=359 天。然後計算 (5+359) 除以 7（5 代表 2010 年年底為星期五），得到餘數為 0，代表 2011/12/25 為星期日。

◎程式碼：

行號	程式碼	說明
01	`#include <iostream>`	
02	`using namespace std;`	
03	`int main()`	
04	`{`	
05	`    char week[7][10] ={"Sunday","Monday",`	05：記錄星期日至星期六的英文單字。
06	`        "Tuesday","Wednesday","Thursday",`	
07	`        "Friday","Saturday"};`	
08	`    int month_days[]={31,28,31,30,31,`	08：記錄每個月的天數。
09	`        30,31,31,30,31,30,31};`	
10	`    int n;`	
11	`    cin >> n;`	11：輸入 n 筆測資。
12	`    while(n--){`	
13	`        int month,day;`	
14	`        cin >> month >> day;`	14：輸入月日。
15		
16	`        int w=5;`	16：2010/12/31 為星期五，在 week 陣列中，index 為 5。
17	`        for(int i=1;i<month;i++)`	17-19：將 index w 加上從 2010/12/31 到輸入日期的天數。最後除以 7，得到的餘數即可求得這天為星期幾。
18	`            w+=month_days[i-1];`	
19	`        w=(w+day)%7;`	
20		
21	`        cout << week[w] << endl;`	21：輸出結果。
22	`    }`	
23	`    return 0;`	
24	`}`	

例 6.2.2　Jolly Jumpers　(CPE10405, UVA10038)

◎關鍵詞：集合

◎來源：http://uva.onlinejudge.org/external/100/10038.html

◎題意：

給定一數列 $a_1, a_2, a_3, ..., a_n$，令 $d_k=abs(a_{k+1}-a_k)$，其中 abs 代表絕對值函

數,可得 $d_1, d_2, d_3, ..., d_{n-1}$。如果每一個 d 恰好為 1 至 n−1 的某一個數,且不重複,則稱 $a_1, a_2, a_3, ..., a_n$ 為 Jolly Jumper;反之,則不是 Jolly Jumper。例如 3, 2, 5, 3,其間隔為 1, 3, 2,恰為 {1,2,3},所以是 Jolly Jumper。但是 1, 5, 7, 9, 0,其間隔為 4, 2, 2, 9,並非 {1,2,3,4},所以不是 Jolly Jumper。

◎輸入/輸出:

輸入	4 3 2 5 3 5 1 7 2 3 6
輸出	Jolly Not jolly
說明	輸入資料的每一列為一組測試資料。每組測資的第一個整數 n 代表數列長度,n 之最大值為 3000,同一列後方跟著 n 個數字 $a_1, a_2, a_3, ..., a_n$。測試資料至檔案結尾時結束。輸出時,對於每一組測資列印該數列是否為 Jolly Jumper。

◎解法:

Set 是 STL 中的一種集合,集合中的元素是唯一的,且會按照順序排列。使用一個集合來記載出現過且在 1 至 n−1 之間的差值 d_k,如果該集合元素個數恰為 n−1,則表示 $d_1, d_2, d_3, ..., d_{n-1}$ 恰為 1 至 n−1,且不重複,也就是 Jolly Jumper。

以 3, 2, 5, 3 為例,以一個集合來記錄兩個資料間的差值之絕對值。執行步驟如下:

1. 讀入 3,接著讀入 2,其差值為 1,檢查此差值是否介於 1 與 3 之間。2 介於 1 與 3 之間,故將此差值存入集合。
2. 讀入 5,其差值為 3,檢查此差值是否介於 1 與 3 之間。3 是介於 1 與 3 之間,故將此差值存入集合。
3. 讀入 3,其差值為 2,檢查此差值是否介於 1 與 3 之間。2 是介於 1 與 3 之間,故將此差值存入集合。
4. 最後檢查集合元素個數是否為 3。本例的元素個數為 3,因此稱 3, 2, 5, 3 為 Jolly Jumper。

在 Set 中,加入元素的函式為 insert( ),計算元素個數的函式為 size( )。

◎程式碼：

01	`#include<iostream>`	
02	`#include<set>`	
03	`using namespace std;`	
04	`int main(){`	
05	`    int n;`	
06	`    while(cin >> n){`	06：輸入數列長度 n。
07	`        set<int> tank;`	
08	`        int a;cin >> a;`	08：輸入第一個數 a。
09	`        for(int i=1;i<n;i++){`	
10	`            int b;cin >> b;`	10：輸入目前的數 b。
11	`            int d=(b-a<0?a-b:b-a);`	11：令 d 為絕對值 abs(b-a)。
12	`            if(d && d<n) tank.insert(d);`	12：如果 d 在 1 到 n-1 之間，將之加入集合 tank 中。
13	`            a=b;`	
14	`        }`	
15	`        if(tank.size()==n-1) cout << "Jolly";`	15：如果 tank 的元素個數為 n-1，則為 Jolly Jumper，否則不是。
16	`        else cout << "Not jolly";`	
17	`        cout << endl;`	
18	`    }`	
19	`    return 0;`	
20	`}`	

例 6.2.3　What Is the Probability!! (CPE10408, UVA10056)

◎**關鍵詞**：骰子、機率、等比級數

◎**來源**：http://uva.onlinejudge.org/external/100/10056.html

◎**題意**：

　　一群人玩擲骰子遊戲，第一個人先擲，再來第二個人，接著第三個人；當最後一個人擲完，再輪回到第一個人，以此類推。當某個人（第 i 個人）擲出某個特定的點數時，就算贏了，並結束遊戲。本題要求出第 i 個人贏得遊戲的機率。

◎**輸入／輸出**：

輸入	2 2 0.166666 1 2 0.166666 2

輸出	0.5455
	0.4545
說明	輸入資料第一列是一個整數 S，表示總共有 S 組測資，且 S≤1000。接著有 S 列，每一列為一組測試資料，其中有三個變數。第一個整數 n，代表參加遊戲的人數，且 n≤1000；第二個浮點數 p，代表擲一次骰子出現特定點數的機率；第三個整數 i，表示題目要求的第 i 個人，i≤n。對每組測資需輸出第 i 個人贏得遊戲的機率，並計算到小數點以下四位。

◎解法：

考慮第 i 個人在第一輪贏得遊戲，即在第 i 個人之前的人都沒有擲出特定點數，直到第 i 個人才擲出特定點數，其機率為 $(1-p)^{i-1} \times p$；也就是獲勝的機率。若是在第二輪才贏得遊戲，獲勝的機率為 $(1-p)^{n+i-1} \times p$。依此類推，第 m 輪獲勝機率為 $(1-p)^{mn+i-1} \times p$。第 i 個人獲勝機率是以上機率的總和，計算如下：

$$(1-p)^{i-1} \times p + (1-p)^{n+i-1} \times p + (1-p)^{2n+i-1} \times p + \cdots$$

$$= [(1-p)^{i-1} \times p] \times [1 + (1-p)^n + (1-p)^{2n} + \cdots]$$

$$= [(1-p)^{i-1} \times p] \times \frac{1}{1-(1-p)^n}$$

由以上計算可以發現，原式提出共同項 $(1-p)^{i-1} \times p$ 後，可以使用無窮等比級數公式計算總和。

例如，題目範例輸入第一組測試資料 2 0.166666 1 為兩個人玩遊戲，其中特定點數的機率為 0.166666，想求第一個人獲勝的機率。第一個人在第一輪獲勝的機率為第一次便擲出特定點數的機率（即 0.1666666）；第二輪獲勝的機率為第一輪兩人皆沒有擲出特定點數，而直到第二輪第一個人才擲出，因此獲勝機率為 $(1-0.166666)^2 \times 0.166666$。將以上的機率加總起來，如下：

$$0.166666 + (1-0.166666)^2 \times 0.166666 + (1-0.166666)^4 \times 0.166666 + \cdots$$

$$= 0.16666 \times \frac{1}{1-(1-0.166666)^2} = 0.5455$$

此為第一個人獲勝的機率。

◎程式碼：

| ```
01  #include<stdio.h>
02  #include<stdlib.h>
03  #include<math.h>
04  int main(){
05      int sets,num,n,i;
06      double p,pi;
07      scanf("%d",&sets);
08      for(num=0;num<sets;num++){
09          scanf("%d%lf%d",&n,&p,&i);
10          if(p<0.00001){
11              printf("0.0000\n");
12              }
13          else{
14              pi=pow(1-p,i-1)*p/(1-pow(1-p,n));
15              printf("%.4lf\n",pi);
16          }
17      }
18      return 0;
19  }
``` | 05：儲存測資組數 S、參加人數 n、第 i 個人。<br>06：儲存事件機率 p、輸出機率 pi。<br>07：接收 S<br>08：執行 S 次，接收 S 組測資。<br>09：接收 n、p、i。<br>10-12：由於浮點數的精準限制，如果 p 小於 0.00001，便將 p 當作 0，直接印出 0.0000。<br>13-16：若 p 不為 0，將上面的公式計算結果印出。 |

例 6.2.4　The Hotel with Infinite Rooms (CPE10417, UVA10170)

◎**關鍵詞**：梯形面積

◎**來源**：http://uva.onlinejudge.org/external/101/10170.html

◎**題意**：

　　旅館每次只接待一個旅遊團，很巧合地，旅遊團住的天數與團員人數一樣。例如，如果第一天來的旅客團有 3 個人，他們就住 3 天。更巧合的是，前一個旅遊團剛走，下一個旅遊團就會住進來，而且前一個旅遊團如果有 n 個人，下一個旅遊團就會多 1 人成為 n+1 個人。旅館的房間數有無限多間，所以不用怕旅遊團住不下。本題想查詢第 D 天 ($1 \leq D \leq 10^{15}$) 的人數。
```

◎輸入／輸出：

輸入	1 6 3 10 3 14
輸出	3 5 6
說明	輸入資料的每一列為一組測試資料。每組測資有兩個整數，第一個為第一天入住的人數 S(1≤S≤10000)，第二個為想查詢的第 D 天人數 (1≤D≤10^{15})。

◎解法：

這題只要使用迴圈去累計旅行團住的天數（剛好也是人數），就可以知道第 D 天的狀況。表 6.3 中以測試資料做示範，每一個圈圈代表住一天。

觀察表格右邊的資料，可以發現圈圈分成兩部分：一個梯形（不看最後一列），以及最後一列的數個圈圈（只看最後一列）。因此，使用梯形面積公式可以快速算出對應的圈圈數量。梯形面積公式為（上底 + 下底）× 高／2。使用迴圈由小梯形逐漸算到大梯形，只要梯形面積大於或等於題目的 D，就表示第 D 天被包含在梯形中。

最後請注意，由於 10^{15} 會超過 32 位元的計算，所以宣告的變數都必須使用 64 位元的長整數 (long long int)。

表 6.3 推算輸入範例的解答

第一組測試資料 (1 6) 第一天 1 人旅行團入住，天數到第 6 天 第 1 團（1 人）住 1 天〇 第 2 團（2 人）住 2 天〇〇 第 3 團（3 人）住 3 天〇〇〇	① ②③ ④⑤⑥ 這天是 3 人團
第二組測試資料 (3 10) 第一天 3 人旅行團入住，天數到第 10 天 第 1 團（3 人）住 3 天〇〇〇 第 2 團（4 人）住 4 天〇〇〇〇 第 3 團（5 人）住 5 天〇〇〇〇〇	①②③ ④⑤⑥⑦ ⑧⑨⑩××第 10 天是 5 人團
第三筆測試資料 (3 14) 開始 3 人，天數到第 14 天 第 1 團（3 人）住 3 天〇〇〇 第 2 團（4 人）住 4 天〇〇〇〇 第 3 團（5 人）住 5 天〇〇〇〇〇 第 4 團（6 人）住 6 天〇〇〇〇〇〇	①②③ ④⑤⑥⑦ ⑧⑨⑩⑪⑫ ⑬⑭××××第 14 天是 6 人團

◎ 程式碼：

| ```
01  #include <iostream>
02  using namespace std;
03  int main(){
04      long long int S,D;
05      long long int area;
06      while(cin >> S >> D){
07          for(int i=0;;i++){
08              area=(S+(S+i))*(i+1)/2;
09              if(area>=D){
10                  cout << S+i << endl;
11                  break;
12              }
13          }
14      }
15      return 0;
16  }
``` | 04：儲存題目的輸入資料。<br>05：area 存梯形面積，表示累積住房天數。<br>06：讀入測試資料 S 及 D。<br>07：旅行團人數每次都是增加 1。<br>08：梯形面積公式，算出累積住房天數。<br>09-12：如果累積住房天數達到題目要求，便可以知道住房人數，把該階段住房人數 (S+i) 印出。 |

例 6.2.5　498' (CPE10431, UVA10268)

◎ 關鍵詞：代數、多項式

◎ 來源：http://uva.onlinejudge.org/external/102/10268.html

◎ 題意：

給一多項式 $a_0x^n+a_0x^{n-1}+...+a_{n-1}x+a_n$ 的所有係數 $a_0, a_1, ..., a_{n-1}, a_n$ 之值以及 x 之值，求出微分後多項式 $a_0nx^{n-1}+a_1(n-1)x^{n-2}+...+a_{n-1}$ 的值。需要注意的是，所有的輸入及輸出皆為整數，其絕對值小於 2^{31}。

◎ 輸入／輸出：

輸入	7 1 -1 2 1 1 1
輸出	1 5
```

說明	每組測試資料有兩列，第一列的一個整數為 x 的值；第二列中一連串整數分別代表多項式的係數 a_0, a_1, ..., a_{n-1}, a_n。測試資料至檔案結尾時結束。對每組測資，將 x 的值代入微分後的多項式，計算其值並印出。

◎解法：

讀取 x 的值及多項式係數 a_0, a_1, ..., a_{n-1}, a_n 的值後，可知係數的個數而得知 n 的值。此時得到的多項式為 $a_0x^n+a_1x^{n-1}+...+a_{n-1}x+a_n$，但題目所要求的是將 x 代入微分後的公式：$a_0nx^{n-1}+a_1(n-1)x^{n-2}+...+2a_{n-2}x^1+a_{n-1}$。為了避免 n 的值太大，而造成一開始計算 x^{n-1} 需花費較長的時間，我們從公式的尾部 a_{n-1} 往前累加。一開始把總和設成 0，並設定變數 exp 的初始值為 1。每一回合做的動作是將目前的 exp、多項式係數 a_i 及 n-i 的乘積（亦即 $a_i(n-1)exp$）累加到總和，之後 exp 增加 x 的一次方（乘一個 x）。進行 n 個回合後，總和便是答案。如範例所示，有一個多項式為 x^2+x+1，x=2，首先得到微分後的多項式 2x+1，再將 2 代入 x，便可得到答案 5。

但需特別注意的是，雖然題目保證輸入及輸出的絕對值小於 2^{31}，使用 int 便可儲存其值；但在計算過程中，可能會超出此範圍。例如總和已累加到 int 所能表示的最大值 2147483647($2^{31}-1$)，若再加上新計算出的值，將會超出範圍，而得到錯誤的計算結果。因此，應該使用可表達超過 2^{31} 至 -2^{31} 範圍的長整數型態 (long long int)，以確保能正確暫存總和的計算結果。

◎程式碼：

01	`#include<stdio.h>`	
02	`#include<stdlib.h>`	
03	`int a[1000000];`	03：儲存係數之陣列宣告。
04	`int derivative(int x,int max){`	04：負責處理多項式計算之函式。
05	`    long long sum=0,exp=1;`	05：暫存計算總和及 x^n 值之宣告。
06	`    int i;`	
07	`    for(i=max-1;i>=0;i--){`	07-10：根據題目提供之公式，由尾部第 n-1 項 $a_{n-1}*1*x^0$ 開始往前累加至 sum，直到第 0 項 a_0nx^{n-1} 為止。
08	`        sum+=a[i]*exp*(max-i);`	
09	`        exp*=x;`	
10	`    }`	
11	`    return sum;`	11：回傳計算之總和。
12	`}`	
13	`int main(){`	
14	`    int x,n;`	14：代入值 x 及 n 的宣告。
15	`    while(scanf("%d",&x)!=EOF){`	15：讀取 x 值。

16	`    for(n=0;;n++){`	16-21：輸入並儲存多項式係數到陣列中，檢查輸入整數後的字元。若讀到換行符號 (\n) 表示輸入結束，同時取得 n 的值。
17	`        scanf("%d",&a[n]);`	
18	`        if(getchar()=='\n'){`	
19	`            break;`	
20	`        }`	
21	`    }`	
22	`    printf("%d\n",derivative(x,n));`	22：呼叫計算多項式之函式，函式回傳後印出答案。
23	`}`	
24	`    return 0;`	
25	`}`	

例 6.2.6　　Odd Sum (CPE10453, UVA10783)

◎關鍵詞：等差級數

◎來源：http://uva.onlinejudge.org/external/107/10783.html

◎題意：

　　給定一個範圍 a 到 b，求 a 到 b 之間所有奇數的總和。例如，在範圍 [3,9] 中內，所有奇數的總和為 3＋5＋7＋9＝24。

◎輸入／輸出：

輸入	2 2 5 3 9
輸出	Case 1: 8 Case 2: 24
說明	輸入部分第一列代表有 T(1≤T≤100) 組測試資料。每組測資有兩列，第一列為 a，第二列為 b，代表資料的範圍為 a 到 b，其中 0≤a≤b≤100。輸出部分，每組測試資料輸出一列，內容包括第幾組測試資料與其範圍內的奇數總和。

◎解法：

　　可使用等差級數公式來解題。一個公差為 d 之等差數列 $a_1, a_2, ..., a_n$ 的總和為 $S_n = a_1 + a_2 + ... + a_n = \frac{n(a_1+a_n)}{2}$；其數列的第 n 項為 $a_n = a_1 + (n-1)d$，此題已知等差數列的首項 a_1 為 a、末項 a_n 為 b、公差 d 為 2，求出 n 後即可代入公

式求和。此題須注意的是,若輸入的 a 與 b 不是奇數,則必須將 a 重新代入 [a,b] 內最小的奇數,b 重新代入 [a,b] 內最大的奇數後,才可代入公式求解。

若要找出範圍 [2,5] 的奇數和,首先,因為 2 不是奇數,所以必須將 2 加 1,也就是求出範圍 [3,5] 的奇數和。則首項 a_1 為 3、末項 a_n 為 5、公差 d 為 2。接下來透過公式 $a_n=a_1+(n-1)d$,可求出項數 n 為 2,也就是此等差數列總共有兩個奇數。最後將相關參數代入等差公式 $\frac{n(a_1+a_n)}{2} = \frac{2(3+5)}{2} = 8$,即為答案。

◎程式碼:

| ```
01  #include<stdio.h>
02  int main(){
03      int t=0,id=0;
04      scanf("%d",&t);
05      while(id++!=t){
06          int a=0,b=0,n=0,sum=0;
07          scanf("%d",&a);
08          scanf("%d",&b);
09          if(a%2==0)
10              a++;
11          if(b%2==0)
12              b--;
13          n=(b-a)/2+1;
14          sum=(a+b)*n/2;
15          printf("Case %d: %d\n",id,sum);
16      }
17      return 0;
18  }
``` | 03:t 組測試資料與第 id 組的宣告。<br>04:輸入測試資料的總組數並存到變數 t 中。<br>07-08:每組測試資料的範圍 a 到 b 又分成兩列輸入。<br>09-12:檢查輸入的 a 與 b 為非奇數的情況。若 a 為偶數,則將 a 加 1;若 b 為偶數,則將 b 減 1。<br>13:求出共有幾個奇數。<br>14:代入等級數公式求奇數和。<br>15:印出答案。 |

例 6.2.7　Beat the Spread! (CPE10454, UVA10812)

◎關鍵詞:聯立方程式

◎來源:http://uva.onlinejudge.org/external/108/10812.html

◎題意:

超級盃球賽即將開打,為了度過漫長的廣告時間,彩券商發行比賽相關
```

的彩券。投注者有兩種下注方式：一種是對賽事雙方得分總和下注，另一種是對雙方得分的差距下注。現在，若只知道得分總和與得分差距，請算出雙方的得分。

◎輸入／輸出：

輸入	2 40 20 20 40
輸出	30 10 impossible
說明	輸入資料的第一列為測試資料的組數，假設為 n。接下來有 n 列資料，每一列為一組測試資料。每一組測資有兩個非負整數 s 和 d，分別代表兩隊得分的總和(sum)和差距(difference)之絕對值。 對每一組測資，輸出於一列，印出兩隊的得分，得分較高者列在前面。若測資為不可能出現的情形，則輸出 impossible。請注意，得分一定是非負的整數。

◎解法：

本題使用聯立方程式的概念來解題。假設所讀取的一組測資為 s 與 d，而兩支球隊的得分分別為 a 與 b，且 a ≥ b。由題意可以知道：

$$s = a + b$$
$$d = a - b$$

解上述之聯立方程式後，可以得到：

$$a = (s + d)/2$$
$$b = s - a$$

最後，檢查 a 與 b 是否為非負整數。若均為非負整數，則輸出答案，否則印出 impossible。此外，在解方程式之前，可以先檢查 s+d 是否為偶數。若 s+d 不是偶數，則 a 與 b 不可能均為非負整數，此時也需印出 impossible。

◎程式碼：

01	`#include <stdio.h>`
02	`int main(void){`
03	`    long long n,i,s,d,a,b;`

04	`scanf("%lld",&n);`	04：先讀取測資組數為 n 組。
05	`for(i=0;i<n;i++){`	05：對每組測資依序用迴圈處理。
06	`    scanf("%lld %lld",&s,&d);`	
07	`    a=s+d;`	07-11：因為 s+d 的總和為「其中一方得分」的兩倍，必定為一偶數。故若 a 是奇數，就表示此組測資不可能有解。
08	`    if(a%2){`	
09	`        printf("impossible\n");`	
10	`        continue;`	
11	`    }`	
12	`    a/=2;`	12：將剛剛的 s+d 總和實際除以 2，以得到其中一方的得分。
13	`    b=s-a;`	13：有一方的得分後，再算另一方。
14	`    if(b<0){`	14-17：再確認一下是否有出現負數這種不可能的得分。
15	`        printf("impossible\n");`	
16	`        continue;`	
17	`    }`	
18	`    printf("%lld %lld\n",a,b);`	18：印出答案。
19	`}`	
20	`return 0;`	
21	`}`	

例 6.2.8　Symmetric Matrix (CPE10478, UVA11349)

◎關鍵詞：對稱矩陣

◎來源：http://uva.onlinejudge.org/external/113/11349.html

◎題意：

　　給定一矩陣判斷是否為對稱 (symmetric) 矩陣。但須注意的是，此題所定義的對稱矩陣為以中心為對稱的矩陣，且其元素不為負數。元素的數值範圍是從 -2^{32} 到 2^{32}，矩陣最大為 100×100。

◎輸入／輸出：

輸入	2 N = 3 1 0 6 3 8 3 6 0 1 N = 3 1 0 6 9 8 3 6 7 1

輸出	Test #1：Symmetric. Test #2：Non-symmetric.
說明	輸入資料的第一列代表測試資料的組數，其值不超過 300。接下來每組測資的第一列表示矩陣的維度 n，以下 n 列為矩陣各項元素的數值。針對每一組輸入的測資，輸出其是否為對稱矩陣。若是對稱矩陣，則輸出 Symmetric；若不為對稱矩陣，則輸出 Non-symmetric。

◎解法：

　　將測資所提供的陣列儲存後，檢查矩陣 M 裡以中心對稱的元素數值是否相同，即任一元素 $M_{i,j}$ 與 $M_{n+1-i,n+1-j}$ 是否相同。其中 i 與 j 的範圍皆是從 1 到 n。若都相同，且均不為負數，則是對稱矩陣；反之，則是不對稱。

　　檢查元素是否為負數的部分，可於輸入矩陣元素時進行。但需注意的是，如果發現負數並不能立即停止，仍要等待整組測資輸入完畢，以免影響到下組測資的讀取。

　　如以下範例：

$$(A)\begin{bmatrix}1 & 0 & 6\\3 & 8 & 3\\6 & 0 & 1\end{bmatrix}\quad (B)\begin{bmatrix}1 & 0 & -6\\5 & 8 & 5\\-6 & 0 & 1\end{bmatrix}\quad (C)\begin{bmatrix}1 & 0 & 6\\9 & 8 & 3\\6 & 7 & 1\end{bmatrix}$$

矩陣 A 中，$a_{1,1}$ 與 $a_{3,3}$ 皆等於 1，$a_{1,2}$ 與 $a_{3,2}$ 皆等於 0，$a_{1,3}$ 與 $a_{3,1}$ 皆等於 6，$a_{2,1}$ 與 $a_{2,3}$ 皆等於 3，因此 A 為對稱矩陣。矩陣 B 中，因為 $b_{1,3}$ 及 $b_{3,1}$ 為負數，雖然其值同樣皆為 −6，但仍不屬於對稱矩陣。矩陣 C 中，因 $c_{2,1}$ 為 9，而 $c_{2,3}$ 為 3，兩者並不相等，因此不為對稱矩陣。

◎程式碼：

01	`#include<stdio.h>`	
02	`#include<stdlib.h>`	
03	`int main() {`	
04	`    int cases,n;`	04：測資組數及矩陣維度之宣告。
05	`    char tmp[100];`	05：暫存「N=」字串之字元陣列。
06	`    long long m[100][100];`	06：矩陣 m 之宣告。
07	`    int i,j,f,c=1;`	07：迴圈控制變數 i,j、標記非對稱矩陣變數 f 及記錄測資項數 c 之宣告。
08	`    scanf("%d",&cases);`	08：儲存測資組數。
09	`    while(c<=cases) {`	
10	`        scanf("%s%s%d",tmp,tmp,&n);`	10：取得矩陣 m 之維度 n。

11	`        f=1;`	
12	`        for(i=0; i<n; i++) {`	12-19：將輸入儲存至矩陣 m 並判
13	`            for(j=0; j<n; j++) {`	斷其值是否為負數，若為負數則將標記
14	`                scanf("%lld",&m[i][j]);`	f 設成 0。
15	`                if(m[i][j]<0) {`	
16	`                    f=0;`	
17	`                }`	
18	`            }`	
19	`        }`	
20	`        if(f == 1) {`	20-30：標記 f 為 1，檢查矩陣 M 內之
21	`            for(i=0; i<n; i++) {`	元素是否對稱，若不對稱將標記 f
22	`                for(j=0; j<n; j++) {`	設成 0，跳出迴圈。
23	`                    if(m[i][j]!=`	
24	`                       m[n-1-i][n-1-j]) {`	
25	`                        f=0;`	
26	`                        break;`	
27	`                    }`	
28	`                }`	
29	`            }`	
30	`        }`	
31	`        if(f==0) {`	31-36：根據標記 f 的值印出答案，若
32	`            printf("Test #%d: "`	為 0 表示此矩陣非對稱；若為 1 表
	`                   "Non-symmetric.\n",c);`	示此矩陣對稱。
33	`        }`	
34	`        else {`	
35	`            printf("Test #%d: "`	
	`                   "Symmetric.\n",c);`	
36	`        }`	
37	`        c++;`	
38	`    }`	
39	`    return 0;`	
40	`}`	

例 6.2.9　Square Numbers (CPE10480, UVA11461)

◎關鍵詞：完全平方數

◎來源：http://uva.onlinejudge.org/external/114/11461.html

◎題意：

　　完全平方數的意思是：此數可為另一正整數的平方。題目要求輸入下限及上限 a 和 b，求出 a 和 b 之間包含多少個完全平方數。

◎輸入／輸出：

輸入	1 4 1 10 0 0
輸出	2 3
說明	輸入資料的每一列為一組測試資料。每組測資有兩個正整數，代表 a 和 b(0≤a≤b≤100000)。輸入兩個 0 時，代表資料結束。

◎解法：

　　計算各數小於等於它的完全平方數個數（例如 4 有 1、2、4 三個完全平方數），並製成表格，之後拿上限的完全平方數個數減下限的完全平方數個數，即為區間的完全平方數個數。

◎程式碼：

01	`#include <stdio.h>`	
02	`int main(){`	
03	`    int s[100001]={};`	03：宣告陣列 s，之後的陣列值表示小於等於此陣列編號的正整數中，包含多少個完全平方數。
04	`    int i,a,b;`	
05	`    for(i=1;i*i<100001;i++){`	
06	`        s[i*i]=1;`	05-07：將陣列編號為完全平方數者其值設為 1。
07	`    }`	
08	`    for(i=1;i<100001;i++){`	
09	`        s[i]+=s[i-1];`	08-10：將前一陣列之值累加上去，使各陣列之值表示成包含多少個完全平方數。
10	`    }`	
11	`    while(scanf("%d %d",&a,&b)!=EOF){`	
12	`        if(a==0&&b==0){`	11-14：輸入二值，若皆為 0 則跳出並結束程式。
13	`            break;`	
14	`        }`	
15	`        printf("%d\n",s[b]-s[a - 1]);`	15：印出答案。
16	`    }`	
17	`    return 0;`	
18	`}`	

例 6.2.10　B2-Sequence (CPE23621, UVA11063)

◎關鍵詞：數列

◎來源：http://uva.onlinejudge.org/external/110/11063.html

◎題意：

　　給定漸增數列，倘若數列中所有數值成對之和都相異，則稱為 B2-Sequence。必須注意的是，此題可以自己與自己相加。

◎輸入／輸出：

輸入	4 1 2 4 8 4 3 7 10 14
輸出	Case #1: It is a B2-Sequence. Case #2: It is not a B2-Sequence.
說明	輸入資料的每一組測試資料為連續的兩列。每組測資的第一列有一個整數 N，代表第二列有 N 個正整數，每個整數都小於或等於 10000。兩組測資之間有一空白行。 倘若第 i 組測資為 B2-Sequence，則輸出： Case #i: It is a B2-Sequence. 否則輸出： Case #i: It is not a B2-Sequence.

◎解法：

　　讀取資料時，先檢查輸入數列是否為遞增數列。若非遞增數列，則不是 B2-Sequence。其次，建立成對數值和之對應表。每次建立新的數值和需要查詢目前的對應表，若以前已經存在，代表數值和有重複，就不是 B2-Sequence。例如，輸入資料為 3 7 10 14，可以看到 3+14=17、10+7=17，故 3 4 10 14 不是 B2-Sequence。

◎程式碼：

01 `#include <iostream>`	
02 `using namespace std;`	
03 `int main() {`	
04 `    int b[1005] = {0},n,t=0,i,j;`	
05 `    while(cin >> n) {`	05：輸入測資組數。
06 `        int b2 = 0;`	
07 `        for(i=1;i<=n;i++){`	07-10：輸入數列。
08 `            cin >> b[i];`	
09 `            if(b[i]<=b[i-1]) b2=1;`	09：若不是遞增數列，則不是 B2-Sequence。
10 `        }`	
11 `        int note[20005] = {};`	
12 `        if(b2 == 0)`	12-18：計算兩兩數字之和並記錄之。
13 `            for(i = 1; i <= n; i++) {`	
14 `                for(j = i; j <= n; j++) {`	
15 `                    if(note[b[i]+b[j]] != 0)b2=1;`	
16 `                    note[b[i]+b[j]] = 1;`	
17 `                }`	
18 `            }`	
19 `        cout << "Case #" << ++t << ": It is ";`	19-22：輸出答案。
20 `        if(!b2)cout << "a B2-Sequence.\n\n";`	
21 `        else cout << "not a B2-Sequence.\n\n";`	
22 `    }`	
23 `}`	

例 6.2.11　Back to High School Physics (CPE10411, UVA10071)

◎關鍵詞：直線運動、物理

◎來源：http://uva.onlinejudge.org/external/100/10071.html

◎題意：

　　物體進行等加速運動，題目給予該物體在第 t 秒的速度 v，求其在 2t 秒的總位移。

◎輸入／輸出：

| 輸入 | 0 0
5 12 |

輸出	0 120
說明	輸入資料的每一列為一組測試資料。每組測資有兩個整數，第一個為速度 v(−100≤v≤100)，第二個為時間 t(0≤t≤200)，v 是第七秒的速度。測試資料至檔案結尾時結束。題目要求輸出每一組資料在 2t 秒的總位移。

◎解法：

利用物理的運動基本觀念解題。給予第零秒的速度 v_0 與等加速度 a，則第 t 秒的速度 v_t 可由下式得到：

$$v_t = v_0 + a_t$$

並可推導 $v_0 = v_t - at$。並且，在 t 秒的位移公式如下：

$$S_t = v_0 t + \frac{1}{2} at^2$$

2t 秒的總位移量計算如下：

$$S_{2t} = v_0(2t) + \frac{1}{2} a(2t)^2$$
$$= 2(v_t - at)t + 2at^2$$
$$= 2v_0 t$$

經過推導後，$2v_0 t$ 即為所求。下面實作部分將列出這個公式來計算結果。

◎程式碼：

01	`#include<stdio.h>`	
02		
03	`int comDisp(int v, int t){`	03：由前述推導得總位移公式並列式運算。
04	`    return 2*v*t;`	
05	`}`	
06	`int main(){`	
07	`    int v, t;`	
08	`    while(scanf("%d%d", &v, &t)!=EOF)`	08：讀取第 t 秒之速度 v。
09	`        printf("%d\n", comDisp(v, t));`	09：呼叫函式運算結果並印出答案。
10	`    return 0;`	
11	`}`	

6.3 進位制轉換

例 6.3.1　An Easy Problem! (CPE10413, UVA10093)

◎關鍵詞：字串、進位制

◎來源：http://uva.onlinejudge.org/external/100/10093.html

◎題意：

給予一個以 N 為基底的數字 R，並已知 R 為 (N−1) 的倍數，欲求出 N 的最小值。此處，2≤N≤62，而 N 進位使用字母依序為 0 1 2 ⋯ 9 A B C ⋯ Z a b c ⋯ z。例如 N=62，則 R 可能用到上述每個字母；又如 N=61，則 R 不會使用 z。

◎輸入／輸出：

輸入	7 13 2y arping Arping
輸出	8 5 such number is impossible! 56 such number is impossible!
說明	輸入資料的每一列為一組測試資料，為一個 R。測試資料至檔案結尾時結束。對於 R，請計算最小的 N(2～62)，使得 N 進位下的 R 恰是 (N-1) 的倍數。將最小 N 值印出；如果 N 不存在，則輸出「such number is impossible!」。

◎解法：

例如，R=13，可以測試基底 N=2, 3, 4, ..., 62，看看哪一個 N 可以讓 R 為 (N−1) 的倍數。因為 R=13 至少是四進位以上，所以 N 從 4 開始測試，如下所示：

1. 測試以 4 為基底的 13 是否為 3 的倍數，13(4)=7，故不是 3 的倍數。

2. 測試以 5 為基底的 13 是否為 4 的倍數，13(5)=8，是 4 的倍數，所以答案為 5。

又如，R=1y，至少是 61 進位，從 N = 61 開始測試，如下所示：

1. 測試以 61 為基底的 2y 是否為 60 的倍數，2y(61)=61×2+60=182，不是 60 的倍數。

2. 測試以 62 為基底的 2y 是否為 61 的倍數，2y(62)=62×2+60=184，不是 62 的倍數，因此輸出「such number is impossible!」。

本題解法為，讀取每一個測資 R，觀察其最大的字母，決定 N 從哪裡開始測試，並測試其後每一個可能的 N。接著將 R 以 N 進位解釋，計算其數值，檢查其是否可以被 (N−1) 整除。如果可以整除，則輸出之；如果都不可以整除，則輸出「such number is impossible!」。

◎程式碼：

行號	程式碼	說明
01	`#include<iostream>`	
02	`#include<string>`	
03	`#include<algorithm>`	
04	`using namespace std;`	
05	`int main(){`	
06	`    string num,b="0123456789"`	06-08：字串 b 記錄 62 個進位字母。
07	`    "ABCDEFGHIJKLMNOPQRSTUVWXYZ"`	
08	`    "abcdefghijklmnopqrstuvwxyz";`	
09	`    while(cin >> num){`	09：以字串形式讀入每一個測資 R=num。
10	`        for(int k=0;k<num.size();k++){`	10-12：將 num 裡的字元轉為 62 進位中的 0 至 61 數字。
11	`            num[k]=b.find(num[k]);`	
12	`            num[k]=max(0,(int)num[k]);`	
13	`        }`	
14	`        int n=*max_element(num.begin(),num.end())+1;`	14：計算 num 中最大字元再加 1，做為最小起測的 n 值。
15	`        n=max(n,2);`	15：起測值最小為 2。
16	`        for(;n<=62;n++){`	16-21：開始計算 n 進位中，num 的真實數值對 (n-1) 的餘數 rsd。
17	`            int rsd=0;`	
18	`            for(int k=0;k<num.size();k++){`	
19	`                rsd=rsd*n+num[k];`	
20	`                rsd%=(n-1);`	
21	`            }`	
22	`            if(rsd==0)break;`	22：如果餘數為 0，代表找到答案，故離開迴圈。
23	`        }`	

24	`    if(n<=62) cout << n;`	24：如果離開迴圈是因為找到答案(n<=62)，則輸出之。反之，則輸出「such number is impossible!」。
25	`    else cout << "such number is impossible!";`	
26	`    cout << endl;`	
27	`  }`	
28	`  return 0;`	
29	`}`	

例 6.3.2　Fibonaccimal Base (CPE10401, UVA948)

◎關鍵詞：陣列、進位制、費氏數列

◎來源：http://uva.onlinejudge.org/external/9/948.html

◎題意：

費氏數列是 $f(0)=1$、$f(1)=1$，之後若 $n \geq 2$，則 $f(n)=f(n-1)+f(n-2)$。表 6.4 所示為費式數列 $n \leq 9$ 的情形。

一個十進位數值可以表示成費氏進位數 $a_n a_{n-1} a_{n-2} \ldots a_2$，其數值為 $a_n \times f(n) + a_{n-1} \times f(n-1) + a_{n-2} \times f(n-2) + \ldots + a_2 \times f(2)$。例如，十進位的 10 可以表示為費氏進位數 10010(fib)，其數值計算方式如下：

$$1 \times f(6) + 0 \times f(5) + 0 \times f(4) + 1 \times f(3) + 0 \times f(2)$$
$$= 1 \times 8 + 0 \times 5 + 0 \times 3 + 1 \times 2 + 0 \times 1$$
$$= 10$$

其實一個正整數可以有一個以上的費氏進位表達式，例如 $6=5+1=1001$(fib)；而 6 又可表示為 $6=3+2+1$，所以 6 有另外一個費氏進位數 111(fib)。但是，我們以沒有相連 1 的表達式為主，因此，應該表示費氏進位數為 1001(fib)。

表 6.4　費式數列 $n \leq 9$ 的情形

n	0	1	2	3	4	5	6	7	8	9
f(n)	0	1	1	2	3	5	8	13	21	34

◎輸入／輸出：

輸入	4 1 2 3 4
輸出	1 = 1 (fib) 2 = 10 (fib) 3 = 100 (fib) 4 = 101 (fib)
說明	輸入資料的第一列為測試資料的資料量，假設為 n，1≤n≤500。接下來有 n 列資料，每一列為一組測試資料，包含一個十進位正整數 m，其中 m<100,000,000。輸出時，則依序將 m 表示為費氏進位數 (fib)。

◎解法：

　　6 可表示為 6=3+2+1，此時可表示為 111(fib)。但題目要求 1 不可相連，因為如果有相連的 1，就可以往前進一位。例如最左邊的兩個位元都是 1，代表 2+3，它也可以用 5 表示。所以 6=5+1，表示為 1001(fib)。此種表示法是唯一的（無法再進位）。事實上，可以用數學歸納法證明，所有小於 f(n) 的數都可以使用 f(n−1) 至 f(2) 的唯一表示法表示，但這已超出本書範圍，故在此不予證明。表 6.5 為十進位 1 至 10 的費氏進位數。

　　為了求解本題，首先建立費氏數列。可先用電腦觀察，發現 f(40)>1,000,000,000，而本題所欲求解的輸入值 m<100,000,000，因此準備到 f(39) 就已足夠使用。

　　先以十進位的 6 為例，說明如何轉換成費氏進位數。從 f(39) 開始比較，一直到 f(5)，發現 f(5)≤6，表示 6 可以拆解成 f(5) 再加上一些值，故 f(5) 對

表 **6.5** 十進位 1 至 10 的費氏進位數

1	1	6	1001 (5+1)
2	10	7	1010 (5+2)
3	100	8	10000
4	101 (3+1)	9	10001 (8+1)
5	1000	10	10010 (8+2)

應的位置得到 1，並輸出 1。接著，算出剩餘的值為 6－5＝1。F(4)>1，故輸出 0；F(3) >1，故輸出 0；f(2)≤1，故輸出 1。至此，計算完畢。

　　結論為：對於一個測資 m，可將 m 從最大的費氏數開始比較。如果大於該費氏數，則輸出 1，否則輸出 0。進行比較直到 f(2) 為止。但是要注意的是，費氏進位數不可以 0 開頭。

◎程式碼：

01	`#include<iostream>`	
02	`using namespace std;`	
03	`int main(){`	
04	`    int f[40]={0,1};`	04-06：建立費氏數列。
05	`    for(int k=2;k<40;k++)`	
06	`        f[k]=f[k-1]+f[k-2];`	
07	`    int n;cin >> n;`	07-08：讀取測資組數 n，控制主迴圈 n 次。
08	`    while(n--){`	
09	`        int m;cin >> m;cout << m << " = ";`	09：讀取正整數 m。
10	`        bool preone=false;`	10：使用 preone 表示是否已經輸出「1」。
11	`        for(int k=39;k>=2;k--){`	11：從最大的費氏數開始往下處理到 f(2) 為止。
12	`            if(m>=f[k]){`	12-14：如果 m 大於或等於該費氏數，則輸出 1，並扣掉該費氏數，然後繼續往下計算。
13	`                cout << "1";`	
14	`                m-=f[k];`	
15	`                preone=true;`	15：如果輸出 1，就要設定 preone。
16	`            }else if(preone){`	16：如果 m 小於該費氏數，則需視是否已經輸出過 1。如果有，才可輸出 0。
17	`                cout << "0";`	
18	`            }`	
19	`        }`	
20	`        cout << " (fib)" << endl;`	
21	`    }`	
22	`    return 0;`	
23	`}`	

例 6.3.3　Funny Encryption Method (CPE10403, UVA10019)

◎關鍵詞：進位制

◎來源：http://uva.onlinejudge.org/external/100/10019.html

◎題意：

　　輸入一個數字 M，將 M 以二進位表示，並以 b1 記錄二進位表示法 1 出現的個數。再將 M 以十進位表示，並將 M 的每位數字以二進位表示，然後以 b2 累加各個 1 出現的個數。

例如，M=63，其二進位表示為 111111，有 6 個 1，所以 b1=6。又 6 的二進位為 110，3 的二進位為 11，所以總共有 4 個 1，所以 b2=4。

◎輸入／輸出：

輸入	2 63 214
輸出	6 4 5 3
說明	輸入資料的第一列為測試資料的組數 N，0<N≤1000。接下來有 N 列資料，每一列為一組測資，包含一個正整數 M，0<M≤9999。對於每一個正整數 M，計算其 b1 及 b2，並輸出之。

◎解法：

讀取一個正整數 M 後，第一階段先將十進位轉換為二進位。第二階段則針對每個數字再進行二進位轉換。

例如，輸入的 M 為 214，第一階段進行十進位轉換為二進位的程序如下：

1. 214/2=107，餘數為 0，累加至 b1，得到 b1=0。
2. 107/2=53，餘數為 1，累加至 b1，得到 b1=1。
3. 53/2=26，餘數為 1，累加至 b1，得到 b1=2。
4. 26/2=13，餘數為 0，累加至 b1，得到 b1=2。
5. 13/2=6，餘數為 1，累加至 b1，得到 b1=3。
6. 6/2=3，餘數為 0，累加至 b1，得到 b1=3。
7. 3/2=1，餘數為 1，累加至 b1，得到 b1=4。
8. 1/2=0，餘數為 1，累加至 b1，得到 b1=5。

根據上述計算，214 的二進位表示法為 11010110。第二階段將 214 的每個數字分離後，再轉換成二進位，程序如下：

1. 214/10=21，餘數為 4，二進位為 100，累加至 b2，得到 b2=1。
2. 21/10=2，餘數為 1，二進位為 1，累加至 b2，得到 b2=2。
3. 2/10=0，餘數為 2，二進位為 10，累加至 b2，得到 b2=3。

◎程式碼：

01	`#include<iostream>`	
02	`using namespace std;`	
03	`int main(){`	
04	`    int N;cin >> N;`	04：輸入第一個數字 N。
05	`    while(N--){`	
06	`        int m;cin >> m;`	06：處理每一個數字 m。
07	`        int b1=0,b2=0;`	
08	`        for(int v=m;v;v/=2) b1+=v%2;`	08：使用 b1 累加 m 的每一個位元。
09	`        for(;m;m/=10){`	09：依序從個位數、十位數、百位數，處理 m 的十進位表達式中每一個位數。
10	`            for(int v=m%10;v;v/=2) b2+=v%2;`	10：使用 b2 累加 m 的十進位表達式中每一個位數的每一個位元。
11	`        }`	
12	`        cout << b1 << " " << b2 << endl;`	12：輸出 b1 及 b2。
13	`    }`	
14	`    return 0;`	
15	`}`	

例 6.3.4　Parity (CPE10461, UVA10931)

◎關鍵詞：二進位、位元計算

◎來源：http://uva.onlinejudge.org/external/109/10931.html

◎題意：

　　給定一個十進位整數，並將其轉換為二進位表示法，試求二進位表示法中出現 1 的次數。

◎輸入／輸出：

輸入	1 2 10 21 0
輸出	The parity of 1 is 1 (mod 2). The parity of 10 is 1 (mod 2). The parity of 1010 is 2 (mod 2). The parity of 10101 is 3 (mod 2).
說明	輸入資料的每一列為一組測試資料，範圍從 1 到 2147483647。當輸入為 0 時，代表結束。針對每組輸入的測資，輸出「The parity of B is P (mod 2).」，其中 B 為輸入資料的二進位表示法，P 為二進位中出現 1 的次數。

圖 6.1
十進位轉換為二進位的連續除法

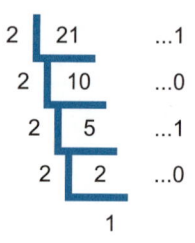

```
2 | 21    ...1
2 | 10    ...0
2 |  5    ...1
2 |  2    ...0
     1
```

◎ **解法：**

使用二進位除法並將答案逆向輸出，即可得到二進位的結果。若要將後算出的答案先輸出，可以使用堆疊來儲存已算出的答案，如圖 6.1 所示。

◎ **程式碼：**

行號	程式碼	說明
01	`#include<iostream>`	
02	`#include<stack>`	
03	`using namespace std;`	
04	`int main(){`	
05	`    stack<int> st;`	
06	`    int n;`	06：宣告堆疊 st。
07	`    while(cin >> n && n){`	07：輸入並檢查輸入值是否為 0。
08	`        int parity=0;`	
09	`        while(n){`	
10	`            parity+=n%2;`	
11	`            st.push(n%2);`	
12	`            n/=2;`	09-13：進行二進位除法，並存進堆疊中。
13	`        }`	
14	`        cout << "The parity of ";`	
15	`        while(st.size()){`	
16	`            cout << st.top();`	
17	`            st.pop();`	15-18：從堆疊中取出答案。
18	`        }`	
19	`        cout << " is " << parity << " (mod 2).\n";`	
20	`    }`	
21	`}`	

例 6.3.5　Cheapest Base (CPE10466, UVA11005)

◎關鍵詞：進位制、找最佳值、陣列

◎來源：http://uva.onlinejudge.org/external/110/11005.html

◎題意：

　　一個數字可用不同的進位制（二進位至三十六進位）表示，每個位數可以使用數字 0 至 9 與英文字母 A 至 Z 來表示（其中，A 代表 11，B 代表 12……Z 代表 36）。不同的字元在列印時，需要不同的墨水量。若給予列印各個字元所需的墨水量（整數 1 到 128），再給予某個值。請問以何種進位制表示，列印出來所耗費的墨水量為最少？

　　例如，現有以下之墨水量對應表 6.6（同範例輸入的第一組測試資料）。我們將 43（第一組測試資料的第一個數字）以不同的進位制表示，進而求出各進位法所需的墨水量，如該表所示（下面另有解法說明）。

　　以五進位為例，43 表示為「133」，而 1、3、3 這三個字元所需的墨水量分別為 3、5、5。將每字元所需的墨水量加總，即 3+5+5=13，這就是 43 以五進位表示所需的墨水量。

　　計算所有進位制所需的墨水量後，從這些墨水量當中找出最小值（本例為 6），其對應的進位制就是我們所要的答案，即 22、24、25、31 與 36，如表 6.7 所示。

表 6.6　列印各字元所需的墨水量

字元	0	1	2	3	4	5	6	7	8
墨水量	6	3	4	5	4	6	6	3	7
字元	9	A	B	C	D	E	F	G	H
墨水量	6	6	7	3	4	6	5	6	5
字元	I	J	K	L	M	N	O	P	Q
墨水量	3	3	5	3	7	6	5	5	6
字元	R	S	T	U	V	W	X	Y	Z
墨水量	6	5	3	4	4	7	6	4	5

表 6.7 43 各種進位制表示法及所需之墨水量

進位制	表示法	墨水量	進位制	表示法	墨水量	進位制	表示法	墨水量	進位制	表示法	墨水量
─	─	─	10	43	9	19	25	10	28	1F	8
2	101011	24	11	3A	11	20	23	9	29	1E	9
3	1121	13	12	37	8	21	21	7	30	1D	7
4	223	13	13	34	9	22	1L	6	31	1C	6
5	133	13	14	31	8	23	1K	8	32	1B	10
6	111	9	15	2D	8	24	1J	6	33	1A	9
7	61	9	16	2B	11	25	1I	6	34	19	9
8	53	11	17	29	10	26	1H	8	35	18	10
9	47	7	18	27	7	27	1G	9	36	17	6

◎輸入／輸出：

```
輸入  2
      6 3 4 5 4 6 6 3 7
      6 6 7 3 4 6 5 6 5
      3 3 5 3 7 6 5 5 6
      6 5 3 4 4 7 6 4 5
      4
      43
      58
      62
      74
      128 128 128 128 128 128 128 128
      128 128 128 128 128 128 128 128
      128 128 128 128 128 128 128 128
      128 128 128 128 128 128 128 128
      3
      0
      128
      1234554321
```

輸出	Case 1: Cheapest base(s) for number 43: 22 24 25 31 36 Cheapest base(s) for number 58: 8 20 23 Cheapest base(s) for number 62: 33 Cheapest base(s) for number 74: 10 28 31 Case 2: Cheapest base(s) for number 0: 2 3 4 5 6 7 8 9 10 11 12 13 14 15 16 17 18 19 20 21 22 23 24 25 26 27 28 29 30 31 32 33 34 35 36 Cheapest base(s) for number 128: 12 13 14 15 16 17 18 19 20 21 22 23 24 25 26 27 28 29 30 31 32 33 34 35 36 Cheapest base(s) for number 1234554321: 33 34 35 36
說明	輸入部分，第一列的整數代表測試資料的組量（本範例為 2 組），其數量會少於 25 組。接著依序列出各組測試資料；每組測試資料的前四列，共 36 個整數，依序代表 36 個字元（0 至 9 與 A 至 Z）所需的墨水量；下一列的整數代表接下來需要計算的數字個數（本範例的第一組有 4 個），其後為欲計算的數字，皆介於 0 到 2000000000 之間。 輸出部分，對於每組測試資料，首列印出「Case y:」，其中 y 代表測試資料的組數。對於每組測試資料中，每個需要計算的數字 x，先印出「Cheapest base(s) for number x:」，接著印出耗費墨水量最少的進位制。注意，兩組測試資料之間必須空一列。

◎解法：

假設欲找最少墨水量進位制的數字為 x，解法可分成三個步驟：

1. 分別求出 x 以二至三十六進位制表示所需要的墨水量，並將其存放在陣列中。

$$
\begin{array}{r|l}
5 & 43 \\
\hline
5 & 8 \quad \cdots\ 3 \\
\hline
5 & 1 \quad \cdots\ 3 \\
\hline
& 0 \quad \cdots\ 1
\end{array}
$$

要以不同進位法表示 x，需要進位轉換。若將數字 x 轉成 i 進位，則需對 x 除以 i，其餘數為最低位數的數字，商數則繼續除以 i，求餘數，直到商數等於 0 為止。例如，x 為 43，i 為 5，第一次的餘數 3 為個位數，第二次的餘數 3 為十位數，第三次的餘數 1 為百位數。故 43 的五進位表示法為 133。

求得的每個位數可利用字元與墨水量對應表，找出字元所需的墨水量，將結果加總起來，就是 x 以 i 進位制表示法所需的墨水量。這些動作對於每個 x 都必須做 35 次（二至三十六進位）。

2. 從陣列中找出最少墨水量。利用一般找最小值的方法即可。亦即，我們先設定第一個元素為目前最小值 min，接著依序與其他元素比較。若其他元素有較小的值，則將目前的最小值更新，以新的最小值繼續比較。

3. 從陣列中找出最少墨水量所對應的進位制，並印出。因為我們並非求最少的墨水量是多少，而是最少墨水量的進位制，所以我們再比對一次陣列，將所有最少墨水量所對應的進位制全部印出。

◎程式碼：

01	`#include<iostream>`	
02	`using namespace std;`	
03	`const int MX_BASE=36;`	
04		
05	`int main(){`	
06	`    int m;`	
07	`    cin >> m;`	
08	`    for(int k=1;k<=m;k++){`	
09	`        if(k>1)`	09-10：自第二組開始，在每組測試資料開頭印一個空白列，達到在各組資料間分隔的效果。
10	`            cout << endl;`	
11	`        cout << "Case " << k << ":" << endl;`	
12	`        int coc[MX_BASE];`	
13	`        for(int i=0;i<MX_BASE;i++)`	13：讀入墨水量對應表至 coc 陣列。
14	`            cin >> coc[i];`	
15	`        int n;`	
16	`        cin >> n;`	
17	`        while(n--){`	
18	`            int x;`	
19	`            cin >> x;`	
20		21：cob 陣列用來填寫數字 x 以二至三十六進位制表示法所需的墨水量。為了方便，沒有使用 cob[0] 與 cob[1]。
21	`            int cob[MX_BASE+1];`	
22	`            for (int i=2;i<=MX_BASE;i++){`	
23	`                int t=x;`	23：x 需經二至三十六進位制轉換，故先暫存至 t，再執行進位轉換。
24	`                cob[i]=0;`	
25	`                do{`	
26	`                    cob[i]+=coc[t%i];`	26：每分解出一位數，就查詢此位數的墨水量，加總至 cob[i]。
27	`                    t/=i;`	
28	`                }while (t!=0);`	
29	`            }`	
30		31-34：找最小值，cob[2] 是初始最小值。
31	`            int min=cob[2];`	

32	`    for(int i=3;i<=MX_BASE;i++){`	32-34：再與其他元素比較，較小者更新為最小值。
33	`        if(cob[i]<min) min=cob[i];`	
34	`    }`	
35		
36	`    cout << "Cheapest base(s) "`	37-39：再跑過一次陣列，印出墨水量等於最小值的每一個進位制。
37	`        "for number " << x << ":";`	
38	`    for(int i=2;i<=MX_BASE;i++){`	
39	`        if(cob[i]==min) cout << " " << i;`	
40	`    }`	
41	`    cout << endl;`	
42	`  }`	
43	`}`	
44	`return 0;`	
45	`}`	

6.4 質數、因數、倍數

例 6.4.1　Hartals (CPE10517, UVA10050)

◎關鍵詞：倍數、模擬

◎來源：http://uva.onlinejudge.org/external/100/10050.html

◎題意：

　　Hartals 是罷工的意思。有 P 個政黨，每個政黨都有自己舉行罷工的週期，如果罷工不是在星期五及星期六，就會影響到工作天數（罷工在星期五及星期六時，不算罷工）。本題是想計算在N天裡因罷工而暫停的工作天數。

　　以第一組測試資料為例，N=14 表示有 14 天，P=3 表示有三個政黨。三個政黨的罷工週期分別為 3 天、4 天、8 天。我們將這些不同的罷工週期以表 6.8 來試算。因為 P1 政黨第 6 天的罷工遇到星期五，不是上班日，所以不算停掉的工作天數。

表 6.8 三個政黨罷工試算

日期	1	2	3	4	5	6	7	8	9	10	11	12	13	14
星期	日	一	二	三	四	五	六	日	一	二	三	四	五	六
P1			X			X			X			X		
P2				X				X				X		
P3								X						
罷工			1天	2天		不算		3天	4天			5天		

◎輸入／輸出：

輸入	2 14 3 3 4 8 100 4 12 15 25 40
輸出	5 15
說明	輸入資料的第一列為整數 T，表示測試資料的組數。接下來，每組測試資料的第一列含有整數 N，表示要計算的總天數 (7 ≤ N ≤ 3650)，第二列為整數 P 表示政黨的數量 (1 ≤ P ≤ 100)。接著 P 列資料各有一個正整數 h_i (1 ≤ i ≤ P)，依序代表 P 個政黨的罷工週期（罷工週期不會是 7 的倍數）。

◎解法：

　　本題的解法是仿效篩子法 (sieve method) 來模擬過濾罷工的狀況。先宣告一個陣列 day[3650] 表示所有的天數，並將每一個元素預先設定初始值為 0，表示還沒有罷工。接著，將罷工週期 h_i 的倍數所對應的天數標示為 1，表示當天要罷工。若有兩個政黨的罷工週期之倍數對應至同一天（例如，第一組測資的第八天），會重複將該元素設定為 1，但這並不會影響結果。最後，逐日統計被設為 1 的總天數（亦即停工的總天數），但計算時應避開放假的星期五及星期六。

◎程式碼：

01	`#include <iostream>`	
02	`using namespace std;`	
03	`int h[100];`	03：陣列 h[i] 表示第 i 個政黨的罷工週期 h_i。
04	`int main()`	
05	`{`	
06	`    int T,N,P;`	
07	`    cin >> T;`	
08	`    while(T--){`	08：依照測試的總組數進行迴圈測試。
09	`        cin >> N >> P;`	
10	`        int day[3651];`	
11	`        for(int i=0;i<=3650;i++) day[i]=0;`	11：將標示罷工狀態的 day[i] 設為 0，表示還沒有罷工。
12	`        for(int i=0;i<P;i++){`	12-17：依照讀到的罷工週期 h[i]，在第 14 至 15 行的迴圈進行逐一標示，把對應罷工日標示為 1。
13	`            cin >> h[i];`	
14	`            for(int j=h[i];j<=N;j+=h[i]){`	
15	`                day[j]=1;`	
16	`            }`	
17	`        }`	
18	`        int count=0;`	18-22：運用迴圈來逐天統計停掉的工作天數。
19	`        for(int j=1;j<=N;j++){`	
20	`            if(j%7==6 || j%7==0)continue;`	20：在統計時避開星期五及星期六。
21	`            if(day[j]==1)count++;`	
22	`        }`	
23	`        cout << count << endl;`	
24	`    }`	
25	`    return 0;`	
26	`}`	

例 6.4.2　All You Need Is Love! (CPE10421, UVA10193)

◎關鍵詞：進位制、最大公因數

◎來源：http:// uva.onlinejudge.org/external/101/10193.html

◎題意：

　　題目輸入 0 與 1 組成的字串代表二進位的數字，每兩個數字（S1 及 S2）為一組，題目想知道是不是存在另一個二進位數字 L，使得 S1 及 S2 都是由 L 所構成 (made of love)。

　　何謂一個二進位數字 S1 由 L 所構成 (made of love)？以下將舉例說明。假設二進位數字 S1=11011、L=11，如果把 S1 持續減去 L（二進位的 11），

S1 會由 11011 依序變成 11000、10101、10011、1111、1100、1001、110、11，再減一次會變成 0，這代表 S1 是由 L 所構成。若 S1 無法減至 0，則 S1 不是由 L 所構成。另外規定，L 的二進位值之最左位元不可以是 0（如 0010010 或 01110101 或 011111），而且長度要大於 1。如果 S1 及 S2 都是由某一個二進位數字 L 所構成的話，就印出「All you need is love!」，否則就印出「Love is not all you need!」。

◎輸入／輸出：

輸入	5 11011 11000 11011 11001 111111 100 1000000000 110 1010 100
輸出	Pair #1: All you need is love! Pair #2: Love is not all you need! Pair #3: Love is not all you need! Pair #4: All you need is love! Pair #5: All you need is love!
說明	測試資料第一列是一個正整數 N(N<1000)，代表有 N 組成對的字串為待測的輸入資料。接著，每組測資會有兩列分別代表 S1 及 S2 的兩個字串（字串長度皆不超過 30 字元，由 0 與 1 構成）。 每組測資都對應一列字串的輸出結果。如果 S1 及 S2 有存在對應的 L，就輸出 Pair #p: All you need is love!，否則就輸出 Pair #p: Love is not all you need!，其中 p 是從 1 開始的第 p 組測試資料。

◎解法：

　　本題題目是用連續的減法來描述「數字 S1 是否由 L 所構成 (made of love)」。但事實上，連續減法變成 0 就是除法中的整除之意；也就是說，如果 S1 可以被 L 整除，就符合 made of love。兩個數字 S1 及 S2 都可以由 L 所構成，其實就是 S1 及 S2 都可以被 L 整除，所以 L 是 S1 及 S2 的公因數。又 L 的限制條件（二進位表示法的最左位元不可以是 0，而且長度要大於 1）表示這個公因數不可以是 1。

所以題意是要把兩個二進位數字以十進位表示,而且要判斷兩個數字的最大公因數 (greatest common divider) 是否大於 1。若是大於 1,則印出「All you need is love!」;若等於 1,則印出「Love is not all you need!」。表 6.9 顯示兩個輸入資料的十進位值,以及兩者的最大公因數。

表 6.9　輸入範例的解答過程

輸入	二進位	十進位	最大公因數
Pair#1	11011 11000	27 (3*9) 24 (3*8)	3(符合)
Pair#2	11011 11001	27 25	1(不符合)
Pair#3	111111 100	63 4	1(不符合)
Pair#4	1000000000 110	512 (2*256) 6 (2*3)	2(符合)
Pair#5	1010 100	10 (2*5) 4 (2*2)	2(符合)

程式碼中計算最大公因數的作法,是使用「輾轉相除法」。這個方法也是在程式設計課程中常被用來示範遞迴的範例,所以本程式使用遞迴的 gcd() 函式來找出最大公因數。

我們使用 Pair#1 來示範輾轉相除法。若要計算 27 及 24 的最大公因數,我們先把大的數 (27) 除以小的數 (24),得到餘數 3。接著,把小的數 (24) 再除以餘數 3,正好整除,所以整除前的這個 3 便是 27 及 24 的最大公因數。這樣連續地把除數與餘數變成新的被除數及除數,輾轉持續做到整除為止的作法,便是「輾轉相除法」。

我們再以 Pair#2 為例,若要計算 27 及 25 的最大公因數,我們把大的數 (27) 除以小的數 (25),得到餘數 2。接著,把小的數 (25) 再除以餘數 2,得到餘數 1。然後,把剛剛的 2 除以餘數 1,剛好整除,所以整除前的這個 1 便是 27 及 25 的最大公因數。

◎程式碼：

01	`#include <iostream>`	
02	`using namespace std;`	
03	`char S1[31],S2[31];`	
04	`int StringToInt(char S[31])`	04-13：函式可將長度為 30 的字串（以 0 及 1 表達的二進位數字）轉換為十進位的整數。
05	`{`	
06	`    int ans=0;`	
07	`    for(int i=0;i<30;i++){`	
08	`        if(S[i]=='\0')break;`	
09	`        ans*=2;`	
10	`        if(S[i]=='1')ans+=1;`	
11	`    }`	
12	`    return ans;`	
13	`}`	
14	`int gcd(int p, int q)`	14-19：用輾轉相除法計算最大公因數（gcd 表示 greatest common divider）。
15	`{`	
16	`    if(p<q)return gcd(q,p);`	
17	`    if(q==0) return p;`	
18	`    return gcd(q,p%q);`	
19	`}`	
20	`int main()`	
21	`{`	
22	`    int N,p;`	
23	`    cin >> N;`	
24	`    for(int p=1;p<=N;p++){`	
25	`        cin >> S1 >> S2;`	25-27：輸入兩個二進位數字 S1 及 S2，並且將數字轉換為十進位。
26	`        int N1=StringToInt(S1);`	
27	`        int N2=StringToInt(S2);`	
28	`        if( gcd(N1,N2)>1 ){`	28：依照 gcd 算出的最大公因數來決定要輸出的結果。
29	`            cout << "Pair #" << p <<`	
	`                ": All you need is love!"`	
30	`                << endl;`	
31	`        }else{`	
	`            cout << "Pair #" << p <<`	
32	`                ": Love is not all you need!"`	
33	`                << endl;`	
34	`        }`	
35	`    }`	
36	`    return 0;`	
37	`}`	

例 6.4.3　Divide, But Not Quite Conquer! (CPE10419, UVA10190)

◎關鍵詞：模擬

◎來源：http://uva.onlinejudge.org/external/101/10190.html

◎題意：

「Divide and Conquer」是常見的演算法，但本題與此無關。本題想要算出一種「連續除法的數字序列」，它們的定義如下：輸入 n 及 m 兩個數字，如果 n 除以 m 是可以整除的話，就一直繼續除以 m，直到最後數字變成 1。

例如 n=125 且 m=5 時，125/5=25、25/5=5、5/5=1，這些數字都可以整除，所以輸出 125 25 5 1 這串數字。

又如 n=81 且 m=3 時，81/3=27、27/3=9、9/3=3、3/3=1 也都是可以整除，所以輸出 81 27 9 3 1 這串數字。

不過如果 n=30 且 m=3，30/3=10、10/3 不能整除，就改輸出「Boring!」字串。

◎輸入／輸出：

輸入	125 5 30 3 80 2 81 3
輸出	125 25 5 1 Boring! Boring! 81 27 9 3 1
說明	輸入資料中每列為一組測試資料，每組測資有兩個非負整數 n 與 m(0 ≤ n, m<2000000000)。其中，n 是被除數，m 是除數。每組測資對應的輸出資料是印出「連續除法的數字序列」。如果除到最後不是 1 的話，就改印字串「Boring!」。

◎解法：

本題可以直接使用迴圈來進行連續除法的動作。每次檢查需是否符合整除的條件，直到數字變成 1。

但是本題有陷阱，要小心。如果 n>1 且 m=1 時，迴圈會永遠無法結束，故必須檢查是否存在這種狀況。另外 m 為 0 時，也會有除法除以零 (divide by zero) 的問題，此時同樣要輸出「Boring!」。

◎程式碼：

01	`#include <iostream>`	
02	`using namespace std;`	
03	`int main()`	
04	`{`	
05	`    int n,m;`	05：輸入 n 與 m 兩個數字。
06	`    while(cin >> n >> m){`	06：若為 m<2 或 n<2，是特殊狀況，不必計算，直接輸出 Boring! 即可。
07	`        if((n<2)||(m<2)){`	
08	`            cout << "Boring!" << endl;`	
09	`            continue;`	
10	`        }`	
11	`        int backup=n;`	11：把 n 備份起來，以免被修改。
12	`        while(n%m==0 && n>1){`	12-14：用 while 迴圈模擬除法整除的過程。
13	`            n=n/m;`	
14	`        }`	
15	`        if(n!=1){`	15：無法成功整除，就輸出 Borning!。
16	`            cout << "Boring!" << endl;`	
17	`        }else{`	
18	`            n=backup;`	18：用備份，把 n 還原。
19	`            while(n%m==0 && n>1){`	19-22：用 while 迴圈重做除法整除的過程，並把過程印出來。
20	`                cout << n << " ";`	
21	`                n=n/m;`	
22	`            }`	
23	`            cout << "1" << endl;`	23：若不是 Borning，需將 1 印出做為結尾。
24	`        }`	
25	`    }`	
26	`    return 0;`	
27	`}`	

例 6.4.4　Simply Emirp (CPE10428, UVA10235)

◎關鍵詞：質數、迴圈、陣列

◎來源：http://uva.onlinejudge.org/external/102/10235.html

◎題意：

　　此題為質數問題的變形。若某數為質數且將該數反轉之後也為質數，但原數與反轉之後的數字不同，則這個數就稱為 emirp 數（將 prime 反轉即是 emrip）。例如，17 是一個質數，將 17 反轉之後的 71 也是質數，則 17 就是 emirp 數。

◎輸入／輸出：

輸入	17 16 23 131 179 199
輸出	17 is emirp. 16 is not prime. 23 is prime. 131 is prime. 179 is emirp. 199 is emirp.
說明	輸入資料的每一列為一組測試資料，每組測資為一個正整數n，且1<n<1000000。測試資料至檔案結尾時結束。若n為質數且將n反轉後亦為質數，則輸出n is emirp；若n為質數，則輸出n is prime；若n不是質數，則輸出n is not prime。另外需特別注意的是，若n為質數且將n反轉後仍為原數，則n不是emirp數。例如，131是一個質數，將131反轉後仍為131，故131不是emirp數。

◎解法：

以輸入199為例，反轉後成為991。接著檢查199與991是否為質數，可發現199與991皆為質數，則稱199為emirp數。

若以除法的方式一一檢查某數是否為質數，必定會超時。因此，本題解法的關鍵為事先建立一個質數表，做為查詢用。我們採取刪除法，利用空間換取時間的概念，以節省時間。由於輸入的n值最大為1000000（100萬），我們建立一個擁有100萬元素的陣列c[ ]。若c[i]=0，則表示i為質數；若c[i]=1，則表示i不是質數（合成數）。作法依下列步驟進行：

1. 宣告陣列c[ ]，每個元素的內容均為0（在全域宣告，則其初始均會自動設為0）。i=2。
2. 若c[i]=0（代表i是質數），將所有i的倍數位置之元素內容均改為1，即c[i*2]=1、c[i*3]=1、c[i*3]=1……。
3. i=i+1。若i已到達1000，即停止（因為1000至100萬之間，若為合成數，必定有小於1000的因數）；否則，跳至步驟2。

上述步驟完成後，若c[i]=1，表示i曾經是某個數的倍數，故i是合成數。10以內的質數表建立過程如表6.10所示。

表 6.10 10 以內的質數表的建立過程

	C[1]	C[2]	C[3]	C[4]	C[5]	C[6]	C[7]	C[8]	C[9]	C[10]
1	0	0	0	0	0	0	0	0	0	0
2	0	0	0	1	0	1	0	1	0	1
3	0	0	0	1	0	1	0	1	1	1
5	0	0	0	1	0	1	0	1	1	1
7	0	0	0	1	0	1	0	1	1	1

◎程式碼：

```
01  #include<iostream>
02  using namespace std;
03  int com[1000000];
04  int main(){
05      for(int i=2;i<1000;i++){
06          if(com[i])continue;
07          for(int j=i+i;j<1000000;j+=i) com[j]=1;
08      }
09      int n,rn;
10      while(cin >> n){
11          int sn=n;
12          for(rn=0;n;n/=10) rn = rn*10 + (n%10);
13          if(com[sn]) cout << sn << " is not prime.";
14          else if(com[rn]) cout << sn << " is prime.";
15          else if(sn==rn) cout << sn << " is prime.";
16          else cout << sn << " is emirp.";
17          cout << endl;
18      }
19      return 0;
20  }
```

03：陣列 com 的初始值為 0，代表暫先假設每一個元素都是質數。

05-07：以一數為基底，將該數的倍數標示為合成數。

10：輸入數字。

12-15：將數字反轉。

16-21：依照題意輸出相關內容。

例 6.4.5　2 the 9s (CPE10458, UVA10922)

◎關鍵詞：算術

◎來源：http://uva.onlinejudge.org/external/109/10922.html

CPE 一顆星題目集 6

◎題意：

　　判斷一個整數 N 是否為 9 的倍數。若是，此時 9-degree 為 1，接著再繼續算出 N 之每位數的總和 S。如果 S 亦為 9 的倍數，此數的 9-degree 為 2，繼續算出 S 每位數的總和。以此類推。本題欲求 N 的 9-degree 是多少。

◎輸入／輸出：

輸入	189 999999999999999999999 9 9999999999999999999999999998 0
輸出	189 is a multiple of 9 and has 9-degree 2. 999999999999999999999 is a multiple of 9 and has 9-degree 3. 9 is a multiple of 9 and has 9-degree 1. 9999999999999999999999999998 is not a multiple of 9.
說明	輸入資料的每一列為一組測試資料，每組測資為一個 N 值，最多為 1000 位。當輸入為 0 時，則代表結束。針對每組測資，印出這組測資是否為 9 的倍數。若是 9 的倍數，需再印出 9-degree。

◎解法：

　　每讀取一行運算一次。如果輸入為 9 則為特例，此時直接輸出答案；如果輸入為 0，則結束程式。

　　因為輸入可能有多達 1000 個字元，所以需要使用字串來讀取輸入的資料。使用字串 s 讀入每一行後，先使用 v 計算每位數字之總和，之後使用整數 v 來檢查是否為 9 的倍數。每檢查一次，就將 degree 加 1。

　　例如，假設輸入是 189。

1. 先判斷 189 是否為 9 的倍數。判斷方式是先計算各位數字之總和（即 1+8+9=18），如果總和為 9 的倍數，則原數亦為 9 的倍數。此例的總和 18 是 9 的倍數，故 189 亦是 9 的倍數，此時 degree 為 1。

2. 再將 18 的數字總和算出（即 1+8=9），仍是 9 的倍數，此時 degree 為 2。由於目前的數字總和 9 已是特例，故結束迴圈，並輸出 9-degree 為 2。

◎程式碼：

01	`#include<iostream>`	
02	`#include<string>`	
03	`using namespace std;`	
04	`int main(){`	
05	`  string s;`	
06	`  while(cin >> s && s!="0"){`	
07	`    int v=0,degree=1;`	
08	`    for(int k=0;k<s.size();k++)v+=s[k]-'0';`	08：使用 v 計算各位數字之和。由於讀進的資料為字元，因此需減去字元「0」(「0」的 ASCII 碼，其值為 48)，才能得到對應的數值。
09	`    while(v%9==0 && v!=9){`	
10	`      int sum=0;`	
11	`      for(;v;v/=10)sum+=v%10;`	
12	`      v=sum;degree++;`	
13	`    }`	
14	`    if(v%9)cout << s << " is not a multiple of 9." << endl;`	09-12：計算 degree。
15	`    else cout << s << " is a multiple of 9 and has" << " 9-degree " << degree << "." << endl;`	14-16：印出答案。
16	`  }`	
17	`}`	

例 6.4.6　GCD (CPE11076, UVA11417)

◎關鍵詞：最大公因數、求和

◎來源：http://uva.onlinejudge.org/external/114/11417.html

◎題意：

給予一數 N，求出由 1 至 N 任兩數所有組合的最大公因數之總和 G，定義如下：

$$G = \sum_{i=1}^{i<N} \sum_{j=i+1}^{j \leq N} GCD(i,j)$$

其中，GCD(i,j) 表示整數 i 和 j 的最大公因數。

◎輸入／輸出：

輸入	10 100 500 0

輸出	67
	13015
	442011
說明	輸入資料的每一列為一組測試資料,每組測資為一個 N 值,且 1<N ≤ 500。本題最多可能有 100 組的輸入資料,當輸入為 0 時則代表結束。針對每組測資,印出其對應的 G。

◎**解法:**

本題在題目中已說明所需要的程式流程,解題時只需要將 GCD 的函數利用輾轉相除法實作出來即可。為了加快速度,可以事先將 1 至 500 的 G 值建立起來,並存放於陣列中。接著針對每一個 N 值,以查表的方式將答案印出。

以下以 25 與 65 解說輾轉相除法,如圖 6.2 所示。

一開始,有兩數 25 ① 與 65 ②,以 25 ① 除 65 ②,得到商 2 ③ 餘 15 ⑤;接下來以 15 ⑤ 除 25 ①,得商 1 ⑥ 餘 10 ⑧;再以 10 ⑧ 除 15 ⑤,得商 1 ⑨ 餘 5 ⑪;最後以 5 ⑪ 除 10 ⑧,得商 2 ⑫ 餘 0 ⑭。最後一個當除數的 5 ⑪ 即為 25 與 65 之最大公因數。

⑥	(商) 1	①	25	65	②	2 (商)	③
		⑦	15=15×1	50=25×2	④		
⑫	(商) 2	⑧	10=25−15	15=65−50	⑤	1 (商)	⑨
		⑬	10=5×2	10=10×1	⑩		
		⑭	0=10−10	5=15−10	⑪		

圖 6.2 25 與 65 輾轉相除法之執行過程

◎**程式碼:**

01	`#include<iostream>`	
02	`using namespace std;`	
03	`int gcd(int x,int y){`	03-06:利用輾轉相除法求最大公因數。
04	`    while(x%=y)swap(x,y);`	
05	`    return y;`	
06	`}`	
07	`int main(){`	
08	`    int ans[502]={0},n;`	

09
10
11
12
13
14
15
	`    for(int i=1;i<502;i++){`
	`        ans[i]=ans[i-1];`
	`        for(int j=1;j<i;j++)ans[i]+=gcd(i,j);`
	`    }`
	`    while(cin >> n,n) cout << ans[n] << endl;`
	`    return 0;`
	`}`
		09-12：先將 1 至 500 的 G 值建立起來，並存放於 ans 陣列。
		
		13：查表輸出。

6.5　座標與幾何

例 6.5.1　Largest Square (CPE10456, UVA10908)

◎關鍵詞：字元比對

◎來源：http://uva.onlinejudge.org/external/109/10908.html

◎題意：

　　給一個長方形的字元矩陣，你必須找出中心點（兩條對角線的交叉點）位於座標位置 (r, c) 的最大正方形邊長，此正方形須包含相同的字母。所給予之長方形的長與寬分別為 M 與 N，左上角的座標是 (0, 0)，右下角的座標是 (M−1, N−1)。以下面的字元矩陣為例，對於中心點 (1, 2) 來說，你必須找出最大正方形的邊長，計算之後答案為 3。

```
abbbaaaaaa
abbbaaaaaa
abbbaaaaaa
aaaaaaaaaa
aaaaaaaaaa
aaccaaaaaa
aaccaaaaaa
```

◎輸入／輸出：

輸入	1 7 10 4 abbbaaaaaa abbbaaaaaa abbbaaaaaa aaaaaaaaaa aaaaaaaaaa aaccaaaaaa aaccaaaaaa 1 2 2 4 4 6 5 2
輸出	7 10 4 3 1 5 1
說明	輸入的部分：第一列為測試資料的組數，假設為 T，且 T<21。每一組測資的第一列有三個整數，即 M、N 和 Q，其中 M,N ≤ 100，Q<21。M 與 N 代表長方形矩陣的邊長。接下來有 M 列，每列包含 N 個字元。最後有 Q 列，每列包含兩個整數 r 與 c。 輸出的部分：對於每一組測資要產生 Q+1 列輸出。第一列印出 M、N 和 Q，其間以一個空白隔開。接下來 Q 列，對於測資的每一組 (r,c)，輸出其對應的最大正方形邊長。

◎解法：

可利用二維陣列儲存所讀取的字元矩陣來解題。假設現在欲求的中心點為 (r, c)。以 (r, c) 為中心點，一次向外圍遞增邊長 1，並檢查是否字元都相同。若相同，則持續往外遞增；若不同，則表示已經找到最大的正方形。

◎程式碼：

01	`#include <stdio.h>`	
02	`int main(void){`	
03	`    int T,i,M,N,Q,r,c;`	
04	`    char map[101][101];`	04：宣告二維陣列來儲存輸入。
05	`    scanf("%d",&T);`	05：讀進測資的組數 T。
06	`    while(T--){`	06：對每一組測資用主迴圈處理。
07	`        scanf("%d %d %d\n",&M,&N,&Q);`	
08	`        for(i=0;i<M;i++)`	08-09：讀進字元矩陣的資料。
09	`            scanf("%s", map[i]);`	

10	`    printf("%d %d %d\n",M,N,Q);`	10：先印出每組測資的第一行輸出。
11	`    while(Q--){`	
12	`        int ans,a,b;`	11：對每一組輸入的 (r,c) 求解。
13	`        scanf("%d %d",&r,&c);`	
14	`        ans = 1;`	14：一開始預設最大邊長為 1。
15	`        for(i=1;i<=M||i<=N;i++){`	15：在不超出字元矩陣的範圍內求解。
16	`            int flag=0;`	
17	`            for(a=r-i;a<=r+i;a++){`	16：flag=0 代表要繼續往外擴張，以找到更大的正方形邊長。
18	`                for(b=c-i;b<=c+i;b++){`	
19	`                    if(a<0||b<0||a>=M||b>=N){`	
20	`                        flag = 1;`	17-18：依次以 (r,c) 為中心，往上下左右方向各增加 1 來比對。
21	`                        break;`	
22	`                    }`	
23	`                    if(map[a][b]!=map[r][c]){`	19-22：若已超出矩陣邊界，將 flag 設為 1，代表停止尋找。
24	`                        flag=1;`	
25	`                        break;`	
26	`                    }`	
27	`                }`	23-26：若比對到與 (r,c) 的字元不同，將 flag 設為 1，代表停止尋找。
28	`            }`	
29	`            if(!flag)`	29-32：若 flag 為 0，表示該次往外增加 1 的比對成功，因此將最大邊長增加 2（左右、上下方向都各增加 1）；否則就跳出不要繼續找了。
30	`                ans+=2;`	
31	`            else`	
32	`                break;`	
33	`        }`	
34	`        printf("%d\n",ans);`	34：印出答案。
35	`    }`	
36	`}`	
37	`    return 0;`	
38	`}`	

例 6.5.2　Satellites (CPE10424, UVA10221)

◎**關鍵詞**：圓形弧長公式、三角函式、倍精度浮點數、角度單位轉換

◎**來源**：http://uva.onlinejudge.org/external/102/10221.html

◎**題意**：

　　地球半徑為 6440 公里，假設有兩顆人造衛星對地球中心的夾角為 a，衛星離地球表面距離為 s，試求出兩顆人造衛星的距離。距離分別以圓弧距離 (arc distance) 及直線弦距離 (chord distance) 來表示，如圖 6.3 所示。

圖 6.3
圓弧與弦的關係
(┅┅ 虛線為弦)

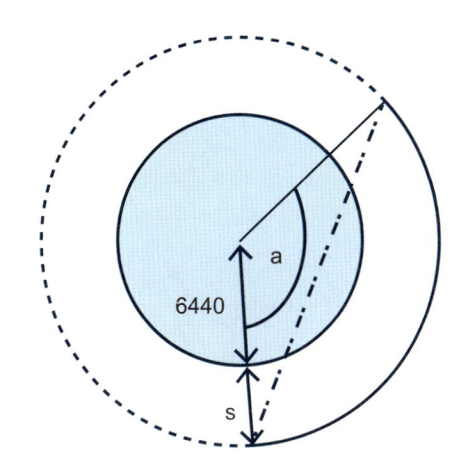

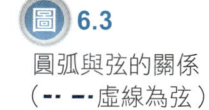

◎輸入／輸出：

輸入	500 30 deg 700 60 min 200 45 deg
輸出	3633.775503 3592.408346 124.616509 124.614927 5215.043805 5082.035982
說明	輸入的每一列是一組測試資料，其中整數 s 代表衛星對地球表面的距離，整數 a 表示兩顆衛星之對地中心的夾角，一個字串（deg 或 min）表示夾角的單位是角度 (degree) 或角分 (minute of arc)。輸出兩個浮點數（精確度到小數點後六位）分別表示圓弧距離及直線弦距離。

◎解法：

參考圖 6.4，關於夾角，大家比較熟悉的是角度 (degree)，定義是繞圓一週為 360 度 (360°)。角分 (minute of arc) 則是將 1 度再細分成 60 角分 (1°=60')。

若要計算圓弧距離 (arc distance)，可以利用角度與半徑 (radius)，以下列的圓弧公式算出：

$$\text{arc distance} = 2\pi \times \text{radius} \times \frac{\text{degree}}{360°}$$
$$= 2\pi \times \text{radius} \times \frac{\text{minute}}{360 \times 60'}$$

圖 6.4
利用正弦函數 sin( ) 計算弦的方法

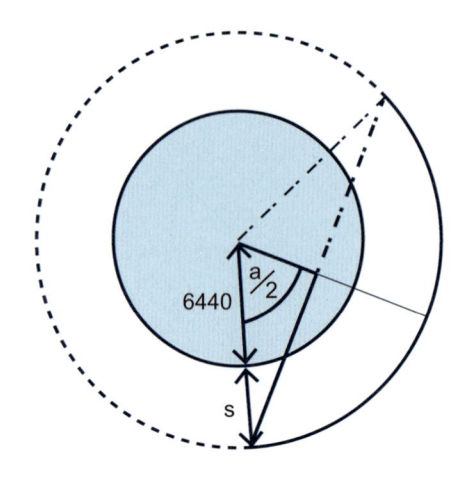

若要計算直線弦距離 (chord distance)，可以使用以下的三角函式：

$$\text{chord distance} = \text{radius} \times \sin\left(\frac{\text{degree} \times \pi}{2 \times 180°}\right) \times 2$$

$$= \text{radius} \times \sin\left(\frac{\text{minute} \times \pi}{2 \times 180° \times 60'}\right) \times 2$$

要特別小心的是，輸入的整數 s 是衛星離地球表面的距離，而不是繞行軌道的半徑。所以在代入公式時，衛星繞行半徑應該要加上地球半徑 6440 公里。題目並沒有明確說明衛星離地球表面的距離 s 之單位為何，顯得有些不妥。但因為題目唯一出現的距離單位為公里，所以推測 s 的單位亦為公里，則衛星繞行半徑可算出為 6440+s 公里。

◎程式碼：

01	`#include <stdio.h>`
02	`#include <string.h>`
03	`#include <math.h>`
04	`#define PI 2*acos(0.0)`
05	`int main()`
06	`{`
07	`    double s,a;`
08	`    char unit[4];`
09	`    double arc,chord;`

04：撰寫程式時，常以 PI 代表圓周率，其小數位數必須夠多，否則浮點數的精確度無法達到小數點後六位。由於 cos(/2)=0，故 π=2*acos(0.0)，用來定義 PI 值。

07-09：宣告的變數使用 double 型別，可使 12 至 16 行的運算皆以較高精確度的浮點數來計算。

10 `while(scanf("%lf %lf %s",` 11 `      &s,&a,unit)>0){` 12 `  if(strcmp(unit,"min")==0){` 13 `    a=a/60;` 14 `  }` 15 `  if(a>180)a=360-a;` 16 `  arc=2*PI*(s+6440)*a/360.0;` 17 `  chord=(s+6440)*sin(a*PI/2/180)*2;` 18 `  printf("%.6lf %.6lf\n",arc,chord);` 19 `}` 20 `return 0;` 21 `}`	12-17：運用解法介紹的公式解題。 12-14：如果輸入單位不是角度 (deg) 而是角分 (min)，則須將角分除以 60 以得到角度。 15：如果 a>180，則將 a 設為 360-a，這將讓等一下的 sin 值不會出錯。

例 6.5.3　Can You Solve It? (CPE10447, UVA10642)

◎關鍵詞：迴圈、座標

◎來源：http://uva.onlinejudge.org/external/106/10642.html

◎題意：

　　如圖 6.5 所示，給予一個起點座標和一個終點座標，請依據上圖的路徑計算需要行走之步數。

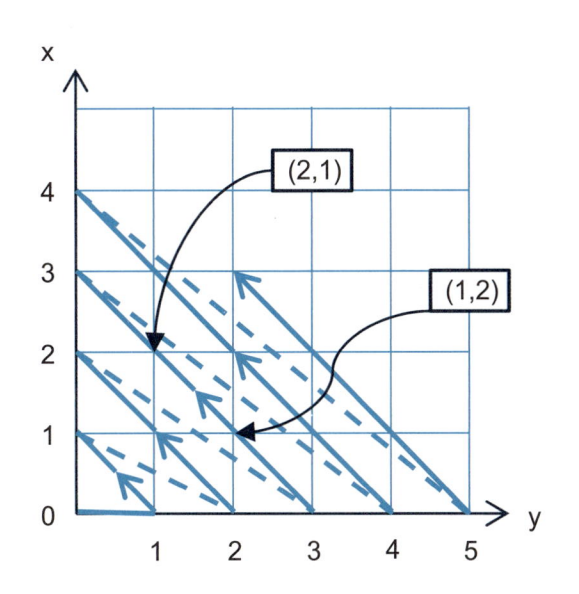

圖 6.5
本題之座標系統

◎輸入／輸出：

輸入	3 0 0 0 1 0 0 1 0 0 2 1 3
輸出	Case 1: 1 Case 2: 2 Case 3: 8
說明	第一列 n 表示有 n 筆資料 (0<n ≤ 500)，接著依序輸入 n 組起點和終點座標。座標格式為 (x,y)，每個 x 與 y 值為介於 0 到 100000 之間的整數。 註： (0,0) → (0,1) 表示需走 1 步。 (0,0) → (0,1) → (1,0) 表示需走 2 步。 (0,2) → (1,1) → (2,0) → (0,3) → (1,2) → (2,1) → (3,0) → (0,4) → (1,3) 表示需走 8 步。

◎解法：

先計算原點 (0,0) 到起點座標所需之步數，再計算原點 (0,0) 到終點座標所需之步數。後者減去前者，即為起點到終點所需要的步數。依據題意，同一層所擁有的座標點為右下至左上的斜線上之整數點，則前四層的座標點依序如下：

1: (0,0)

2: (0,1) → (1,0)

3: (0,2) → (1,1) → (2,0)

4: (0,3) → (1,2) → (2,1) → (3,0)

以下利用一個範例說明計算步數的方法。例如，欲計算原點 (0,0) 至座標點 (2,1) 的步數。(2,1) 在第四層，而第四層的每一個點之 x 座標值和 y 座標值相加都是 3。(2,1) 的前一層是第三層，從 (0,0) 走完前三層，並且至第四層第一個座標點 (0,3)，所需的步數為 1+2+3=6。然後，從第四層第一個點 (0,3) 至 (2,1) 需要 2 步，正好等於 (2,1) 的 x 座標值。所以，從原點到 (2,1) 所需的步數為 6+2=8。

綜上所述，原點 (0,0) 至座標點 (x_1,y_1) 所需的步數為：$[1+2+3+...+(x_1+y_1)]+x_1=(x_1+y_1+1)*(x_1+y_1)/2+x_1$。

◎程式碼：

01	`#include<iostream>`	
02	`using namespace std;`	
03	`int main(){`	
04	`　　int n;`	
05	`　　cin >> n;`	05：輸入 n 表示有 n 組資料數。
06	`　　for(int i=1;i<=n;i++){`	
07	`　　　　int x1,y1,x2,y2;`	07：(x1,y1) 為起點座標，(x2,y2) 為終點座標。
08	`　　　　cin >> x1 >> y1 >> x2 >> y2;`	08：輸入起點和終點座標。
09	`　　　　int pos1,pos2;`	
10	`　　　　pos1=(x1+y1+1)*(x1+y1)/2+x1;`	10：pos1 表示原點至起點的步數。
11	`　　　　pos2=(x2+y2+1)*(x2+y2)/2+x2;`	11：pos2 表示原點至終點的步數。
12	`　　　　cout << "Case " << i << ": " << pos2-pos1 << endl;`	12：列印起點到終點的步數。
13	`　　}`	
14	`　　return 0;`	
15	`}`	

例 6.5.4　Fourth Point!! (CPE10566, UVA10242)

◎關鍵詞：圖形、座標

◎來源：http://uva.onlinejudge.org/external/102/10242.html

◎題意：

　　給定平行四邊形中兩條相鄰邊的端點座標，求第四個點的座標。要注意的是，兩條相鄰線段的起點和終點，雖然共有四個點，但其中有兩個點的座標是重複的。例如第一組測試資料，(0,0)、(0,1)、(0,1)、(1,1) 四個點座標，其中第二點與第三點重複。題目並未告知重複的點在何處，解題者必須自行檢查。

◎輸入／輸出：

輸入	0.000 0.000 0.000 1.000 0.000 1.000 1.000 1.000 1.000 0.000 3.500 3.500 3.500 3.500 0.000 1.000 1.866 0.000 3.127 3.543 3.127 3.543 1.412 3.145
輸出	1.000 0.000 -2.500 -2.500 0.151 -0.398

說明	輸入的每一列為一組測試資料，輸入的數值範圍為 -10000 至 10000。讀到檔案結尾時，則結束程式。對每一組測資，輸出其第四點座標。注意輸入和輸出均只到小數點以下第三位，其餘則四捨五入。

◎解法：

考慮平行四邊形相鄰的兩條邊 $\overline{(x_0,y_0)(x_1,y_1)}$ 與 $\overline{(x_2,y_2)(x_3,y_3)}$，重複的點有四種情況：$(x_0,y_0) = (x_2,y_2)$、$(x_1,y_1) = (x_2,y_2)$、$(x_0,y_0) = (x_3,y_3)$ 以及 $(x_1,y_1) = (x_3,y_3)$，依序判斷並處理此四種狀況即可。

假設重複的點為第一種情形 $(x_0,y_0) = (x_2,y_2)$，欲求第四點 (x_a,y_a)，如圖 6.6 所示，利用向量的概念，得到以下的關係式：

$$\overrightarrow{(x_0,y_0)(x_1,y_1)} = \overrightarrow{(x_3,y_3)(x_a,y_a)}$$

即 $x_a - x_3 = x_1 - x_0$ 與 $y_a - y_3 = y_1 - y_0$，便得 $x_a = x_3 + x_1 - x_0$ 與 $y_a = y_3 + y_1 - y_0$，將各點數值帶入公式即可得到答案。其餘三種情形依此類推，由公式計算出 x_a 與 y_a 的值。

圖 6.6 重複點為第一種情形

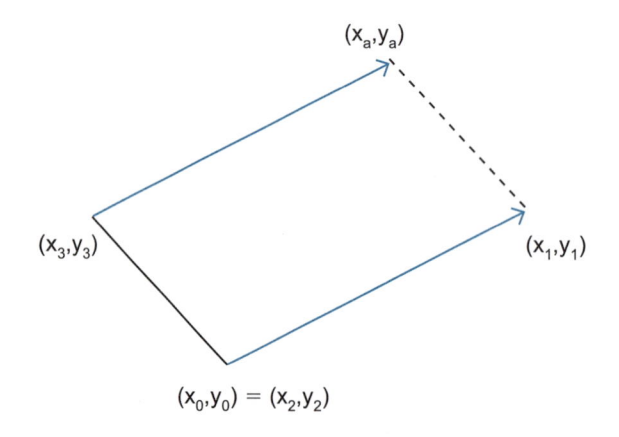

◎程式碼：

01	`#include<iostream>`	
02	`#include<iomanip>`	
03	`using namespace std;`	
04	`int main(){`	
05	`　　double x[4],y[4],xa,ya;`	05：x[4] 與 y[4] 為儲存座標之兩個陣列，xa 和 ya 表示平行四邊形未知的第四點。
06	`　　while(cin>>x[0]>>y[0]>>x[1]>>y[1]` `　　　　>>x[2]>>y[2]>>x[3]>>y[3]){`	06：輸入資料並存到陣列中。
07	`　　　　if(x[0]==x[2]&&y[0]==y[2]){`	

08	`    xa=x[3]+x[1]-x[2];`	07-22：端點重複的情況有四種，以下分別處理之。
09	`    ya=y[3]+y[1]-y[2];`	
10	`  }else if(x[1]==x[2]&&y[1]==y[2]){`	08-09：第一種情形，第 0 個點和第 2 個點相同。
11	`    xa=x[3]+x[0]-x[2];`	
12	`    ya=y[3]+y[0]-y[2];`	10-12：第二種情形，第 1 個點和第 2 個點相同。
13	`  }else if(x[0]==x[3]&&y[0]==y[3]){`	
14	`    xa=x[2]+x[1]-x[3];`	13-15：第三種情形，第 0 個點和第 3 個點相同。
15	`    ya=y[2]+y[1]-y[3];`	
16	`  }else{`	16-18：第四種情形，第 1 個點和第 3 個點相同。
17	`    xa=x[2]+x[0]-x[3];`	
18	`    ya=y[2]+y[0]-y[3];`	
19	`  }`	
20	`  cout<<fixed<<setprecision(3)`	20：印出答案。
	`      <<xa<<" "<<ya<<endl;`	
21	`}`	
22	`return 0;`	
23	`}`	

6.6 排序與中位數

例 6.6.1　A Mid-Summer Night's Dream (CPE10409, UVA10057)

◎關鍵詞：排序、中位數

◎來源：http://uva.onlinejudge.org/external/100/10057.html

◎題意：

給定一整數數列 (X1, X2, ..., Xn)，求一整數 A 使得 (|X1−A|+|X2−A|+...+|Xn−A|) 為最小。例如，整數序列為 1 3 8 9，則會印出：

$$3\ 2\ 6$$

其中，第一個數字「3」代表最小的中位數；第二個數字「2」代表在所給的整數序列中，有兩個數字滿足條件（分別為 3、8）；第三個數字「6」代表 A 可能的整數解答總共有六個（即 3、4、5、6、7、8）。

◎輸入／輸出：

輸入	2 10 10 4 1 3 8 9
輸出	10 2 1 3 2 6
說明	輸入資料的第一列為第一組測試資料的資料量 n（整數個數），1≤n≤1000000。接下來有 n 列資料，每一列包含一個整數。一組資料結束後，接下來的一列則為下一組測資的資料量 n。若無下一組資料量（亦即到達檔案結尾），代表資料結束。例如，本範例的第一組測資有兩個整數，兩個都是 10。輸出的部分，針對每組測資，依據題意，將本題所要求的三個整數印出於一列，整數之間以一個空白隔開。

◎解法：

假設有 n 個資料，欲使 (|X1−A|+|X2−A|+ ...+|Xn−A|) 為最小值，只需要將 A 設定為 (X1, X2, ..., Xn) 數列的中位數（medium，最中間的值，並非平均值）即可。所以首先把數列進行遞增排序，接著找出中位數。中位數 A 的找法有兩種情況：

1. **n 為奇數**：則 A 正好是中間的數。例如，有一數列 1 3 5 10 11，則中位數為 5，而且恰好只有一個中位數。
2. **n 為偶數**：則 A 可以是中間兩個數之間的任一個整數。例如，有一數列 1 3 8 9，則中位數為介於 3 與 8 之間的任一整數，亦即有六個（即 3、4、5、6、7、8）。

◎程式碼：

01	`#include <stdio.h>`
02	`#include <stdlib.h>`
03	`#define MAX_SIZE 1000000`
04	
05	`int X[MAX_SIZE];`
06	

07	`int comp(const void *a,const void *b) {`	07-09：此 comp 函式定義函式庫中 qsort 函式所要用到的 callback function。
08	`    return (*(int *)a)-(*(int *)b);`	
09	`}`	
10		
11	`void find_mid(int *X,int n) {`	11-28：此副函式會將數列做遞增排序，這裡使用函式庫內建的 quick sort 排序演算法，並找出此數列的中位數、中位數的數量 nx，以及符合中位數的整數個數 np。
12	`    int min,max,nx,np,i;`	
13	`    qsort(X,n,sizeof(int),comp);`	
14	`    if (n%2==1) {`	
15	`        min=X[n/2];`	
16	`        for (nx=0,i=0;i<n;i++) {`	13：利用 quick sort 排序。
17	`            if (X[i]==min) nx++;`	14-19：若數列長度為奇數，則中位數便是正中間的數。於陣列中尋找與此數相等的元素個數便是 nx，其中 np 只可能是 1。
18	`        }`	
19	`        np=1;`	
20	`    } else {`	
21	`        min=X[n/2-1],max=X[n/2];`	
22	`        for (nx=0,i=0;i<n;i++) {`	20-25：若數列長度為偶數，則中位數可以是前後數值區間 [min, max] 中的數。於陣列中找出在此範圍內的元素個數便是 nx，np 則會是 max-min+1。
23	`            if (min<=X[i]&&X[i]<=max) nx++;`	
24	`        }`	
25	`        np=max-min+1;`	
26	`    }`	
27	`    printf("%d %d %d\n",min,nx,np);`	
28	`}`	27：印出結果。
29		
30	`int main() {`	
31	`    int n,i;`	
32	`    while (scanf("%d",&n)!=EOF) {`	
33	`        for (i=0;i<n;i++) scanf("%d",&X[i]);`	33：把數列一一抓進陣列 X 當中。
34	`        find_mid(X,n);`	
35	`    }`	
36	`    return 0;`	
37	`}`	

例 6.6.2　Tell Me the Frequencies! (CPE10410, UVA10062)

◎關鍵詞：字元、排序

◎來源：http://uva.onlinejudge.org/external/100/10062.html

◎題意：

　　給定一行文字，求各個有出現的字元在該行測資中出現之次數，以由小到大的方式印出。例如，輸入為 AAACCBB，則輸出部分應該為：

```
                    67 2
                    66 2
                    65 3
```

其中，A、B、C 的 ASCII 碼分別為 65、66、67。A 出現次數最多，排最後面；B 和 C 的出現次數相同，但因 C 的 ASCII 碼較大，故排較前面。

◎輸入／輸出：

輸入	AAACCBB 122333
輸出	67 2 66 2 65 3 49 1 50 2 51 3
說明	輸入資料的每一列為一組測試資料。每組測資最多有 1000 個字元，其字元的 ASCII 碼不包括前 32 碼與後 128 碼，也不考慮 \n 與 \r 的 ASCII 碼。測試資料至檔案結尾時結束。輸出部分，依據字元出現次數由小到大印出；但輸出時是列印其 ASCII 碼（而不是字元）與其出現的次數，兩者之間以一個空白隔開。若兩個字元的出現次數相同，則先印出較大的 ASCII 碼。另外，每兩組測資之間須有一個空白列。

◎解法：

　　從輸入中逐一抓入字元並做統計。接著對出現頻率進行遞增排序（由小至大），而若有相同的出現次數，則先排較大的 ASCII 碼。另外，還要記錄某次數所對應的字元。因此，在排序演算法上使用 quick sort，其不僅可對頻率做排序，還可處理出現頻率所對應的字元。例如，輸入字元列為 AAACCBB，首先對各個字元做計數，接著再排序，其中因為 C 比 B 的 ASCII 碼較大，故把 C 調換至較前方。

◎程式碼：

```
01  #include <stdio.h>
02  #include <string.h>
03  #include <limits.h>
04  #include <stdlib.h>
05
```

06	`typedef struct pair {`	06-09：一個 pair 會記錄 ASCII 碼與其出現的頻率。
07	`    int frequency;`	
08	`    char charASCII;`	
09	`} pair;`	
10		
11	`int compare(const void* a, const void* b)`	11-17：此處的 call back function 是做為呼叫 qsort(quick sort) 的比較函式。比較的方式出現次數較少者排在前面；若出現次數相同，則把 ASCII 碼較大的放前面。
12	`{`	
13	`    if ((((pair* )a)->frequency)!=`	
	`            (((pair*)b)->frequency))`	
14	`        return (((pair* )a)->frequency)-`	
	`            (((pair* )b)->frequency);`	
15	`    else`	
16	`        return (((pair *)b)->charASCII-`	
	`            (((pair *)a)->charASCII);`	
17	`}`	
18		
19	`void print(pair* myData)`	19-24：此 print 副函式會把結果格式化輸出到 stdout 上。
20	`{`	
21	`    int i;`	
22	`    for (i=0 ; i<95 ; i++)`	
23	`        (myData[i].frequency==0)?printf(""):printf("%d %d\n",myData[i].charASCII,`	
	`            myData[i].frequency);`	
24	`}`	
25		
26	`int main()`	
27	`{`	
28	`    struct pair* myData=(struct pair*)`	
	`        malloc(95*sizeof(struct pair));`	
29	`    int i, len, flag=0;`	
30	`    char str[9999];`	
31		
32	`    while (gets(str)!=NULL) {`	32：把一行測資抓進來並一一做計數。
33	`        for (i=0 ; i<95 ; i++) {`	
34	`            (myData+i)->charASCII=i+32;`	34-35：將統計陣列初始化。
35	`            (myData+i)->frequency=0;`	
36	`        }`	
37	`        if (flag!=0)`	
38	`            printf("\n");`	
39	`        flag++;`	
40	`        len=strlen(str);`	
41	`        for (i=0 ; i<len ; i++)`	
42	`            myData[str[i]-32].frequency++;`	

43	`    qsort(myData, 95,`	43-44：統計完後代表此次測
	`        sizeof(struct pair),compare);`	資結束，接著針對出現
44	`    print(myData);`	頻率做排序，最後依據
45	`}`	題目輸出格式印出答案。
46	`    return 0;`	
47	`}`	
48		

例 6.6.3　　Train Swapping (CPE22811, UVA299)

◎關鍵詞：排序

◎來源：http://uva.onlinejudge.org/external/2/299.html

◎題意：

　　給予一列包含 n 節車廂的火車，每節車廂皆有編號，彼此不相同。兩兩相鄰的車廂可做交換。本題給予一列包含任意排序的火車，求最少需要做多少次交換，才能將列車排序成 1, 2, 3, ... n。

◎輸入／輸出：

輸入	3 3 1 3 2 4 4 3 2 1 2 2 1
輸出	Optimal train swapping takes 1 swaps. Optimal train swapping takes 6 swaps. Optimal train swapping takes 1 swaps.
說明	第一列表示有 n 筆測資，每筆測資分別輸入兩列資料，第一列是火車長度，範圍從 0 到 50；第二列是目前排列的車廂編號。輸出結果是印出最少需要交換的次數。例如 1 3 2，只要將第二節車廂和第三節車廂做一次交換，即可得到 1 2 3。

◎解法：

　　利用泡沫排序法 (bubble sort) 解題，計算排序過程中資料交換的次數。例如，假設輸入 4 3 2 1：

4 3 2 1（4>3，交換）

3 4 2 1（4>2，交換）

3 2 4 1（4>1，交換）

3 2 1 4（4 已被移動到最右邊，重複以上的步驟）

3 2 1 4（3>2，交換）

2 3 1 4（3>1，交換）

2 1 3 4（3 已被移動到正確位置，重複以上步驟）

2 1 3 4（2>1，交換）

1 2 3 4（結束）

所以交換的次數為 6 次。

◎程式碼：

01	`#include<iostream>`	
02	`using namespace std;`	
03	`int main(){`	
04	`    int n;`	04：n 記錄資料筆數。
05	`    cin >> n;`	
06	`    while(n--){`	
07	`        int tr[100]={};`	07：tr 陣列記錄每筆測資的車廂編號。
08	`        int cnt=0,L;`	08：cnt 記錄交換次數，L 記錄火車長度。
09	`        cin >> L;`	
10	`        for(int i=0;i<=L-1;++i)`	10-11：依序輸入車廂編號。
11	`            cin >> tr[i];`	
12	`        for(int i=0;i<=L-2;++i){`	12-19：進行泡沫排序法。
13	`            for(int k=0;k<=(L-i-2);++k){`	
14	`                if(tr[k]>tr[k+1]){`	14-17：兩兩相鄰車廂做比較，若前車廂編號大於後車廂，則交換。
15	`                    swap(tr[k],tr[k+1]);`	
16	`                    cnt++;`	
17	`                }`	
18	`            }`	
19	`        }`	
20	`        cout << "Optimal train swapping "` `            "takes " << cnt << " swaps.\n";`	20：輸出該列車的交換次數。
21	`    }`	
22	`    return 0;`	
23	`}`	

例 6.6.4　Hardwood Species (CPE10426, UVA10226)

◎關鍵詞：字串、排序

◎來源：http://uva.onlinejudge.org/external/102/10226.html

◎題意：

本題要進行植物樹木的分類統計。

◎輸入／輸出：

| 輸入 | 1

Red Alder
Ash
Aspen
Basswood
Ash
Beech
Yellow Birch
Ash
Cherry
Cottonwood
Ash
Cypress
Red Elm
Gum
Hackberry
White Oak
Hickory
Pecan
Hard Maple
White Oak
Soft Maple
Red Oak
Red Oak
White Oak
Poplan
Sassafras
Sycamore
Black Walnut
Willow |

| 輸出 | ```
Ash 13.7931
Aspen 3.4483
Basswood 3.4483
Beech 3.4483
Black Walnut 3.4483
Cherry 3.4483
Cottonwood 3.4483
Cypress 3.4483
Gum 3.4483
Hackberry 3.4483
Hard Maple 3.4483
Hickory 3.4483
Pecan 3.4483
Poplan 3.4483
Red Alder 3.4483
Red Elm 3.4483
Red Oak 6.8966
Sassafras 3.4483
Soft Maple 3.4483
Sycamore 3.4483
White Oak 10.3448
Willow 3.4483
Yellow Birch 3.4483
``` |
| 說明 | 輸入的第一列 n 表示測試資料的總組數，接著空一列後，開始每一組的測試資料。每組測資輸入之間會有一個空白列隔開，每組測試資料對應的輸出間也會有空白列隔開（本範例只有一組測試資料，所以沒顯示用來隔開的空白列）。每一組輸出的資料必須先將樹名排序好，並在每種樹名右方一個空格字元後接著印出對應的頻率百分比，其精確度為小數點後四位數。相同名字的樹出現頻率應加總，而且只要列印一列。 |

◎解法 1：

本題程式碼使用了索引排序法 (index sort)，對於每一個字串，給予一個編號（亦即索引值，從 0 開始）。在比較字串大小時，根據索引值，取得字串內容進行比較。若必須對調位置，只要將索引值對調，而不需對調字串內容。換言之，對字串排序時，依據字串的大小順序，對索引陣列的索引值進行排序。如此作法，由於只對調索引值（整數），而不必對調字串，可以大幅減少資料搬動的工作量。另外為了加速程式開發，直接呼叫 C 標準函式庫中的 qsort() 函式，配上自訂的 cmp() 函式，來達到排序的需求。

排序後的字串可能會有重複的部分，因此在統計時，必須將重複的資料統計在相同資料中第一個出現的部分。
```

另外需要特別注意的是，使用 fgets() 函式得到的整行字串，在字串結尾會多一個「\n」的跳行字元。要記得以「\0」蓋掉此跳行字元，才能儲存正確的字串。

◎程式碼 1：

01	`#include <stdio.h>`	
02	`#include <stdlib.h>`	
03	`#include <string.h>`	
04		
05	`char line[32];`	05：讀入空白行的字串。
06	`char name[1000000][32];`	06：輸入樹名存在的字串陣列。
07	`int sorted[1000000];`	07：將樹名排序用的索引陣列。
08	`int cmp(const void *p1, const void *p2)`	08-13：排序用的比較函式，對
09	`{`	name[] 陣列比大小。最後
10	`    int i1=*(int*)p1;`	qsort() 函式會據此比較結
11	`    int i2=*(int*)p2;`	果，將 sorted[] 索引陣列排
12	`    return strcmp(name[i1],name[i2]);`	序。
13	`}`	
14	`int main()`	
15	`{`	
16	`    int n;`	
17	`    scanf("%d", &n);`	17：讀入第一列整數 n（表示測資的組數）。
18	`    fgets(line, 32, stdin);`	
19	`    fgets(line, 32, stdin);`	18-19：讀取第一列、第二列剩餘的資料（亦即換行符號）。
20	`    for(int c=0;c<n;c++){`	
21	`        int count=0;`	20-51：每一次測試的迴圈。
22	`        while(fgets(name[count], 32, stdin)){`	22-25：某一次測試時，要讀入許多筆資料，直到讀不到資料或讀到空白行為止。
23	`            if(name[count][0]=='\n'){`	
24	`                break;`	
25	`            }`	
26	`            int len=strlen(name[count]);`	26-28：fgets() 所讀入的樹名字串 name[][] 會含有換行符號，需先刪掉。
27	`            name[count][len-1]='\0';`	
28	`            count++;`	
29	`        }`	
30	`        for(int i=0;i<count;i++){`	30-32：因為讀到 count 筆資料，所以準備 count 筆的索引陣列 sorted[]，供 qsort 排序使用。
31	`            sorted[i]=i;`	
32	`        }`	
33	`        qsort(sorted,count,sizeof(int),cmp);`	33：qsort() 依據樹名字串排序。
34	`        if(c>0)printf("\n");`	34：第二筆資料處理前，先印跳行字元隔開。
35		
36	`        int subcount=1;`	

37	`        printf("%s ",name[sorted[0]]);`
38	`        for(int i=1;i<count;i++){`
39	`            char *str0=name[sorted[i-1]];`
40	`            char *str1=name[sorted[i]];`
41	`            if(strcmp(str0,str1)==0){`
42	`                subcount++;`
43	`            }else{`
44	`                printf("%.4f\n",`
	`                    100.0*subcount/count);`
45	`                subcount=1;`
46	`                printf("%s ",name[sorted[i]]);`
47	`            }`
48	`        }`
49	`        printf("%.4f\n",`
50	`            100.0*subcount/count);`
51	`    }`
52	`    return 0;`
53	`}`

38-48：將排序好的樹名逐一檢視。

39-41：如果排序後，第 i-1 與第 i 個樹名相同，則將 subcount 加 1，表示同樣名字的樹增加 1。

43-47：如果排序後，第 i-1 與第 i 個樹名不相同，表示第 i 個起是新的樹種，便利用之前統計的 subcount 來計算百分比 (100.0*subcount/count)。

49：最後一個排序後的樹名，後面不再有資料，所以直接計算對應的百分比例並輸出。

◎**解法 2**：

在解法 1 中使用了 C 標準函式庫 (stdlib) 的 qsort() 做快速排序。還有一種相似、但更簡潔的解法是使用 C++ 標準樣板函式庫 (standard template library, STL) 的 map。因為 map 本身就會做好排序，所以可更精簡程式碼。另外，使用 C++ 的 getline() 也可以把最後面的換行字元 ('\n') 刪掉，也會比解法 1 中的 fgets() 更為簡單。兩種解法互相參照，應該會很有收穫。

◎**程式碼 2**：

01	`#include <iostream>`
02	`#include <string>`
03	`#include <map>`
04	`using namespace std;`
05	`map<string,int> tree;`
06	`map<string,int>::iterator it;`
07	`string line, name;`
08	
09	`int main()`
10	`{`
11	`    int n;`

05-06：樹名排序及儲存對應次數的 map 資料結構與其 iterator。

12	`cin >> n;`	12：讀入第一列整數 n（表示測資的組數）。
13	`getline(cin, line);`	
14	`getline(cin, line);`	13-14：讀取第一列、第二列剩餘的資料（亦即換行符號）。
15	`for(int c=0;c<n;c++){`	
16	`    int count=0;`	15-40：每一次測試的迴圈。
17	`    tree.clear();`	
18	`    while(!cin.eof()){`	18-22：某一次測試時，要讀入許多筆樹名資料，直到讀不到資料或讀到空白行為止。
19	`        getline(cin,name);`	
20	`        if(name[0]=='\0'){`	
21	`            break;`	
22	`        }`	
23	`        count++;`	
24	`        it=tree.find(name);`	24：確認讀入的樹名是否已存在 map 中。
25	`        if(it==tree.end()){`	
26	`            tree[name]=1;`	25-26：若樹名不在 tree map 裡，就新創一筆數目為 1 的資料。
27	`        }else{`	
28	`            tree[name]++;`	27-29：若樹名已存在，就將數目加 1。
29	`        }`	
30	`    }`	
31	`    if(c>0)cout << endl;`	31：若有兩組以上測資，兩組之間必須有一空白列（依照題意）。
32		
33	`    for(it=tree.begin();`	33-39：將排序好的樹名使用 map 的 iterator 逐一檢視。
34	`        it!=tree.end();it++){`	
35	`        float per=100.0*it->second/count;`	35：統計的數量／總數量，計算其百分比。
36	`        cout.precision(4);`	
37	`        cout.setf(cout.fixed);`	36-37：設定精確度小數點後四位。
38	`        cout << it->first << ' ' << per << endl;`	38：輸出排序後的樹名及對應百分比例。
39	`    }`	
40	`}`	
41	`return 0;`	
42	`}`	

6.7 模擬

例 6.7.1　Minesweeper (CPE10418, UVA10189)

◎關鍵詞：模擬、搜尋

CPE 一顆星題目集 6

◎來源：http://uva.onlinejudge.org/external/101/10189.html

◎題意：

　　本題為「踩地雷」遊戲。假設有 n×m 個格子，裡面有些地方藏有地雷。本題要模擬遊戲執行時算出特定格子的「相鄰地雷個數」。本題與 CPE10432 (UVa10279) Mine Sweeper 相似，但是要計算的格子及輸入輸出格式略有不同。

◎輸入／輸出：

輸入	4 4 *... .... .*.. .... 3 5 **... ..... .*... 0 0
輸出	Field #1: *100 2210 1*10 1110 Field #2: **100 33200 1*100
說明	每組測資的第一列有兩個整數 n 與 m（其中 0<n, m ≤ 100）表示是 n×m 的格子。接下來有 n 列，每列長度為 m 格，代表地雷情形。其中，地雷以星號 (*) 標示，其他安全區域以句點 (.) 補滿。如果 n=m=0，表示測資結束。 輸出資料為每組測資先印出「Filed #數字:」，接著印出對應的「相鄰地雷數字」，而地雷以星號 (*) 標示。兩組測試資料之間的輸出用空白行隔開。

◎解法：

　　本題的解法是每次讀到地雷時，就把地雷四周對應的格子之「相鄰地雷個數」加 1（「相鄰」乃指八個方位的鄰居），答案則儲存於 ans[100][100] 陣列中。只要全部格子都掃過一次，就可以算出答案。本題程式碼使用 Top-down 技巧，示範使用較短的函式讓程式架構易讀。

另外要小心，字串讀入時，字串結尾會有「\0」，所以宣告字串時需多加一格，變成 char line[100][101]。

◎程式碼：

01	`#include <iostream>`	
02	`using namespace std;`	
03	`int n,m;`	
04	`char line[100][101];`	
05	`int ans[100][100];`	05：儲存「相鄰地雷數字」的答案陣列。
06	`int field=0;`	06：輸出資料時，需知道是第幾組。
07	`void input()`	07-15：input() 讀入字串形式的地雷分布資料，同時將 ans[][] 陣列每一格先初始化成 0。
08	`{`	
09	`    for(int i=0;i<n;i++){`	
10	`        cin >> line[i];`	
11	`        for(int j=0;j<m;j++){`	
12	`            ans[i][j]=0;`	
13	`        }`	
14	`    }`	
15	`}`	
16	`void MineAddNeighborOne(int i,int j)`	16-25：若 (i,j) 為地雷時，把鄰居的「相鄰地雷個數」都加 1。
17	`{`	
18	`    for(int ii=i-1;ii<=i+1;ii++){`	
19	`        for(int jj=j-1;jj<=j+1;jj++){`	
20	`            if(ii<0||ii>=n||jj<0||jj>=m)`	
21	`                continue;`	
22	`            ans[ii][jj]++;`	
23	`        }`	
24	`    }`	
25	`}`	
26	`void output()`	26-47：依照讀到的資料計算並輸出結果。
27	`{`	
28	`    for(int i=0;i<n;i++){`	
29	`        for(int j=0;j<m;j++){`	
30	`            if(line[i][j]=='*'){`	
31	`                MineAddNeighborOne(i,j);`	31：發現有地雷 *，就呼叫 16 至 25 行，把鄰居都加 1。
32	`            }`	
33	`        }`	
34	`    }`	
35	`    if(field>1)cout << endl;`	35：第二組資料輸出之前，需要用空白行隔開。
36	`    cout << "Field #" << field << ":"` `        << endl;`	36：印出現在是第幾組資料。
37	`    for(int i=0;i<n;i++){`	

行	程式碼	說明
38	`        for(int j=0;j<m;j++){`	
39	`            if(line[i][j]=='*'){`	
40	`                cout << '*';`	40：如果是地雷，就印星號（*）。
41	`            }else{`	
42	`                cout << ans[i][j];`	42：非地雷，就印「相鄰地雷個數」。
43	`            }`	
44	`        }`	
45	`        cout << endl;`	
46	`    }`	
47	`}`	
48	`int main()`	
49	`{`	
50	`    while(cin >> n >> m){`	51：長寬為 0 0 便結束。
51	`        if(n==0 && m==0)break;`	52：讀入地雷分布資料。
52	`        input();`	
53	`        field++;`	54：統計並輸出相鄰地雷個數。
54	`        output();`	
55	`    }`	
56	`    return 0;`	
57	`}`	

例 6.7.2　Die Game (CPE11019, UVA10409)

◎關鍵詞：模擬

◎來源：http://uva.onlinejudge.org/external/104/10409.html

◎題意：

　　有一個骰子放在桌上，1 點朝上、2 點朝北、3 點朝西、4 點朝東、5 點朝南、6 點朝下。接著你會拿到一連串的滾動骰子的指令，試問經過這些滾動後，骰子朝上的那一面是幾點？

　　指令為 (north, east, south, west) 之一。例如，north 表示朝北面滾動，原本朝上的會變成朝北，原本朝北的會變成朝下，原本朝下的會變成朝南，原本朝南的會變成朝上……依此類推。

◎輸入／輸出：

輸入	2 north south 4 north east south south 0
輸出	1 4
說明	輸入資料的第一列為第一組測試資料的資料量，假設為 a。接下來有 a 列資料，每一列為一個滾動指令。一組資料結束後，接著下一組的資料量及滾動指令。若下一組資料量為 0，代表資料結束。輸出的部分則是針對每組測資印出該骰子最後朝上那一面的點數。

◎解法：

　　一顆骰子的相對兩面總和是 7。我們可以直接模擬骰子滾動的過程，來算出最後朝上的答案。

　　由於題目表示骰子一開始是 1 點朝上，因此可以另外六個變數分別表示該方向所標示點數，如有一段程式碼為：up=1; n=2; w=3; e=4; s=5; down=6，表示上為 1 點，北為 2 點，西為 3 點……依此類推。接著就是讀入所給的方向，然後更新這些變數內容。例如向北滾，相當於上面的點數變成原先南面的點數，南面的點數變成原先下面的點數，下面的點數變成原先北面的點數，北面的點數變成原先上面的點數；換言之，就將該方向的四面往前移動一個單位。我們可以先宣告一個暫存變數 t，然後進行向北滾動運算：t=up; up=s; s=down; down=n; n=t。

　　例如輸入為 2 north south，則一開始的六個方位點數分別為 up=1; n=2; w=3; e=4; s=5; down=6，經過第一個指令（向北轉）t=up; up=s; s=down; down=n; n=t，會變成 up=5; s=6; down=2; n=1。接著第二個指令 t=up; up=n; n=down; down=s; s=t，則變成 up=1; n=2; down=6; s=5，故輸出答案 up 為 1。

◎程式碼：

01	`#include <iostream>`	
02	`#include <string>`	
03	`using namespace std;`	
04	`int main(){`	
05	`    string b;`	
06	`    int a,n,s,w,e,up,down,t;`	
07	`    while(cin >> a&&a){`	
08	`        up=1;n=2;w=3;e=4;s=5;down=6;`	08：按照題目所說設定好一開始骰子各個面的點數。
09	`        while (a--){`	
10	`            cin >> b;`	
11	`            if(b=="north"){`	11-20：滾動的方式有四種，分別撰寫其滾動運算。
12	`                t=up;up=s;s=down;down=n;n=t;`	
13	`            }`	
14	`            if(b=="south"){`	
15	`                t=up;up=n;n=down;down=s;s=t;`	
16	`            }`	
17	`            if(b=="east"){`	
18	`                t=up;up=w;w=down;down=e;e=t;`	
19	`            }`	
20	`            if (b=="west") {`	
21	`                t=up;up=e;e=down;down=w;w=t;`	
22	`            }`	
23	`        }`	
24	`        cout << up << endl;`	24：印出骰子朝上那面的點數。
25	`    }`	
26	`}`	

例 6.7.3　Eb Alto Saxophone Player (CPE11020, UVA10415)

◎關鍵詞：模擬

◎來源：http://uva.onlinejudge.org/external/104/10415.html

◎題意：

　　在彈奏薩克斯風 (saxophone) 時，每個音符都有不同的按法。請撰寫一個程式，計算一首歌曲中，每隻手指各自按壓按鈕的次數。下表為每個音符需要按壓的手指代號：

音符	使用手指代號	音符	使用手指代號
c	2～4, 7～10	C	3
d	2～4, 7～9	D	1～4, 7～9
e	2～4, 7,8	E	1～4, 7,8
f	2～4, 7	F	1～4, 7
g	2～4	G	1～4
a	2,3	A	1～3
b	2	B	1,2

需注意的是，若手指在兩個連續音符中皆須按壓按鈕，則按壓次數僅算一次。例如，連續音符 ab，手指 2 的按壓次數為 1。

◎輸入／輸出：

輸入	4 cdefgab BAGFEDEFGAB CbCaDCbCCbCbabCCbCbabae
輸出	0 1 1 1 0 0 1 1 1 1 0 0 0 0 0 0 0 0 0 0 1 1 1 1 0 0 1 1 1 0 1 8 10 2 0 0 2 2 1 0
說明	第一列數字 t(1≤t≤1000) 代表共有 t 組測資（本範例為 4 組）。接下來的 t 列中，每列皆為一組測資，測資內容為一長度在 0 至 200 之間的字串，字串的每個字元代表一個音符，字元共有 {'c','d','e','f','g', 'a','b','C','D','E','F','G','A','B'} 等 14 種。 輸出為 10 個整數，分別為十隻手指的按壓次數，兩個整數中間以空格區隔。 ※ 注意：測資的第三列為 0 個字元的空白列（該列僅有一個 '\n'）。

◎解法：

每個音符可以使用一個只包含 0 與 1 的音符字串（長度為 10），來表示哪些手指需要按壓按鈕。例如音符 e 可以表示成 0111001100，由左至右，第 2、3、4、7、8 個字元為 1，表示需要使用這幾個編號的手指。建立音符與手指對應表之後，需要使用一個長度為 10 的次數陣列來記錄每隻手指按壓的累計次數。使用迴圈依序判斷兩個連續音符所需增加的手指按壓編號，並將按壓次數累加至陣列對應的格子即可。

例如，連續兩音符為 Ae，其對應的音符字串分別為 1110000000 與 0111001100，進行比對後可以找出以下差異：1 號手指由 1 變 0，4、7、8 號手指由 0 變 1。題目要求的是按下的動作數量，而放開按鈕的動作不用考慮，因此需要記錄的是由 0 變 1 的 4、7、8 號手指，所以便在記錄手指按壓次數陣列的第 4、7、8 格都做加 1 的動作。

　　本題可能有空白列的情形。若使用 cin 讀取一列字串，空白列會被忽略掉，因此需使用 cin.getline 以避免空白列忽略。以下簡略介紹本題會使用到的 cin.ignore 與 cin.getline 之用法。

- **cin.getline（字元陣列 arr，字串長度 len）**：讀取一個長度為 len 的字串進入 arr 中，可包含空格。此函式會在讀取到 len 個字元或讀取到換列字元後停止。本函式對應到 C 語法是 gets(arr) 或 fgets(stdin, arr, len)。
- **cin.ignore()**：讀取一個字元，並且忽略它。

◎程式碼：

01	`#include<iostream>`
02	`#include<cstring>`
03	`using namespace std;`
04	`int main(){`
05	`    char octave[]="XcdefgabCDEFGAB";`
06	`    char finger[16][11]={`
07	`    "0000000000", /*X*/ "0111001111", /*c*/`
08	`    "0111001110", /*d*/ "0111001100", /*e*/`
09	`    "0111001000", /*f*/ "0111000000", /*g*/`
10	`    "0110000000", /*a*/ "0100000000", /*b*/`
11	`    "0010000000", /*C*/ "1111001110", /*D*/`
12	`    "1111001100", /*E*/ "1111001000", /*F*/`
13	`    "1111000000", /*G*/ "1110000000", /*A*/`
14	`    "1100000000"  /*B*/`
15	`    };`
16	`    int t;`
17	`    cin >> t;`
18	`    cin.ignore();`
19	`    while(t--){`
20	`        char str[300];`
21	`        cin.getline(str,300);`
22	`        int len=strlen(str);`
23	`        int cnt[10]={};`
24	`        int cur=0,next;`
25	`        for(int i=0;i<len;++i){`
26	`            for(next=1;octave[next]!=str[i]`
	`                ;++next);`

02：需要 strlen() 去取得輸入字串的長度，故需要引入 cstring 函式庫。
05：音符種類表。
06-14：音符字串，代表音符與手指的對應表。

16-17：變數 t 為測資組數。
18：需使用 cin.getline 來讀取整列的字串，因此須先清除跟隨在 t 後面的換列字元 '\n'。
19：建立一個會跑 t 次的迴圈。
21：使用 cin.getline 讀取整列字串。
22：使用 strlen 取得輸入字串的長度，並存入變數 len 中。
23：cnt 為儲存十隻手指的累計按壓次數的陣列。
24：cur 與 next 變數分別儲存第 i-1 與第 i 個音符的代號。
25-31：使用迴圈計算兩個連續音符之間增加的手指按壓次數。
26：用迴圈找出第 i 個音符代號。

27	`    for(int j=0;j<10;++j)`	27-29：檢查第 i-1 個音符與第 i 個音符的手指按壓差異。
28	`        if(finger[cur][j]=='0'` `          &&finger[next][j]=='1')`	28-29：若第 j 隻手指在第 i-1 個音符不需要使用，但在第 i 個音符中需要使用，便將記錄按壓次數的陣列的第 j 格 cnt[j] 加 1。
29	`            ++cnt[j];`	
30	`    cur=next;`	30：將第 i 個音符代號存入 cur 中。
31	`  }`	
32	`  cout << cnt[0];`	32-35：印出結果。
33	`  for(int j=1;j<10;++j)`	
34	`    cout << " " << cnt[j];`	
35	`  cout << endl;`	
36	`}`	
37	`  return 0;`	
38	`}`	

例 6.7.4　Mutant Flatworld Explorers (CPE23641, UVA118)

◎關鍵詞：模擬

◎來源：http://uva.onlinejudge.org/external/1/118.html

◎題意：

　　給予方形網格與機器人位置，在一連串移動指令後，計算機器人最終之位置。一開始給的座標為最右上角的座標，會和左下角的原點座標 (0, 0) 構成一個四方形。機器人目前所在位置之方向有四種，為 N、S、E、W，分別代表 north（北）、south（南）、east（東）、west（西）。

　　機器人移動指令有三種：

F：在原位置向左轉 90 度。

R：在原位置向右轉 90 度。

F：前進一格。

　　請特別注意，若某一個機器人越界超出網格，稱之為 LOST。某機器人越界後，形成一面牆壁，後續的機器人不會在同一個位置越界。

CHAPTER 6 CPE 一顆星題目集

◎輸入／輸出：

輸入	5 3 1 1 E RFRFRFRF 3 2 N FRRFLLFFRRFLL 0 3 W LLFFFLFLFL
輸出	1 1 E 3 3 N LOST 2 3 S
說明	輸入資料的第一列有兩個整數，代表網格之右上座標。後續每兩列為一組測資，分別為機器人目前之座標、方向與一連串之移動指令。針對每組測資，計算機器人最後的位置，若落於網格外面，則輸出 LOST。

◎解法：

根據給予之命令，模擬機器人之移動，並記錄機器人各狀態的對應關係。超過網格界線的機器人是 LOST。

◎程式碼：

```
01  #include <stdio.h>
02  #include <string.h>
03
04  int main(int argc, char **argv){
05      char direct[4] = {'E','S','W','N'};
06      int op_x[4] = {1,0,-1,0};
07      int op_y[4] = {0,-1,0,1};
08      int bound_top;
09      int bound_right;
10      int cp_x;
11      int cp_y;
12      int cp_direct;
13      char cp_ch;
14      char instruction[101];
15      char map[51][51];
16      char *ptr;
17      int np_x;
18      int np_y;
19      scanf("%d%d", &bound_right,
20          &bound_top);
```

05：建立東、南、西、北方向之索引值。
06：各方向需前進 x 方向位移。
07：各方向需前進 y 方向位移。
15：儲存位置資訊的陣列。
19：讀入網格範圍（網格最右上角座標）。

187

21	`    for(cp_y=0; cp_y<=bound_top; ++cp_y) {`	21-26：建立網格範圍。
22	`        for(cp_x=0; cp_x<=bound_right;`	
23	`        ++cp_x){`	
24	`            map[cp_y][cp_x] = 0;`	
25	`        }`	
26	`    }`	
27	`    while(scanf("%d %d %c", &cp_x, &cp_y,`	27：讀入起始位置與起始方向。
28	`&cp_ch) != EOF){`	
29	`        for(cp_direct=0; cp_direct<4;`	29-32：取得對應方向之索引值。
30	`        ++cp_direct) {`	
31	`            if(cp_ch == direct[cp_direct]){`	
32	`                break;`	
33	`            }`	
34	`        }`	
35	`        scanf("%s", instruction);`	35：取得移動命令。
36	`        for(ptr = instruction; *ptr!='\0';`	
37	`        ++ptr){`	
38	`            if('F' == *ptr){`	38-53：命令是往前的位移。
39	`                np_x = cp_x + op_x[cp_direct];`	39：計算往前移動後之 x 座標。
40	`                np_y = cp_y + op_y[cp_direct];`	40：計算往前移動後之 y 座標。
41	`                if(np_x<0 ||np_x>bound_right ||`	41-49：若往前移動後的座標超
42	`                np_y<0 || np_y > bound_top){`	出網格範圍，就印出 LOST，
43	`                    if(0 == map[cp_y][cp_x]){`	並將現在所在座標設為停止
44	`                        printf("%d %d %c LOST\n",`	線。
45	`                        cp_x, cp_y,`	
46	`                        direct[cp_direct]);`	
47	`                        map[cp_y][cp_x] = 'Q';`	
48	`                        break;`	
49	`                    }`	
50	`                } else {`	50-53：若往前移動後的座標沒
51	`                    cp_x = np_x;`	有超出網格範圍，則更新位
52	`                    cp_y = np_y;`	置座標。
53	`                }`	
54	`            } else if('R' == *ptr) {`	54-56：右轉 90 度的處理。
55	`                ++cp_direct;`	55-56：更新方向之索引值。
56	`                if(cp_direct >= 4) cp_direct = 0;`	
57	`            } else if('L' == *ptr){`	57-60：左轉 90 度的處理。
58	`                --cp_direct;`	58-59：更新方向之索引值。
59	`                if(cp_direct < 0) cp_direct = 3;`	
60	`            }`	
61	`        }`	
62	`        if('\0' == *ptr){`	62-65：命令結束，印出最終位
63	`            printf("%d %d %c\n", cp_x, cp_y,`	置。

64	`    direct[cp_direct]);`
65	`  }`
66	`}`
67	`return 0;`
68	`}`

例 6.7.5　Cola (CPE11067, UVA11150)

◎關鍵詞：模擬

◎來源：http://uva.onlinejudge.org/external/111/11150.html

◎題意：

　　3 個空瓶可以換 1 罐可樂。假設一開始有 n 瓶可樂，在可以跟朋友借空瓶的條件下（最後必須歸還同樣的瓶數），求最多可以喝的瓶數。

　　舉例來說，一開始有 8 瓶可樂。喝完後可以拿 6 個空瓶去換 2 瓶可樂；之後就有 4 瓶空瓶，再拿其中 3 個空瓶去換 1 瓶可樂，最後喝完剩下 2 個空瓶；我們跟朋友借 1 個空瓶就可以再換得 1 瓶可樂，喝完後再把空瓶還給朋友。這樣我們最多可以喝 12 瓶可樂。

◎輸入／輸出：

輸入	8
輸出	12
說明	輸入一開始的可樂瓶數，輸入範圍從 1 到 200。輸出最多可以喝的瓶數。

◎解法：

　　如果空瓶數超過 3，就以每 3 個空瓶去兌換 1 瓶可樂，直到空瓶數少於 3。若剩餘空瓶數為 2，則可以跟朋友借 1 個空瓶兌換 1 瓶可樂，所以瓶數可加 1 瓶。若剩餘空瓶數為 1，則可喝瓶數不變（如果借 2 瓶，最後只有 1 個空瓶，不夠還給朋友）。

◎程式碼：

01	`#include<iostream>`	
02	`using namespace std;`	
03		
04	`int main(){`	
05	`    int n,sum=0,surplus=0;`	05：n 表示買入 n 瓶可樂，sum 用來計算可以喝多少瓶可樂。
06	`    while(cin >> n){`	06：輸入起始的可樂瓶數。
07	`        sum=n;`	07：喝了 n 瓶可樂，將 n 存進 sum。
08	`        while(n>=3){`	08：n>=3 表示尚有空瓶可換可樂，迴圈繼續。
09	`            surplus=n%3;`	09：surplus 記錄剩餘無法換瓶的空瓶數。
10	`            n/=3;`	10：n 為記錄 n 瓶可樂可兌換的瓶數。
11	`            sum+=n;`	11：把兌換的可樂累加到 sum 去。
12	`            n+=surplus;`	12：把 n 加上無法兌換的空瓶數存入 n。
13	`        }`	
14		
15	`        if(n==2)`	15：若瓶數為 2，表示可以跟朋友借 1 瓶兌換，故 sum 再加 1 瓶。
16	`            ++sum;`	
17	`        cout<<sum<<endl;`	17：印出結果。
18	`    }`	
19	`    return 0;`	
20	`}`	

CHAPTER 7

CPE 二顆星題目集

7.1 字元與字串

例 7.1.1　Power Strings (CPE10582, UVA10298)

◎關鍵詞：字串、串接

◎來源：http://uva.onlinejudge.org/external/102/10298.html

◎題意：

　　給定兩個字串 a 和 b，定義 a×b 為串接 (concatenation)。例如 a="abc"，b="def"，則 a×b="abcdef"。若串接以次方表示，則 a^0=""（空字串），$a^{(n+1)}$=a×(a^n)。給予一個字串 s，本題希望求出最大的 n，使得 s 可表示為 s=a^n，此處 a 為某個不特定的字串。

◎輸入／輸出：

| 輸入 | abcd
bbbbb
cdcdcd
. |

輸出	1 5 3
說明	輸入資料的每一列為一組測試資料，是一個字串 s。s 的字元數至少為 1，最多不超過 1000000。測試資料至一個句點時結束，但不必對句點印出資料。對每組測資，印出題目所求之 n 值。

◎解法：

　　$s=a^n$ 表示一段字串 a 在 s 中連續出現 n 次。n 要取最大，表示 a 要最短。所以僅需要從 a 長度為 1 開始，測試後面是否連續出現；若否，則將 a 的長度加 1，再做測試。

◎程式碼：

01	`#include<stdio.h>`	
02	`#include<string.h>`	
03	`int main(){`	
04	`    char s[1000001];`	04：最多100萬個字元加1個結束字元。
05	`    int i,j,k,len,flag;`	05：flag 用以判斷目前是否尚為連續重複的字串。
06	`    while(scanf("%s",s)!=EOF){`	
07	`        if(strcmp(s,".")==0) break;`	07：若輸入為 "."，則跳出迴圈。
08	`        len=strlen(s);`	08：計算字串長度。
09	`        flag=0;`	
10	`        for(i=1;i<=len;i++){`	10：a 的長度以 1 至 s 字串總長度依序判斷。
11	`            if(len%i!=0) continue;`	11：若 i 非 len 因數，則必非 a，那麼就直接跳至下一輪測試。
13	`            flag=1;`	
14	`            for(j=i;j<len&&flag==1;j+=i){`	14：j 表示 a 每次重複出現的開頭位置。flag 若為 0，表示前次判斷 s 非連續重複字串，跳出迴圈。
15	`                for(k=0;k<i&&flag==1;k++){`	15：k 表示 a 的第 k 個字元。flag 若為 0，表示前次判斷 s 非連續重複字串，跳出迴圈。
16	`                    if(s[k]!=s[j+k]){`	
17	`                        flag=0;`	
18	`                    }`	
19	`                }`	
20	`            }`	
21	`            if(flag){`	21：結束前面的迴圈判斷。若 flag 仍為 1，表示 s 滿足 a 重複出現的條件，印出重複次數，並跳出迴圈。
22	`                printf("%d\n",len/i);`	
23	`                break;`	
24	`            }`	
25	`        }`	
26	`    }`	
27	`    return 0;`	
28	`}`	

例 7.1.2　All in All (CPE11009, UVA10340)

◎關鍵詞：字串、子序列、貪婪 (greedy)

◎來源：http://uva.onlinejudge.org/external/103/10340.html

◎題意：

給定兩個字串 s 和 t，判斷字串 s 是否為字串 t 的子序列 (subsequence)。換言之，從字串 t 中移除某些字元後，是否能得到字串 s。

◎輸入／輸出：

輸入	sequence subsequence person compression VERDI vivaVittorioEmanueleReDiItalia caseDoesMatter CaseDoesMatter
輸出	Yes No Yes No
說明	輸入資料的每一列為一組測試資料。每組測資包含兩個字串 s 與 t，其間以空白隔開。測試資料至檔案結尾時結束。針對每組測資，判斷字串 s 是否為字串 t 的子序列，並印出其答案。

◎解法：

依序比較字串 s 和字串 t 中的每一個字元，有下列兩種情形：

- 第一種情形：若 s[i] == t[j]，則 i++ 且 j++。

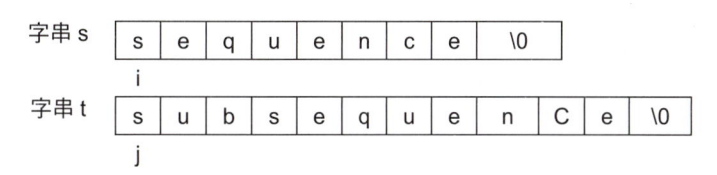

  字串 s： | s | e | q | u | e | n | c | e | \0 |
  　　　　　　i

  字串 t： | s | u | b | s | e | q | u | e | n | C | e | \0 |
  　　　　　　j

- 第二種情形：若 s[i] != t[j]，則 j++。

  字串 s： | s | e | q | u | e | n | c | e | \0 | | |
  　　　　　　　　i

  字串 t： | s | u | b | s | e | q | u | e | n | c | e | \0 |
  　　　　　　j

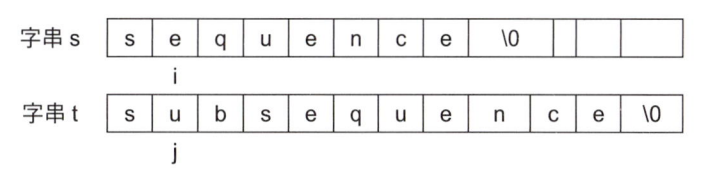

如果 t 字串並不包含 s 字串，那麼 t 最後會指到 '\0'。如果字串 s 的每個

字元皆在字串 t 中出現，那 s 最後會指到 '\0'。注意：測資中的字串，最大長度為 10 萬。

◎程式碼：

01	`#include <stdio.h>`	
02	`#include <stdlib.h>`	
03	`#include <string.h>`	06：儲存字串之兩個陣列宣告。
04	`int main()`	08：輸入字串資料並存到 s 和 t。
05	`{`	09：設定 i 初始化為 0。
06	`　　char s[100000],t[100000];`	10：設定 j 初始化為 0。
07	`　　int i,j;`	11-16：s 從第一個字元開始比對。t 從每次比對完的下一個字元開始比對。如果 s 和 t 比對到同樣的字元，則跳出內層迴圈，並做 i++ 和 j++ 的動作，且繼續比對 s 和 t 的下一個字元。
08	`　　while(scanf("%s%s",&s,&t)!=EOF){`	
09	`　　　　i=0;`	
10	`　　　　j=0;`	
11	`　　　　for(i=0;i<strlen(s);i++){`	
12	`　　　　　　for(;s[i]!=t[j]&&j<strlen(t);j++);`	
13	`　　　　　　if(t[j]=='\0')`	13-14：如果 t 比到最後一個字元 '\0'，代表 t 字串並沒有包含 s 字串，則跳出外層迴圈停止比對。
14	`　　　　　　　　break;`	
15	`　　　　　　j++;`	
16	`　　　　}`	
17	`　　　　if(s[i]=='\0')`	17-21：如果 s 比到最後一個字元 '\0'，代表字串 s 中的每個字元皆已出現在字串 t 中，則印出 Yes。否則，代表 t 字串並沒有包含 s 字串，故印出 No。
18	`　　　　　　printf("Yes\n");`	
19	`　　　　else`	
20	`　　　　　　printf("No\n");`	
21	`　　}`	
22	`　　return 0;`	
23	`}`	

例 7.1.3　Base64 Decoding (CPE11011, UVA10343)

◎關鍵詞：字元、Base64、解碼

◎來源：http://uva.onlinejudge.org/external/103/10343.html

◎題意：

　　Base64 可做為電子郵件的傳輸編碼，利用 64 個可列印字元來表示二進位資料。每個可列印字元以 6 個位元為一個單元。3 個位元組（24 個位元）則需要用 4 個可列印字元來表示。在 Base64 中的可列印字元如表 7.1 所示，包括字母 A-Z、a-z、數字 0-9 、+、－。

表 7.1 Base64 編碼表

數值	編碼	數值	編碼	數值	編碼	數值	編碼
0	A	26	a	52	0	62	+
1	B	27	b	53	1	63	/
2	C	28	c	54	2		
‧	‧	‧‧	‧	‧‧	‧	(pad)	=
‧	‧	‧‧	‧	‧‧	‧		
24	Y	50	y	60	8		
25	Z	51	z	61	9		

解碼時，必須忽略換行及未出現在上表的字符。如果輸入少於 24 位元，會在末端添加一些「0」，以形成完整的 6 位元，並用「=」來表示末端的填充。因為所有 Base64 的輸入都是完整的字節，所以只可能出現如下情況：(1) 編碼輸入為完整的 24 位元，則編碼輸出為 4 個非「=」的字符；(2) 編碼輸入為 8 位元，則編碼輸出為 2 個編碼字符與 2 個填充字符「=」；(3) 編碼輸入為 16 位元，則編碼輸出為 3 個編碼字符與 1 個填充字符「=」。

◎輸入／輸出：

輸入	VGhpc0lzVGVzdA== # QSBUZXN0IElucHV0W3so KX1d ##
輸出	ThisIsTest#A Test Input[{()}]#
說明	輸入資料有多組測試資料，每組以「#」代表結束。最後一組測資僅包含 #，並不需要處理。針對每組測資，印出解碼後的字元，每組答案最後必須接著 #。

◎解法：

解題的基本原理是：每次讀取 4 個 Base64 的字元，共 24 位元；再拆解成 3 個位元組 (byte)，每個位元組為 8 位元。步驟如下：

1. 每次讀取 4 個字元。需要判斷字元是否為 Base64 裡的字元，也需要儲存前一個字元，用來判斷這組測資是否結束。
2. 將 4 個字元中的每個字元轉換成二進位，亦即先找出每一字元在 Base64 內的索引值 (index)，再將索引值轉成二進位。

3. 重新切割為三個位元組，然後分別印出解碼後的第一個字元（亦即轉成二進位後的前 8 位元）、第二個字元（9 至 16 位元）、第三個字元（17 至 24 位元）。

例如，輸入的資料為 V@Ghp#，讀取資料後，將 @ 捨去（因為不是 Base64 字元），而得到 VGhp，就可以開始解碼，如表 7.2 所示

表 7.2 Base64 解碼過程

	字元	V	G	h	p
(1)	Base64 索引值	21	6	33	41
(2)	二進位	010101	000110	100001	101001
(3)	ASCII（二進位）	01010100	01101000	01101001
(4)	ASCII 字元	T	h	i

◎ 程式碼：

```
01  #include <stdio.h>
02  #include <stdlib.h>
03  int main()
04  {
05      int i=0,j=0,charnumber=0;
06      int indexToBinary=0;
07      char input[4];
08      char in,pre;
09      char base64[]="ABCDEFGHIJKLMNOPQRS
10          TUVWXYZabcdefghijklmnopqrstuv
11          wxyz0123456789+/=";
12      while(scanf("%c",&in)==1)
13      {
14          for(j=0;in!=base64[j] && j<66;j++);
15          if(j<65)
16          {
17              input[charnumber]=in;
18              pre=in;
19              charnumber++;
20          }
21          else if(in=='#')
22          {
23              if(pre!='#')
24              {
```

05：讀取字元數。
06：Base64 的索引值轉成二進位。
07：如果讀取的字元為 Base64 內的字元，則存到 input。
08：讀取字元存到 in，前一個字元存到 pre。
09-11：Base64 內的字元。
12：一次讀一個字元。
14：找出字元所對應的 Base64 索引值。
15：j<65 代表字元在 Base64 內。
17：將字元存到 input。
18：將字元存到 pre。
19：將 charnumber+1。
21：如果字元為 '#'，需要檢查前一個字元。
23：如果前一個字元不是 '#'，則代表目前這組測資結束。

25	`        printf("#");`	25：印出 "#"。
26	`        pre='#';`	26：將前一個字元設成 '#'。
27	`    }`	
28	`}`	
29	`if(charnumber==4)`	29：charnumber 為 4，才開始處理。
30	`{`	
31	`    for(i=0;i<4;i++)`	31-42：將 4 個字元轉成二進位。
32	`    {`	
33	`        if(input[i]=='=')`	33：字元為 '='，將 indexToBinary 往左位移六位。
34	`            indexToBinary << =6;`	
35	`        else`	
36	`        {`	
37	`            for(j=0;input[i]!=base64[j]`	37-38：字元不是 '='，則找出字元所對應的 Base64 索引值。
38	`                &&j<66;j++)`	
39	`            indexToBinary =`	39-40：將 indexToBinary 往左位移六位，並與索引值相加。
40	`                ((indexToBinary << 6)+j);`	
41	`        }`	
42	`    }`	
43	`    printf("%c", indexToBinary >> 16);`	43：印出解碼後的第一個字元。
44	`    if(input[2]!='=')`	44：input 的第三個字元不是 '='，則印出解碼後的第二個字元。
45	`        printf("%c",indexToBinary >> 8);`	
46	`    if(input[3]!='=')`	
47	`        printf("%c",indexToBinary);`	46：input 的第四個字元不是 '='，則印出解碼後的第三個字元。
48	`    charnumber=0;`	
49	`    indexToBinary =0;`	48：將 charnumber 歸零。
50	`}`	49：將 indexToBinary 歸零。
51	`}`	
52	`return 0;`	
53	`}`	

例 7.1.4　　Hay Points (CPE10579, UVA10295)

◎關鍵詞：字串

◎來源：http://uva.onlinejudge.org/external/102/10295.html

◎題意：

　　給定一字典內含多個字 (word) 及各個字的價格，再給予一篇文章，請算出這篇文章的價錢。

◎輸入／輸出：

輸入	7 2 administer 100000 spending 200000 manage 50000 responsibility 25000 expertise 100 skill 50 money 75000 the incumbent will administer the spending of kindergarden milk money and exercise responsibility for making change he or she will share responsibility for the task of managing the money with the assistant whose skill and expertise shall ensure the successful spending exercise . this individual must have the skill to perform a heart transplant and expertise in rocket science .
輸出	700150 150
說明	輸入資料的第一列有兩個正整數 m 與 n，表示字典裡有 m 個字，有 n 篇文章。其中 m≤1000，n≤100。其後有 m 列，每一列有一個字串與一個數（可能有小數），代表一個字與其價格，價格介於 0 與 1000000 之間；然後有 n 篇文章，每篇文章以句點（「.」符號）做為結尾。針對每篇文章，輸出其價錢。

◎解法：

　　本題使用到 STL 的 map 來儲存字典的每個字串與價格。建構字典後，開始逐字讀入並從字典內查詢對應價格，將其價格累加至一變數，直到讀取句點後停止（「.」符號，代表一篇文章之結束）。

◎程式碼：

01	`#include<iostream>`	
02	`#include<string>`	
03	`#include<map>`	
04	`using namespace std;`	
05	`int main(){`	
06	`int m,n;`	
07	`cin >> m >> n;`	
08	`map<string,int> hay;`	08：使用 map 來當字典。
09	`string s;`	

198

10	`while(m--){`	
11	`    int p;`	
12	`    cin >> s >> p;`	12-13：讀入字串以及其價格，放進
13	`    hay[s]=p;`	hay 中。
14	`}`	
15	`while(n--){`	
16	`    int ans=0;`	
17	`    while(cin >> s&&s!=".") ans+=hay[s];`	17：每讀入一字串就加總其價錢。
18	`    cout << ans << endl;`	
19	`}`	
20	`}`	

例 7.1.5　Automated Judge Script! (CPE10552, UVA10188)

◎關鍵詞：字串

◎來源：http://uva.onlinejudge.org/external/101/10188.html

◎題意：

請撰寫一個程式判斷參賽者程式的輸出與標準答案之間的關係，判斷結果有三種：

- **Accepted**：輸出一定要與標準答案一模一樣（所有的字元相同，並且有相同的次序）。
- **Presentation Error**：在數字字元（0 至 9）方面相同，並且數字字元也有相同的次序，但非數字字元有錯誤（或錯誤順序）。例如，15 0 和 150 會得到 Presentation Error，但是 15 0 和 1 05 將會得到 Wrong Answer。
- **Wrong Answer**：非以上兩種答案則為 Wrong Answer。

◎輸入／輸出：

輸入	`2`
	`The answer is: 10`
	`The answer is: 5`
	`2`
	`The answer is: 10`
	`The answer is: 5`
	`2`
	`The answer is: 10`
	`The answer is: 5`

	2 The answer is: 10 The answer is: 15 2 The answer is: 10 The answer is: 5 2 The answer is: 10 The answer is: 5 3 Input Set #1: YES Input Set #2: NO Input Set #3: NO 3 Input Set #0: YES Input Set #1: NO Input Set #2: NO 1 1 0 1 0 1 1010 1 The judges are mean! 1 The judges are good! 0
輸出	Run #1: Accepted Run #2: Wrong Answer Run #3: Presentation Error Run #4: Wrong Answer Run #5: Presentation Error Run #6: Presentation Error
說明	輸入資料有多組測試資料。每組測試資料的第一列有一個正整數 n，0<n<100，代表該組測資的標準答案之列數；接下來有 n 列為標準答案。然後會有一正整數 m，m<100，代表參賽者程式的輸出列數；接下來 m 列為參賽者輸出的答案。若一開始的 n=0，代表測試資料結束。每一列的長度不會超過 120。 針對每一組測試資料，輸出這是第幾組測試資料，以及參賽者程式的輸出與標準答案之間的關係。

◎解法：

　　儲存標準答案時，把所有標準答案儲存在同一字串裡。若有跳行，則儲存 \n。參賽者的答案亦相同處理。依照題意，比對順序如下：

1. 比對兩個字串。若完全一樣，則印出 Accepted。
2. 若不完全一樣，將非數字的字元通通拿掉，再次比對。若相符，則印出 Presentation Error。
3. 若仍然不一樣，則印出 Wrong Answer。

◎程式碼：

01	`#include<cstdio>`	
02	`#include<cctype>`	
03	`#include<iostream>`	
04	`using namespace std;`	
05		
06	`int main(){`	
07	`    int n, m, max_index;`	
08	`    int runcase = 0;`	
09	`    string answer, output;`	
10	`    string input;`	
11	`    bool ac, pe;`	
12	`    while(scanf("%d", &n) != EOF && n != 0){`	12-20：讀入答案。
13	`        getchar();`	
14	`        answer = "";`	
15	`        output = "";`	
16	`        for(int i = 0 ; i < n; i++){`	
17	`            getline(cin, input);`	
18	`            if(i) answer += '\n', answer += input;`	
19	`            else answer = input;`	
20	`        }`	
21	`        scanf("%d", &m);`	
22	`        getchar();`	
23	`        for(int i = 0 ; i < m ; i++){`	23-27：讀入輸出。
24	`            getline(cin, input);`	
25	`            if(i) output += '\n', output += input;`	
26	`            else output = input;`	
27	`        }`	
28	`        ac = true;`	
29	`        if(answer != output) ac = false;`	29：比對答案與輸出是否相同。
30	`        if(ac){`	30：若相同，輸出Accepted。
31	`            printf("Run #%d: Accepted\n",`	
32	`            ++runcase);`	
33	`            continue;`	
34	`        }`	
35	`        pe = true;`	
36	`        for(int i = 0 ; i < answer.length() ; i++)`	

37	`    if(!isdigit(answer[i]))`	37：若非數字，則移除。
38	`        answer.erase(i,1), i--;`	
39	`   for(int i = 0 ; i < output.length() ; i++)`	
40	`    if(!isdigit(output[i]))`	
41	`        output.erase(i,1), i--;`	
42	`   max_index = max(m, n);`	
43	`   if(answer != output) pe = false;`	43：若移除非數字後相同，則為Presentation Error。
44	`   if(pe){`	
45	`       printf("Run #%d: Presentation Error\n",`	
46	`++runcase);`	
47	`       continue;`	
48	`   }`	
49	`   printf("Run #%d: Wrong Answer\n", ++runcase`	49：其餘為 Wrong Answer。
50	`);`	
51	` }`	
52	` return 0;`	
53	`}`	

7.2 大數運算

例 7.2.1　Super Long Sums (CPE10510, UVA10013)

◎關鍵詞：大數運算

◎來源：http://uva.onlinejudge.org/external/100/10013.html

◎題意：

對兩個長度高達 1000000 位的整數做加法運算。

◎輸入／輸出：

輸入	2 4 0 4 4 2

	6 8
	3 7
	3
	3 0
	7 9
	2 8
輸出	4750
	470
說明	輸入資料的第一列代表測試資料的組數 n，接著有一列空白。每組測資的第一列前有一整數 m，代表欲相加的兩個整數位數長度為 m(1≤m≤1000000)。長度較短的數字開頭補 0，使兩個數字的長度相等。接下來的 m 列，每列會有兩個數值，以空白做區隔，分別代表兩個數的某一位數。兩組測資之間以一個空白列隔開。例如上述的輸入，則分別計算 0463+4287 與 372+098。 輸出為印出每組測資相加後的結果，兩組之間以空白列隔開。

◎解法：

　　以 65+87=152 為例，計算過程的步驟說明如下：

1. 將欲相加的兩數分別存在兩個陣列，即 num1 陣列儲存 65，num2 陣列儲存 87。相加之後，將答案儲存於 answer 陣列。相加過程若有進位，則儲存於 carry 陣列。

index	2	1	0
carry	0	0	0
num1		6	5
num2		3	7
answer	0	0	0

2. 將個位數之 carry(0)、num1(5)、num2(7) 相加後除以 10 的餘數存到個位數之 answer(2)，相加後除以 10 的商數存到十位數的 carry(1)。

index	2	1	0
carry	0	1	0
num1		6	5
num2		8	7
answer	0	0	2

3. 將十位數之 carry(1)、num1(6)、num2(8) 相加後除以 10 的餘數存到十位數之 answer(5)。相加後除以 10 的商數存到百位數的 carry(1)。

index	2	1	0
carry	1	1	0
num1		6	5
num2		8	7
answer	0	5	2

4. 再將百位數相加，得到 1，故 answer 為 152。

◎程式碼：

01	`#include <stdio.h>`	
02	`#include <stdlib.h>`	
03	`#include <string.h>`	
04	`int num1[1000005],num2[1000005];`	04：儲存兩個數的輸入。
05	`int carry[1000005];`	05：儲存兩個數相加後的進位。
06	`int answer[1000005];`	06：儲存兩個數相加的答案。
07	`int main() {`	
08	`    int n,m;`	08：有 n 組測試資料，要相加的兩個數之長度為 m。
09	`    int i,j;`	
10	`    scanf("%d",&n);`	
11	`    for(i=0;i<n;i++){`	
12	`        scanf("%d",&m);`	
13	`        memset(num1,0,sizeof(num1));`	13：設定陣列 num1 初始值為 0。
14	`        memset(num2,0,sizeof(num2));`	14：設定陣列 num2 初始值為 0。
15	`        memset(answer,0,sizeof(carry));`	15：設定陣列 carry 初始值為 0。
16	`        memset(answer,0,sizeof(answer));`	16：設定陣列 answer 初始值為 0。
17	`        for(j=m-1;j>=0;j--)`	17-18：讀取資料後，分別存在兩個陣列。
18	`            scanf("%d%d",&num1[j],&num2[j]);`	
19	`        for(j=0;j<=m-1;j++){`	
20	`            answer[j]=(carry[j]+` `                      num1[j]+num2[j])%10;`	20：carry[j]+num1[j]+num2[j] 進位後的餘數存到 answer[j]。
21	`            carry[j+1]=(carry[j]+` `                      num1[j]+num2[j])/10;`	21：carry[j]+num1[j]+num2[j] 大於 10，則進位到 carry[j+1]。
22	`        }`	
23	`        if(i!=0) printf("\n");`	23：第一組答案前面不印空白行，其他組答案前面皆印空白行。
24	`        if(carry[m]!=0)`	24-25：最前面有進位，才印數值。
25	`            printf("%d",carry[m]);`	
26	`        for(j=m-1;j>=0;j--)`	26-27：印出每一位答案。
27	`            printf("%d",answer[j]);`	
28	`        printf("\n");`	28：印完答案要換行。
29	`    }`	
30	`    return 0;`	
31	`}`	

例 7.2.2　Product (CPE10526, UVA10106)

◎**關鍵詞**：大數乘法、陣列

◎**來源**：http://uva.onlinejudge.org/external/101/10106.html

◎**題意**：

本題為大數運算中的兩個數 X 與 Y 之乘法，其中 $0 \leq X, Y < 10^{250}$。

◎**輸入／輸出**：

輸入	12 12 2 222222222222222222222222
輸出	144 444444444444444444444444
說明	輸入資料的每二列為一組測試資料，每一列為一個可能很長的數字。若無下一組測資（亦即到達檔案結尾），代表資料結束。對於每組測資，將其兩數相乘後的乘積印出。

◎**解法**：

每一個數可能高達 250 位，意即乘法後的乘積會超過 long long 型別所能儲存的範圍，所以必須陣列模擬使用紙筆計算乘法的方式來處理大數。讀取資料時，必須先用字元陣列存放輸入，然後將每個字元轉換成數值。接著，就以平常在紙本上計算乘法的方法，從乘數的個位數開始一個一個乘，個位數乘完後換十位數、百位數⋯⋯等。待全部都做完後，還需要對整數陣列做進位的動作。

例如，假設輸入的數字為 12345，並且存放於陣列 a。其中個位數放在 a[0]，十位數存放於 a[1]，百位數存放於 a[2]，以此類推。由於我們會先讀取 1，但並不知要放在陣列 a 的何處，所以可以先將第一個數字暫存於 a[0]，第二個數字暫存於 a[1]。亦即，a[0]=1，a[1]=2，a[2]=3, a[3]=4, a[4]=5。讀取資料後，再將資料反轉。反轉後，a[0]=5，a[1]=4，a[2]=3，a[3]=2，a[4]=1。

假設另一個數為 16，讀取且反轉後存放於陣列 b。假設使用陣列 c 來存放兩數相乘後的乘積。進行乘法的過程如圖 7.1 所示（最右側是 a[0]、b[0]、c[0]，亦即個位數）。

圖 7.1 大整數的乘法過程

		1	2	3	4	5	(=a)
×					1	6	(=b)
		6	12	18	24	30	
+	1	2	3	4	5		
0	1	8	15	22	29	30	(=c)

乘法計算完畢後，需將陣列 c 的數值進行進位，過程如下：

c=…[0][1][8][15][22][29+3][0]　　　（最右的括號代表 c[0]）
c=…[0][1][8][15][22+3][2][0]
c=…[0][1][8][15+2][5][2][0]
c=…[0][1][8+1][7][5][2][0]
c=…[0][1][9][7][5][2][0]

將前導的 0 (leading zero) 刪除後，變成：

c=…[ ][1][9][7][5][2][0]

最後將 c 反轉回來，並且將數值轉換成字元，陣列 c 變成字串：

c="197520"　　　（最左側，也就是第一個字元是 c[0]）

印出即為答案 197520。

◎程式碼：

01	`#include<iostream>`	
02	`#include<string>`	
03	`#include<algorithm>`	
04	`using namespace std;`	
05	`string operator*(string& a,string& b){`	
06	`    reverse(a.begin(),a.end());`	06-07：反轉輸入字串。
07	`    reverse(b.begin(),b.end());`	
08	`    for(int k=0;k<a.size();k++)a[k]-='0';`	08-09：將字元轉為數值。
09	`    for(int k=0;k<b.size();k++)b[k]-='0';`	
10	`    string c(a.size()+b.size(),0);`	10：準備答案 c 的空間，並設初始值為 0。
11	`    for(int k=0;k<a.size();k++){`	
12	`        for(int h=0;h<b.size();h++)`	12-13：進行乘法動作。
13	`            c[k+h]+=a[k]*b[h];`	

14	`    for(int h=0;h<c.size();h++){`	14-17：進行進位動作。
15	`        if(h+1<c.size())c[h+1]+=c[h]/10;`	
16	`        c[h]%=10;`	
17	`    }`	
18	`}`	
19	`int n=c.size();`	19-21：消除前導的 0。
20	`while(n && c[n-1]==0)n--;`	
21	`c.resize(n);`	
22	`for(int k=0;k<c.size();k++)c[k]+='0';`	22：將字串中的數值轉回字元。
23	`if(c.size()==0)c="0";`	23：有一個例外，就是純零。
24	`reverse(c.begin(),c.end());`	24：將字串反轉回來。
25	`return c;`	
26	`}`	
27	`int main(){`	
28	`    string a,b;`	
29	`    while(cin >> a >> b) cout << a*b << endl;`	29：輸入 a、b，輸出其乘積。
30	`    return 0;`	
31	`}`	

例 7.2.3　I Love Big Numbers! (CPE10559, UVA10220)

◎關鍵詞：大數

◎來源：http://uva.onlinejudge.org/external/102/10220.html

◎題意：

　　有一個日本女孩在東京科學博覽會遇到了一台擁有人工智慧的機器人——麥可 12 號。女孩想捉弄他，於是問了：「你會解數學問題嗎？」「當然！我愛數學。」麥可 12 號說。

　　「那好，我就給你一個數字，你得先算出這個數的階乘 (factorial)，然後告訴我這個數字的所有位數之數字總和是多少。如果這個數字是 4，你得先算出 4!=24，然後把所有位數的數字加起來，即 2+4=6，答案就是 6，你可以做到嗎？」

　　「當然可以。」

　　「這數字是：100。」麥可 12 號開始計算思考，過了幾分鐘後就看到他頭冒白煙並且大叫：「超過時間啦！！」

　　女孩笑著對麥可 12 號說：「答案是 648。」

機器人驚訝地問：「妳怎能那麼快就算出來？」

「因為我是 ACM 的國手，曾參加世界總決賽，我可以輕鬆地解決這種大數問題。」女孩說完後拿起筆記型電腦笑著離開了，留下了滿滿疑惑的麥可 12 號。

而你的任務就是幫助機器人快速地解決這個問題。

◎輸入／輸出：

輸入	5 60 100
輸出	3 288 648
說明	輸入資料的每一列為一組測試資料，是一個整數 n，n≤1000。測試資料至檔案結尾時結束。對於每一個測資，輸出 n! 的所有位數數字之總和，而此總和一定小於 $2^{31}-1$。

◎解法：

這是個大數乘法問題。按照題目的敘述可以知道，輸入的 n 會小於或等於 1000。意思是說，測資可能多達 1000!。但是階乘有一個特性：欲算出 n!，必須計算出所有小於 n 的階乘。所以我們只要一開始將 1000! 算好，並且在計算的過程中，逐一記錄 1 至 1000 階乘各個數的數字總和，即可完成這一題。因此，本題需要用到大數乘法的技巧。

大數乘法就是平常在紙本上計算的方法，從乘數的個位數開始一個一個乘，個位數乘完後，換十位數、百位數……等。等到全部都乘完後，還需將乘完的整數陣列做進位的動作。

例如，假設現在欲計算 12345×16，將被乘數 12345 存放於陣列 a，其中個位數放在 a[0]，十位數存放於 a[1]，百位數存放於 a[2]，以此類推。亦即，a[0]=5，a[1]=4，a[2]=3，a[3]=2，a[4]=1。此外，乘數 16 的值很小（最多為 1000），使用一般 int 即可存放。

假設使用陣列 c 來存放兩數相乘後的乘積。進行乘法的過程如圖 7.2 所示（最右側是 a[0]、c[0]，亦即個位數）。

		1	2	3	4	5	(=a)
×						16	
		16	32	48	64	80	(=c)
	1	9	7	5	2	0	(=c) 進位後

圖 7.2
大整數的乘法過程。

接下來,再將 197520 的數字總和計算出來即可,也就是 1+9+7+5+2+0=24。

◎**程式碼:**

01	`#include<iostream>`	
02	`using namespace std;`	
03	`int ans[1001];`	03:將 n! 的數字總和記載於 ans[n] 中。
04	`int pd[3000]={1};`	04:將 3000 位長度的大數 pd 預設成 1,即 pd[0] 為 1,其他格為 0。
05	`int main(){`	
06	`    for(int n=1;n<=1000;n++){`	
07	`        for(int k=0;k<3000;k++)pd[k]*=n;`	07:將 n 乘入大數中。
08	`        for(int k=0;k<3000;k++){`	08-11:進行進位處理。
09	`            pd[k+1]+=pd[k]/10;`	
10	`            pd[k]%=10;`	
11	`        }`	
12	`        for(int k=0;k<3000;k++)ans[n]+=pd[k];`	12:記錄各位數字總和。
13	`    }`	
14	`    int n;`	
15	`    while(cin >> n)cout << ans[n] << endl;`	15:輸入 n,輸出答案。
16	`    return 0;`	
17	`}`	

例 7.2.4　Fibonacci Freeze (CPE23561, UVA495)

◎**關鍵詞**:費式數列 (Fibonacci Sequence)、大數

◎**來源**:http://uva.onlinejudge.org/external/4/495.html

◎**題意**:

0、1、1、2、3、5、8、13、21、34、55……是一串費式數列,其遞迴定義如下:

$F_0 = 0$

$F_1 = 1$

$F_i = F_{i-1} + F_{i-2}, i \geq 2$

本題要求，給一定值 n，請輸出第 n 個費式數字。

◎輸入／輸出：

輸入	5 7 11
輸出	The Fibonacci number for 5 is 5 The Fibonacci number for 7 is 13 The Fibonacci number for 11 is 89
說明	每列輸入代表一個整數 n(n ≤ 5000)，計算出相對應的第 n 個費式數字並依序每列輸出。

◎解法：

乍看之下，本題的計算方式非常簡單。不過，由於 n 值可能高達 5000，因此必須先估計運算時所需要的整數位數。費式數列的每一項都是由前兩項相加而得，所以每一項均小於前一項的二倍，例如費式數列中，8 小於 5 的二倍，13 小於 8 的二倍。因此，第 5000 個數小於 2^{5000}。簡易估計，$2^{10} \cong 10^3$，因此 $2^{5000} \cong 2^{10} \times 2^{10} \times \cdots \times 2^{10} \cong 10^3 \times 10^3 \times \cdots \times 10^3 = 10^{1500}$。我們可以得到結論為：$F_{5000}$ 小於 1500 位數。（註：費式數列的連續兩項 $F_{i+1}/F_i \cong 1.618$，所以 F_{5000} 可估算約為 $1.618^{5000} < 2^{5000}$，小於 1500 位數。F_{5000} 實際為 1045 位數。）

本題的 F_{5000} 數字過大，不可使用一般整數型態計算，必須使用大數。因為 C/C++ 並無內建大數運算，所以我們使用陣列來儲存大數，陣列的每個元素儲存一個位數（即數字 0 至 9）。模擬大數加法的範例如圖 7.3 所示。

圖 7.3 大整數加法過程

a[5]	a[4]	a[3]	a[2]	a[1]	a[0]
		4	1	8	1
		6	7	6	5
	1	0	9	4	6

◎程式碼：

01	`#include<iostream>`	
02	`using namespace std;`	
03	`int fib[5001][1500];`	03：fib 用來模擬大數。
04	`int digit[5001];`	04：digit 用來記錄每個大數的最高位數的位置。
05	`int main(){`	
06	`    fib[0][0]=0;`	06-07：給定 F_0 和 F_1 的初始值。
07	`    fib[1][0]=1;`	
08	`    for(int i=2;i<5001;++i){`	08-19：將題目範圍內的所有費式數列都事先算出，之後只需查表輸出即可。
09	`        for(int j=0;j<1500;++j){`	
10	`            fib[i][j]+=fib[i-1][j]` `                    +fib[i-2][j];`	10：依費式數列定義運算。
11	`            if(fib[i][j]>=10){`	11-14：陣列的每個值只模擬一個位數，所以必須做進位檢查。
12	`                fib[i][j+1]+=fib[i][j]/10;`	
13	`                fib[i][j]%=10;`	
14	`            }`	
15	`        }`	
16	`        int d;`	16-18：計算每個費式數字的最高位數，並存入 digit。
17	`        for(d=1500;fib[i][d]==0;--d);`	17：因為 fib 宣告為 global variable，陣列的每個元素會自動初始化為 0，所以可以直接使用 fib[i][d]==0 做為判斷條件。
18	`        digit[i]=d;`	
19	`    }`	
20	`    int n;`	
21	`    while(cin >> n){`	21：讀入測資 n。
22	`        cout << "The Fibonacci number for"` `             << n << "is";`	22-25：從 fib 中讀表輸出第 n 個費式數字。
23	`        for(int i=digit[n];i>=0;--i)`	
24	`            cout << fib[n][i];`	
25	`        cout << endl;`	
26	`    }`	
27	`    return 0;`	
28	`}`	

例 7.2.5　Krakovia (CPE10459, UVA10925)

◎關鍵詞：算術、大數

◎來源：http://uva.onlinejudge.org/external/109/10925.html

◎題意：

　　Viktor 在工廠工作結束後會跟朋友去喝酒。但酒錢計算的方式很複雜，需要你幫忙計算酒錢總和，以及每一個人需分攤的酒錢。

◎輸入／輸出：

輸入	3 3 5400000000 5400000000 5400000000 3 2 5400000000 5400000000 9000000001 0 0
輸出	Bill #1 costs 16200000000: each friend should pay 5400000000 Bill #2 costs 19800000001: each friend should pay 9900000000
說明	每組測試資料的第一列有兩個整數 N 與 F，1 ≤ N ≤ 1000、1 ≤ F ≤ 20，其中 N 代表有 N 筆酒錢，F 代表朋友人數。接著有 N 列，每一列為一筆酒錢 V，1 ≤ V ≤ 10^{20}。若 N=F=0，則代表測資結束。 針對每組測資，計算酒錢總和與每個人需平均分攤的酒錢。Bill # 為從 1 開始的流水號。注意，每次酒錢結算後需空一行。

◎解法：

　　每筆酒錢最大可達 10^{20}，為 21 位數。而最多又有 1000 筆酒錢，其總和最大是 10^{23}，為 24 位數。目前 C/C++ 語言的整數最長為 64 位元 (long long int)，若使用 unsigned（無正負號），其最大值為 $2^{64}-1 \approx 1.84467441 \times 10^{19}$，故本題無法使用一般 int 型態來存放資料。

　　若使用 C/C++ 語言撰寫本題程式，需以陣列模擬大數的運算（本題需要大數相加、大數除以一般數的計算）。

　　Java 語言在大數運算方面比 C/C++ 強大許多，它提供 BigInteger 類別，可以直接宣告為 BigInteger 物件，並且利用其內建的函式進行大數的加法、除法等算術運算。因此，本題以 Java 語言來撰寫程式碼。

◎程式碼：

01	`import java.io.*;`
02	`import java.util.*;`
03	`import java.math.BigInteger;` `public class Main {`
04	`    public static void main(String[] argv) {`

05	`    int N, F, i, turn=1;`	
06	`    Scanner scanner = new Scanner(System.in);`	06-07：讀取 N 和 F。
07	`    for (;;) {`	
08	`        N = scanner.nextInt();`	
09	`        F = scanner.nextInt();`	
10	`        if (N==0 && F==0) break;`	10：判斷是否為結束行。
11	`        BigInteger price, sum = BigInteger.ZERO;`	11：因為數字太大，所以使用 BigInteger。
12	`        for (i=0;i<N;i++) {`	
13	`            price = scanner.nextBigInteger();`	13：讀取每筆帳數目。
14	`            sum = sum.add(price);`	14：加總。
15	`        }`	
16	`        System.out.printf("Bill #%d costs %d: each friend should pay %d\n\n", turn++, sum, sum.divide(BigInteger.valueOf(F)));`	16：印出結果，注意要印空白行。
17		
18	`    }`	
19	`  }`	
20	`}`	

例 7.2.6　Ocean Deep! Make It Shallow!! (CPE10548, UVA10176)

◎關鍵詞：大數、同餘

◎來源：http://uva.onlinejudge.org/external/101/10176.html

◎題意：

　　輸入資料為二進位數，最長達 10000 位。測試此數是否可被 131071 整除。若可，輸出 YES；若否，輸出 NO。

◎輸入／輸出：

輸入	0# 1010101#
輸出	YES NO
說明	輸入為二進位數，最多 10000 位，每個數可能跨越好幾列，並以 # 符號表示輸入數字結束。若可被 131071 整除，輸出 YES；否則輸出 NO。

◎解法：

本題的二進位數最多可達 10000 位，若將其轉換成十進位，其值將遠超過目前 C/C++ 語言所能儲存的整數。因為最長的整數是宣告 long long int（64 位元），所以必須在轉換為十進位的過程中，使用同餘的概念，順便計算除法的餘數。若最後的餘數為 0，表示可以整除。

假設 a=b×c+d，則 a%x=[(b%x)×c+d]%x，其中 % 代表除法後的餘數。例如，a=53=6×8+3，欲計算 a%5，則 53%5=[(6%5)×8+3]%5=(8+3)%5=1。換言之，我們無需將最後的值完全算出，即可在中途不斷地計算餘數，使處理的數值不會太大。

例如，輸入的二進位為 110011（它的十進位值是 51），從最左位元（最高位元）開始轉換為十進位以及計算除以 5 的餘數。假設以 n 儲存目前的值，執行步驟如下：

1. 讀進 1，將 n 設為 1。計算 n%5=1，再將 1 存回 n。
2. n=n×2，讀進 1，再將 n 加 1，n 之值變為 3。此時，n 所存之值即為前兩位之值。計算 n%5=3，再將 3 存回 n。
3. n=n×2，讀進 0，n 之值不必加 1，n 之值變為 6。此時，n 所存之值即為前三位之值。計算 n%5=1，再將 1 存回 n。
4. n=n×2，讀進 0，n 之值不必加 1，n 之值變為 2。
5. n=n×2，讀進 1，再將 n 加 1，n 之值變為 5。計算 n%5=0，再將 0 存回 n。
6. n=n×2，讀進 1，再將 n 加 1，n 之值變為 1。計算 n%5=1，再將 1 存回 n。資料處理完畢，故答案為 1。

本題的除數為 131071，計算餘數的方法類似。

◎程式碼：

01	`#include <stdio.h>`
02	`#include <stdlib.h>`
03	`#include <string.h>`
04	`#include <math.h>`
05	
06	`int main(){`
07	`    int num, i;`

08	`    char buf[10240], tmp[10240];`	
09	`    while(scanf("%s", tmp) != EOF){`	
10	`        buf[0] = '\0';`	
11	`        strcat(buf, tmp);`	
12	`        while(buf[strlen(buf)-1] != '#'){`	12：讀至 # 為止。
13	`            scanf("%s", tmp);`	
14	`            strcat(buf, tmp);`	
15	`        }`	
16	`        buf[strlen(buf)-1] = '\0';`	
17	`        num = 0;`	
18	`        for(i=strlen(buf)-1;i>=0; i--){`	18：從最小位元開始處理。
19	`            num *= 2;`	19：準備處理下一個位元，等於原來的位元往左位移，故乘上 2。
20	`            if(buf[i] == '1')`	
21	`                num++;`	20：若位元為 1，累加。
22	`            while(num >= 131071)`	22：目前值除以 131071。
23	`                num -= 131071;`	
24	`        }`	
25	`        if(num == 0){`	25-28：若餘數 num 為 0，則輸出 "YES"，否則輸出 "NO"。
26	`            printf("YES\n");`	
27	`        }else{`	
28	`            printf("NO\n");`	
29	`        }`	
30	`    }`	
31	`    return 0;`	
32	`}`	

7.3 數學計算

例 7.3.1　Quirksome Squares (CPE22351, UVA256)

◎關鍵詞：數學

◎來源：http://uva.onlinejudge.org/external/2/256.html

◎題意：

　　3025 是一個特殊的數字，將其從中間對分成兩個數字，30 與 25，兩數字和的平方恰好會等於 3025，即 $(30+25)^2=3025$。

給定特定的位數，本題欲求所有該位數中具有上面特性的數字。例如，給定 4，則要列出 0000 到 9999 中所有符合的數字。

◎輸入／輸出：

輸入	2 4
輸出	00 01 81 0000 0001 2025 3025 9801
說明	考慮該種數字特性，輸入必為偶數才可符合；又該題有限定其輸入只有 2、4、6、8 四種，所以只要考慮這四種情況即可。

◎解法：

若從輸入資料的角度來考量，最多為八位數，則需要檢查的數字範圍很大（0 至 99999999），將耗費過多的執行時間。但是，該數字的檢查方式是將其從中對拆成兩個最多四位數的小數字，而兩個四位數相加最多為 19998。此外，考慮該種數字的特性，其必為完全平方數，且其最多為八位數，平方後小於八位數的數字必不超過 10000，因此可能的範圍可以再次縮小。換言之，最後需要檢查的數字只剩下 $(0000)^2, (0001)^2, (0002)^2, ..., (9999)^2$，共 10000 個數字。

假設輸入的位數為 k，$d=10^{k/2}$，且分開後的數字左半為 A，右半為 B，則要印出的數字必符合：$(A+B)^2=d \times A+B$。又根據上面的考量，我們只需考慮完全平方數字，因此令 $S=(A+B)^2$，則 A=S/d（商數，亦即去掉小數部分），B=S%d（X%Y 表示 X 除以 Y 後的餘數），代入原式，則 $S=d \times (S/d)+(S\%d)$。接著，將 $(0000)^2, (0001)^2, (0002)^2, ..., (9999)^2$ 等數字依序代入上式的 S，只要符合上面等式即須印出。

◎程式碼：

01	`#include<stdio.h>`	
02	`#include<string.h>`	
03	`void Quirk(int n)`	
04	`{`	
05	`    int Size=1;`	
06	`    for(int i=0;i<n/2;i++)`	06-07：Size 即是 $d=10^{k/2}$，先計算出來，方便後續使用。
07	`        Size=Size*10;`	
08	`    for(int i=0;i<Size;i++){`	08-19：從 0000 開始代入檢查，一直檢查到 9999。
09	`        int Square=i*i;`	
10	`        if(((Square/Size)+(Square%Size))==i)`	10：即上面解說中的檢查式，Square 即是上面的 S。
11	`            if(n==2)`	
12	`                printf("%02d\n",Square);`	12-18：根據四種輸入的情況，印出對應的四種答案。
13	`            else if(n==4)`	
14	`                printf("%04d\n",Square);`	
15	`            else if(n==6)`	
16	`                printf("%06d\n",Square);`	
17	`            else if(n==8)`	
18	`                printf("%08d\n",Square);`	18：印出八位數。不足八位時，左側需補 0。
19	`    }`	
20	`}`	
21	`int main(){`	
22	`    int n;`	
23	`    while(scanf("%d",&n)!=EOF){`	23：執行程式，直到沒有輸入才結束。
24	`        Quirk(n);`	
25	`    }`	
26	`    return 0;`	
27	`}`	

例 7.3.2　Necklace (CPE10465, UVA11001)

◎關鍵詞：數學、最佳值

◎來源：http://uva.onlinejudge.org/external/110/11001.html

◎題意：

某部落的族人以黏土製作許多相同直徑的圓盤，串接成項鍊，如圖 7.4 所示。

圖 7.4

圓盤的直徑長度 D 與所使用的黏土量 V 有關，窯製過程也會耗損一些黏土 V_0，其公式如下：

$$D = \begin{cases} 0.3\sqrt{V-V_0} & V > V_0 \\ 0 & V \leq V_0 \end{cases}$$

其中，若 $V \leq V_0$，則無法做出圓盤。現在提供 V_{total} 數量的黏土，則需要將黏土分成多少等份，所製作出來的圓盤串接起來，其長度為最長？如果無法做出圓盤，或答案有兩個以上，則輸出 0。

舉例說明，計算下列狀況以不同份數製作出來的項鍊長度。

- 當 $V_{total}=12$, $V_0=2$ 時：如表 7.3，分成三份會得到最長的項鍊；分成六份以上，每份的黏土量就少到無法製作出圓盤了 ($V \leq V_0$)。
- 當 $V_{total}=15$, $V_0=3$ 時：如表 7.4 所示，分成兩份與分成三份所產生的項鍊，長度同樣是最長的，此時必須輸出 0。

表 7.3　總量 12，切割成不同等份的項鍊長度

份數	1	2	3	4	5	6
V	12.00	6.00	4.00	3.00	2.40	2.00
項鍊長	0.95	1.20	1.27	1.20	0.95	-

表 7.4　總量 15，切割成不同等份的項鍊長度

份數	1	2	3	4	5
V	15.00	7.50	5.00	3.75	3.00
項鍊長	1.04	1.27	1.27	1.04	-

◎輸入／輸出：

輸入	12 1 12 2 15 3 34317 1 36584 8 0 0

輸出	6 3 0 0 0
說明	每組測試資料有兩個整數,分別為「所有的黏土量 V_{total}」與「窯製過程耗損的黏土量 V_0」,其中 $0 < V_{total} \leq 60000$,$0 < V_0 \leq 600$。當兩個數字皆為 0 時,代表資料結束。 對於每組測試資料,印出可製作出最長項鍊的黏土份數。若沒有辦法製作出圓盤,或解答有兩個以上,則印出 0。

◎ 解法 1:

嘗試所有可能的份數,找出最長的項鍊長度即可。假設黏土分做 n 等份,項鍊長度則為 n×D,我們可以計算如下:

$$f(n) = n \times D = n \times 0.3 \sqrt{V - V_0} = n \times 0.3 \sqrt{\frac{V_{total}}{n} - V_0}$$

不過請特別注意,如果利用 cmath 的 sqrt 函式計算項鍊長度,會產生問題。sqrt 的結果是透過逼近法計算而來,並不十分精確,在某些狀況下會產生計算誤差(例如,本題的範例輸入之第四組與第五組測資),因此應該將開根號的計算以別的方式取代。重新推導計算式如下:

$$\frac{f(n)}{0.3} = n \times \sqrt{\frac{V_{total}}{n} - V_0} \quad \text{(等號兩邊同時除以 0.3)}$$

$$\left(\frac{f(n)}{0.3}\right)^2 = n^2 \times \left(\frac{V_{total}}{n} - V_0\right) \quad \text{(等號兩邊同時平方)}$$

新的方程式:$g(n) = \left(\frac{f(n)}{0.3}\right)^2 = -V_0 n^2 + V_{total} n$

由於 f(n) 的值必須必於或等於 0,此時,g(n) 擁有最大值時的 n 值,也會使 f(n) 有最大值。經過上面的化簡過程,則所求答案變成使 $-V_0 n^2 + V_{total} n$ 為最大的 n 值。欲求出答案,只需要嘗試不同的 n 值,找出 g(n) 之值即可。

◎程式碼 1：

01	`#include<iostream>`	
02	`using namespace std;`	
03	`int main(){`	
04	`    int vt,v0;`	04：vt 代表 V_{total}；v0 則為 V_0。
05	`    while(cin >> vt >> v0){`	
06	`        if(vt==0&&v0==0)`	06：讀取到兩個 0 表示資料結束，離開迴圈。
07	`            break;`	
08	`        int n=0,max=0;`	
09	`        for(int i=1;(double)vt/i>v0;i++){`	09：從一等份開始（不分割），直到每等份黏土少於 v0 為止。vt/i 的計算必須是浮點數，故把 vt 轉型為 double。
10	`            int len=-v0*i*i+vt*i;`	
11	`            if(len>max){`	11-14：若有較長的長度則更新最大值，並記錄此等份數至變數 n。
12	`                max=len;`	
13	`                n=i;`	
14	`            }`	
15	`            else if(len==max){`	15-17：若有相同的長度，表示解答並不唯一，故將 n 設回 0。
16	`                n=0;`	
17	`            }`	
18	`        }`	
19	`        cout << n << endl;`	19：最後輸出結果。
20	`    }`	
21	`    return 0;`	
22	`}`	

◎解法 2：

　　如果使用一點微積分技巧，可使本題有更具效率的作法。接續解法 1 的 g(n)，欲求極值可將函數微分，微分等於 0 時函數有極值。將 g(n) 微分如下：

$$g'(n) = -2V_0 n + V_{total} = 0$$

$$n = \frac{V_{total}}{2V_0}$$

g(n) 為二次函數，微分值為 0 的解只有一個；二次項係數為負值，函數圖形是凹向下，將此 n 值代入就會使函數成為最大值。

　　然而，份數必須是整數（n 就是份數）。要使函數結果為最大的整數，就是找距離解最近的整數。同樣地，不需透過浮點數，我們可以利用求餘數來判斷距離較近的整數。請注意，n 也可能與兩旁的整數具有相同距離，此時就是兩組解的狀況，依照題目指示應該印出 0。

比較兩種作法，解法 1 的時間複雜度為線性，解法 2 的時間複雜度則僅為常數。

◎程式碼 2：

01 `#include<iostream>`	
02 `using namespace std;`	
03 `int main(){`	
04 `int vt,v0;`	04：vt 代表 V_{total}；v0 則為 V_0。
05 `while(cin >> vt >> v0){`	
06 `if(vt==0&&v0==0)`	06：讀取到兩個 0 表示資料結束，離開迴圈。
07 `break;`	
08 `int r=vt%(2*v0);`	08：求相除的餘數，以判斷最接近 n 的整數。
09 `if(r==v0){`	
10 `cout << 0 << endl;`	09-11：若餘數等於除數的一半，表示有兩個整數解的情形，則印出 0。
11 `}`	
12 `else if(r<v0){`	12-14：若餘數小於除數的一半，答案為 n 無條件捨去。（C 與 C++ 語言中對整數的除法就是無條件捨去。）
13 `cout << vt/(2*v0) << endl;`	
14 `}`	
15 `else{`	
16 `cout << vt/(2*v0)+1 << endl;`	16-18：若餘數大於除數的一半，答案為 n 無條件進位。
17 `}`	
18 `}`	
19 `return 0;`	
20 `}`	

例 7.3.3　The Largest/ Smallest Box... (CPE10423, UVA10215)

◎關鍵詞：體積公式、一次微分求極值、一元二次方程式求解

◎來源：http://uva.onlinejudge.org/external/102/10215.html

◎題意：

將一張長寬為 L 及 W 的長方形紙來折出紙盒子，於四個角各截去 x×x 的小正方形（如圖 7.5 所示）。想要詢問可折出的紙盒最大及最小體積時，所對應的 x 值。

圖 7.5
欲將長方形的紙折成紙盒子

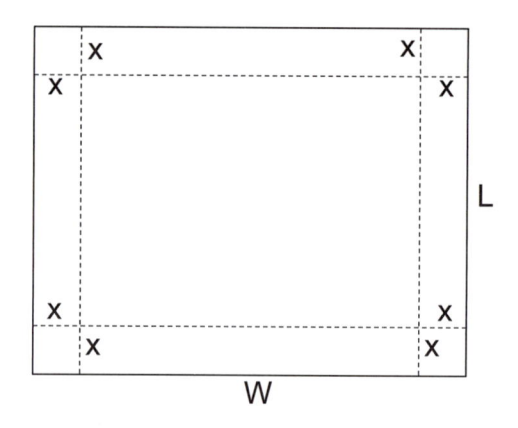

◎輸入／輸出：

輸入	1 1 2 2 3 3
輸出	0.167 0.000 0.500 0.333 0.000 1.000 0.500 0.000 1.500
說明	輸入的每一列是一組測試資料，有兩個值，分別表示紙張的長度 (L) 及寬度 (W)，1<L<10000 且 1<W<10000。每組測資要對應出一列輸出資料，內含兩個以上的浮點數：第一個浮點數表示可以讓紙盒體積最大的 x 值，後面的浮點數（可能不只一個）表示可以讓紙盒體積最小的 x 值（不只一個 x 值時，依字母順序將對應的 x 值列出）。浮點數輸出的精確度為小數點後三位。

◎解法：

本題把長方形紙折成紙盒，如圖 7.6 所示，其中紙盒的新底邊為 $(W-2x)$ 及 $(L-2x)$，紙盒的高為 x，所以體積 $V=(L-2x)\times(W-2x)\times x = 4x^3-(2L+2W)x^2+LWx$。

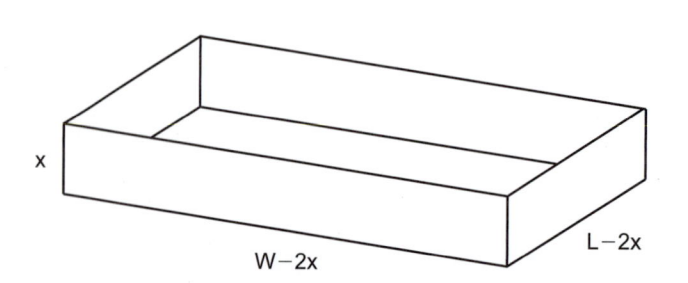

圖 7.6
紙盒子的體積計算方式

以測試資料 L=3 且 W=3 為例，方程式為 $V=4x^3-12x^2+9x$，在 x>0 且 x<1.5（因紙的邊長為 3×3，最多只能折邊長一半為 1.5）的條件下，最大值發生在 x=0.05，最小值發生在 x=0.000 及 x=1.500，如圖 7.7 所示。

要計算體積最大值及最小值所對應的 x 值，其實就是把體積 V 對 x 做微分後為 0 的解。也就是說，

$$0 = \frac{dV}{dx} = \frac{4x^3-(2L+2W)x^2+LWx}{dx}$$
$$= 3 \times 4x^2 - 2 \times (2L+2W)x + LW$$
$$= 12x^2 - (4L+4W)x + LW$$

所以體積的最大值發生在此一元二次方程式為 0 的較小 x。

$$x = \frac{-b-\sqrt{b^2-4ac}}{2a}$$
$$= \frac{(4L+4W)-\sqrt{(4L+4W)^2-4\times 12\times LW}}{2\times(12)}$$
$$= \frac{(L+W)-\sqrt{L^2-LW+W^2}}{6} \quad \text{公式 (1)}$$

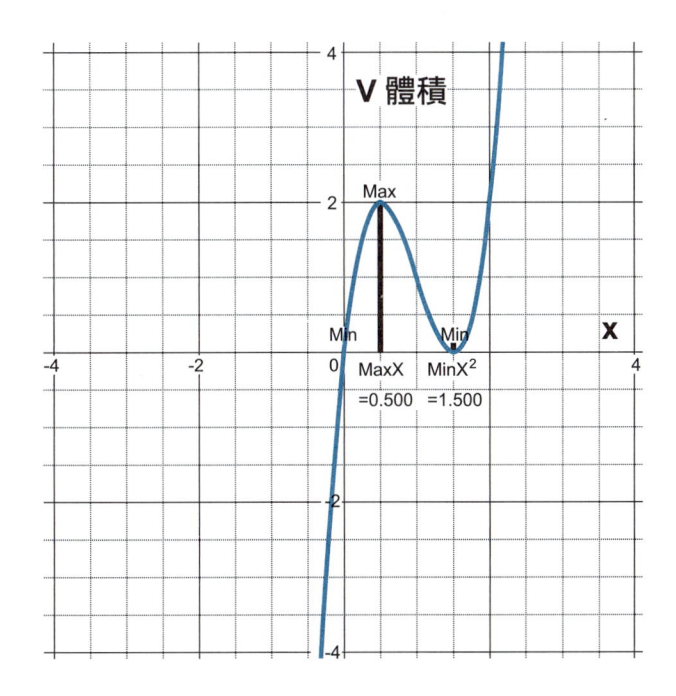

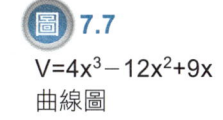

圖 7.7
$V=4x^3-12x^2+9x$ 曲線圖

另外，體積的最小值會在發生於兩個情形，此時體積都是 0：

1. x=0，代表高度為 0。
2. x=min($\frac{L}{2}, \frac{W}{2}$)，代表高度剛好是較短邊（長或寬）的一半（使得較短的底邊變成 0）。

因為 L>0 且 W>0，所以 min($\frac{L}{2}, \frac{W}{2}$) ≠ 0。按照題目輸出規定，須將兩種情況分開輸出，並依照字母順序，將值為 0.000 的情況先行輸出。

◎程式碼：

01	`#include <stdio.h>`	
02	`#include <math.h>`	
03	`#define MIN(X,Y) ((X>Y)?Y:X)`	
04		
05	`int main()`	
06	`{`	
07	`  double L,W;`	
08	`  double MaxX,MinX;`	
09	`  while(scanf("%lf %lf",&L,&W)==2){`	
10	`    MaxX=((L+W)-sqrt(L*L-L*W+W*W))/6.0;`	10：最大值發生在公式 (1)。
11	`    MinX=MIN(L,W)*0.5;`	11：最小值發生在 x=min($\frac{L}{2}, \frac{W}{2}$)。
12	`    printf("%.3lf %.3lf %.3lf\n",`	
13	`       MaxX+(1E-6), 0.0, MinX+(1E-6));`	13：另一最小值發生在 x=0。此處，加上一個極小數 1E-6 來解決精度表現問題。有些測資結果恰好位於進位邊界上，例如 2.0000000 與 1.9999999 在表徵上差很多，但在數值上卻是接近的。
14	`  }`	
15	`  return 0;`	
16	`}`	

例 7.3.4　The Trip (CPE10533, UVA10137)

◎關鍵詞：小數除法

◎來源：http://uva.onlinejudge.org/external/101/10137.html

◎題意：

有一群學生前往 Eindhoven 旅行，他們同意在旅途中的花費應該平均分攤。因此在旅行結束後，每個人統計自己的花費，花費比較少的人必須拿錢出來交給花費比較多的人，使得每個人所出的錢都相等。如果無法使每個人出的錢都相等，則最多只能相差一分錢（0.01元）。

現在，給你每個學生旅遊時花費的清單，請你算出至少有多少錢要交換（就是花費少的人拿錢給花費多的人），使得每個人所出的錢至多相差一分錢。

◎輸入／輸出：

輸入	3 10.00 20.00 30.00 4 15.00 15.01 3.00 3.01 3 0.03 0.01 0.01 3 0.03 0.03 0.01 0
輸出	$10.00 $11.99 $0.01 $0.01
說明	輸入含有多組測資。每組測資第一列為一正整數 n(n ≤ 1000)，若 n 為 0 代表測資結束。接下來 n 列，每列有一個數字代表一位學生的花費，每個人的花費皆不會超過 10,000.00 美元。 每組測資輸出為至少有多少錢需要交換，輸出到小數點後第二位。

◎解法：

將學生分成兩群，第一群是花費比平均多的學生，第二群則是花費比平均少的學生。由於調整花費的最小單位為 0.01 元，因此每個人的花費最後與平均的差距只能在 0.01 元以內。假設第一群學生的花費調整至平均（距離平均不到 0.01 元）需要 $diff_1$，第二群學生的花費調整至平均需要 $diff_2$，則所求答案為 $diff_1$ 和 $diff_2$ 兩者之較大值。

舉例來說，有三名學生分別花費 0.03 元、0.03 元、0.01 元，其平均為 $0.02\overline{3}$ 元，因此第一群是兩名花費 0.03 元的學生，第二群是花費 0.01 元的學生。第一群學生一開始與平均花費的距離為 $0.00\overline{6}$ 元、$0.00\overline{6}$ 元，皆小於 0.01 元，因此計算 $diff_1$ = 0.00+0.00 = 0.00；第二群學生一開始與平均花費的距離為 $0.01\overline{3}$ 元，因此 $diff_2$ = 0.01。最後的答案即為 $diff_1$ 與 $diff_2$ 中較大的 $diff_2$，亦即 0.01。由上述範例可觀察到，花費的調整必須同時滿足第一群與第二群學生，因此必須選擇 $diff_1$ 和 $diff_2$ 兩者之較大值。

◎程式碼：

```cpp
01  #include<iostream>
02  #include<cstdio>
03  #include<cmath>
04  using namespace std;
05  int main(){
06      int n;
07      while(cin >> n&&n){
08          int arr[1000]={};
09          int sum=0;
10          for(int i=0;i<n;++i){
11              int x, y;
12              scanf("%d.%d",&x,&y);
13              arr[i]=x*100+y;
14              sum+=arr[i];
15          }
16          double avg=(double)sum/(double)n;
17          double diff1=0,diff2=0;
18          for(int i=0;i<n;++i){
19              if(avg>arr[i])
20                  diff1+=floor(avg-arr[i]);
21              else
22                  diff2+=floor(arr[i]-avg);
23          }
24          if(diff1>diff2)
25              printf("$%.2lf\n",diff1/100);
26          else
27              printf("$%.2lf\n",diff2/100);
28      }
29      return 0;
30  }
```

07：讀入學生數，若 n 為 0 則結束迴圈。

10-15：讀入學生花費，為了講求精確度，所以使用整數讀入並將花費乘上 100（免除小數的計算）。

14：同時進行加總。

16：變數 avg 用以記錄平均花費。

18-23：將兩種調整方式的花費分別計算並記錄在變數 diff1、diff2 中。

24-27：兩種調整方式中，花費較多者即為答案。

7.4 質數、因數與餘數

例 7.4.1　Ones (CPE10532, UVA10127)

◎關鍵詞：同餘

◎來源：http://uva.onlinejudge.org/external/101/10127.html

◎題意：

輸入一整數 N，且 N 不為 2 或 5 的倍數，將 N 乘以某個倍數後，使得乘積為一連串的 1，並輸出該乘積的 1 之個數。

例如輸入 3，乘以 37 得到乘積為 111，由於 111 為最短連續 1 的數字，於是輸出它的位數 3。

◎輸入／輸出：

輸入	3 7 9901
輸出	3 6 12
說明	輸入資料的每一列為一組測試資料，是一個整數 N，0 ≤ N ≤ 10000。測試資料至檔案結尾時結束。對於每一組測資，輸出其倍數中最短連續 1 的數字有幾位數。

◎解法：

由範例測資來看，第三組測資解答有 12 位數，已經超過一個 unsigned int (2^{32}) 可以儲存的範圍，亦即想要用 int 來處理 1、11、111……的方法是行不通的。即使使用 long long int (2^{64})，可能也不夠用來存放乘積。

假設輸入為 N，我們需要依序判定 1、11、111、1111……是否為 N 的倍數，此時可以利用同餘的性質。舉例來說，11%7=4，則

$$111 = (11 \times 10 + 1)\%7 = (4 \times 10 + 1)\%7 = 6$$

換言之，如果 rd 為某個連續 1 除以 N 的餘數，則下一個連續 1 除以 N 的餘

數為 (rd×10+1)%N。我們一直在進行取餘數的運算,所以餘數不會太大,使用 int 即可儲存。以 N=7 為例,執行程序(rd 代表餘數)如下:

1. rd=1,1%7=1!=0,rd=1×10+1=11
2. rd=11,11%7=4!=0,rd=4×10+1=41
3. rd=41,41%7=6!=0(即 111%7=6),rd=6×10+1=61
4. rd=61,61%7=5!=0(即 1111%7=5),rd=5×10+1=51
5. rd=51,51%7=2!=0(即 11111%7=2),rd=2×10+1=21
6. rd=21,21%7=0(即 111111%7=0)

因此,輸出答案為 6。

◎程式碼:

01	`#include<iostream>`	
02	`using namespace std;`	
03	`int main(){`	
04	`    int n;`	
05	`    while(cin >> n){`	
06	`        int ans=1, rd=1;`	06:從 1 開始求。
07	`        while(rd%n){`	07:餘數若為 0,則跳離迴圈。
08	`            ans++;`	
09	`            rd=(rd*10+1)%n;`	09:將餘數乘 10 加 1 後,再求餘數。
10	`        }`	
11	`        cout << ans << endl;`	
12	`    }`	
13	`    return 0;`	
14	`}`	

例 7.4.2　Dead Fraction (CPE11030, UVA10555)

◎關鍵詞:最大公因數 (greatest common divisor, GCD)

◎來源:http://uva.onlinejudge.org/external/105/10555.html

◎題意:

　　將循環小數轉換為分數。例如,0.3333... 記為 $0.\overline{3}...$,表示為分數是 $\frac{1}{3}$。如果循環的部分有多種情形,則轉換為分母最小者。例如,0.16... 可能代表 $0.1\overline{6}$ 或 $0.\overline{16}$。$0.1\overline{6}=\frac{1}{6}$、$0.\overline{16}=\frac{16}{99}$(轉換方式請見下面解法),故答案為 $\frac{1}{6}$。

◎輸入／輸出：

輸入	0.2... 0.16... 0.20... 0.474612399... 0
輸出	2/9 1/6 1/5 1186531/2500000
說明	輸入的資料，每一列為一組測試資料，是一個循環小數，其整數部分必定為 0；若測資為 0，代表資料結束。對每一組測資，輸出其對應的分數。

◎解法：

以下為循環小數轉分數的方法。例如，給予一循環小數 m=0.1$\overline{6}$，則：

$$m = \frac{1}{10} + \frac{6}{90} = \frac{(10-1) \times 1 + 6}{90} = \frac{16-1}{90} = \frac{15}{90} = \frac{1}{6}$$

又如，循環小數 m=0.$\overline{16}$，則

$$m = \frac{16 - 0}{99} = \frac{16}{99}$$

再如，m=0.2$\overline{38}$，則

$$m = \frac{2}{10} + \frac{38}{990} = \frac{(100-1) \times 2 + 38}{990} = \frac{238-2}{990} = \frac{236}{990} = \frac{118}{495}$$

接下來，以 m=0.2$\overline{38}$ 為例，說明轉換為分數的步驟。小數為 a=238，小數總長度為 n=3，循環節長度為 k=2，非循環節的小數為 b=2。循環小數轉為分數之步驟如下：

1. 循環節有 k 個，故分母先給 k 個 9。
2. 循環節前有 n−k 個非循環數，故分母再補 n−k 個 0。
3. 分子為 a−b。
4. 計算分子與分母的最大公因數 (GCD)。假設 GCD 為 g。
5. 化為最簡分數，亦即分子與分母均除以 g。

本題每組測資的整數部分均為 0，後面都有三個點，所以讀取測資後需先將三個點拿掉。由於題目並未給予循環節長度，我們需找出使分母最小的循環節，採用的方式是窮舉所有 k 之可能性，亦即嘗試 k=1, k=2, k=3, ..., k=n。例如，對 0.238... 就要求出 $0.23\bar{8}$、$0.2\overline{38}$ 和 $0.\overline{238}$ 三種可能的分數，並從中選出分母最小的一個。依照上述轉換步驟，可以得到：

$$0.23\bar{8} = \frac{43}{180}$$

$$0.2\overline{38} = \frac{118}{495}$$

$$0.\overline{238} = \frac{238}{999}$$

故答案為 $\frac{43}{180}$。

◎程式碼：

01	`#include<iostream>`	
02	`#include<cstdlib>`	
03	`#include<string>`	
04	`#include<climits>`	
05	`#include<cmath>`	
06	`using namespace std;`	
07	`int gcd(int i,int j){`	07-10：求最大公因數 GCD。
08	`    while(j)swap(i%=j,j);`	
09	`    return abs(i);`	
10	`}`	
11	`int main(){`	
12	`    string s;`	
13	`    while(cin >> s,s!="0"){`	
14	`        s=s.substr(0,s.size()-3).substr(2);`	14：將測資中的三個點拿掉，並取出小數的部位。
15	`        int ansu,ansd=INT_MAX,n=s.size();`	
16	`        for(int k=1;k<=n;k++){`	16：使用變數 k 窮舉循環節長度。
17	`            int u=atoi(s.c_str())-`	17-18：計算分子。
18	`                atoi(s.substr(0,n-k).c_str());`	
19	`            int d=pow(10.,n)-pow(10.,n-k);`	19：計算分母。
20	`            int g=gcd(u,d);u/=g,d/=g;`	20：將分子及分母進行約分。
21	`            if(d<ansd)ansd=d,ansu=u;`	21：記錄分母最小的答案。
22	`        }`	
23	`        cout << ansu << "/" << ansd << endl;`	23：印出答案。
24	`    }`	
25	`    return 0;`	
26	`}`	

例 7.4.3　Simple Division (CPE11018, UVA10407)

◎關鍵詞：最大公因數

◎來源：http://uva.onlinejudge.org/external/104/10407.html

◎題意：

在整數的除法中，被除數 n 除以除數 d，會得到商數 q 與餘數 r。假設 d 為正整數，整數除法可表示為：n = d×q + r，其中 r 為 0 到 d−1 中的整數，q 為使得 n−r=d×q 的那個整數。給定一些正整數，尋找最大整數 d，使得這些正整數除以 d 所得的餘數皆相同

◎輸入／輸出：

輸入	14 23 17 32 122 0 35 26 59 86 0 63 107 127 0 0
輸出	3 3 4
說明	輸入資料有若干組測試資料。每一列為一組測試資料，有 2 至 1000 個正整數。以 0 表示該組資料結束，且不需要處理 0。最後一列只有一個 0，表示測試資料結束。 對每組資料的正整數，找出一個最大數字 d，使得這些數除以 d 所得之餘數皆相同。

◎解法：

此題可以使用最大公因數 (greatest common divisor, GCD) 方法來解答。首先從輸入資料中找出最小值，接著其餘的資料減掉此最小值，最後求出的 GCD 即為解答。

例如 14、23、17、32、122，減去最小值後為 0、9、3、18、108。然後求這些值的 GCD（不必計算 0），可以得到 GCD 為 3，此即為答案。

◎程式碼：

01	`#include<iostream>`	
02	`using namespace std;`	
03	`int gcd(int a,int b){`	03-06：求最大公因數 GCD。

04	`    while(a%=b) swap(a,b);`	
05	`    return b;`	
06	`}`	
07	`int main(){`	
08	`    int v[1001];`	
09	`    while(cin >> v[0],v[0]){`	
10	`        int n=1,M,m;M=m=v[0];`	
11	`        while(cin >> v[n],v[n]){`	
12	`            M=max(M,v[n]);`	12：計算輸入值之最大值 M。
13	`            m=min(m,v[n]);`	13：計算輸入值之最小值 m。
14	`            n++;`	
15	`        }`	
16	`        int g=M-m;`	16：設定初始 GCD 為 g=M-m。
17	`        for(int k=0;k<n;k++)`	
18	`            g=gcd(v[k]-m,g);`	18：計算所有輸入值減 m 後與 g 的 GCD，設為 g。
19	`        cout << g << endl;`	19：輸出答案。
20	`    }`	
21	`    return 0;`	
22	`}`	

例 7.4.4　Euclid Problem (CPE22161, UVA10104)

◎關鍵詞：輾轉相除法、最大公因數 (GCD)

◎來源：http://uva.onlinejudge.org/external/101/10104.html

◎題意：

　　根據歐幾里德 (Euclid) 輾轉相除法，任何兩個正整數 A 和 B 皆存在整數 X 和 Y，使得 AX + BY = D 成立。其中 D 代表 A 和 B 的最大公因數 (greatest common divisor, GCD)。本題要求根據每筆輸入的 A 和 B，輸出對應的 X、Y 和 D。

◎輸入／輸出：

輸入	4 6 17 17
輸出	-1 1 2 0 1 17
說明	每列資料包含 A 和 B 兩個整數（以空白分開），A,B<1000000001。根據每列輸入資料，請輸出對應的 X、Y 和 D（以空白分開）。如果 X 和 Y 包含多組解，則優先根據 |X|+|Y| 最小化的原則，再考慮 X ≤ Y 的條件輸出答案。

◎解法：

模擬輾轉相除法並推導 X 和 Y。以 (A, B) = (408, 126) 為例，說明輾轉相除法的步驟如下：

1. 408/126 = 3...30（商數為 3，餘數為 30）
2. 126 = 4×30+6
3. 30 = 5×6+0
4. 6 = 0×0+6

由上述步驟可得知 GCD(408, 126) = 6，接著反推 X 與 Y。首先，從步驟 4 推出式子 6 = 1×6−0×0，接著再透過步驟 3 至步驟 1 做替換動作，如下所示：

$$6 = \underline{1}\times6-\underline{0}\times0$$
$$= 1\times6-0\times(30-5\times6) = \underline{0}\times30+\underline{1}\times6$$
$$= 0\times30+1\times(126-4\times30) = \underline{1}\times126-\underline{4}\times30$$
$$= 1\times126-4\times(408-3\times126) = \underline{-4}\times408+\underline{13}\times126$$

上述推導過程，有畫底線者代表各階段的 A 和 B 所對應的 X 和 Y。最後所推得的答案為 (X, Y, D) = (−4, 13, 6)。我們在推導過程的第一步設定 (X, Y) = (1, 0)，是為了避免在推導過程中造成不必要的係數增加，如此可確保最終導出的 X 與 Y 符合 |X|+|Y| 最小化的條件。

◎程式碼：

01	`#include<iostream>`	
02	`#include<cmath>`	
03	`using namespace std;`	
04	`int gcd(int a,int b,int *x,int *y){`	04-17：以遞迴 (recursion) 方式來計算 a 和 b 的 GCD 以及相對應的 x 和 y。
05	`    int tx,ty,d;`	
06	`    if(b>a)`	06-07：確保 a ≥ b。
07	`        return gcd(b,a,y,x);`	
08	`    if(b==0){`	08-12：遞迴的終止條件為找到 GCD，並設定起始的 (x,y)=(1,0)，以確保最後得出的 x 和 y 符合題目要求的 |x|+|y| 最小化。
09	`        *x=1;`	
10	`        *y=0;`	
11	`        return a;`	
12	`    }`	
13	`    d=gcd(b,a%b,&tx,&ty);`	13：遞迴呼叫。

14	`    *x=ty;`	14-15：由此可推導出 x 和 y。
15	`    *y=tx-floor(a/b)*ty;`	floor(a/b) 會回傳小於
16	`    return d;`	a/b 的最大整數。
17	`}`	
18	`int main(){`	16：回傳 GCD。
19	`    int a,b,x,y,d;`	
20	`    while(cin >> a >> b){`	20：讀入測資 a 和 b。
21	`        d=gcd(a,b,&x,&y);`	21：呼叫 gcd 函式，x 和 y 以
22	`        cout << x << " " << y << " " << d << endl;`	call by address 方式
23	`    }`	傳入，可以將計算後的 x
24	`    return 0;`	和 y 之值傳回來。
25	`}`	22：輸出答案。

例 7.4.5　Problem A - Prime Distance (CPE10535, UVA10140)

◎關鍵詞：數論、質數

◎來源：http://uva.onlinejudge.org/external/101/10140.html

◎題意：

　　給定兩個數字 L 與 U($1 \leq L < U \leq 2{,}147{,}483{,}647$)，找出這兩個數字範圍內相鄰最近的兩個質數 C_1 和 C_2，以及相鄰最遠的兩個質數 D_1 和 D_2。若 C_1 和 C_2 不只一組，請列出 C_1 最小的那一組；若 D_1 和 D_2 不只一組，請列出 D_1 最小的那一組。

◎輸入／輸出：

輸入	2 17 14 17
輸出	2,3 are closest, 7,11 are most distant. There are no adjacent primes.
說明	輸入資料的每一列代表一組測試資料，每組測試資料包含兩個正整數 L 與 U，其中 L 與 U 之間的差值不會超過 1,000,000。輸出部分，每一組測試資料輸出一列，分別印出題目所求，即「C_1,C_2 are closest, D_1,D_2 are most distant.」；若找不到相鄰質數，請印出「There are no adjacent primes.」。

◎解法：

　　本題使用質數篩選法 (sieve of eratosthenes) 來進行解題。篩選方法為：

從 2 開始，將所有 2 的倍數刪除；接著，將 3 的倍數刪除；再下來，4 已被刪除，不必檢查；然後，將 5 的倍數刪除。以此類推。若欲求出 n 以下的所有質數，只需檢查到 $\sqrt{n}$ 時，即可停止。若一個數字 n 是合成數，必有一個小於 $\sqrt{n}$ 的質因數。

例如，我們欲找出小於 28 的質數為何。首先因為偶數一定是 2 的倍數，所以只考慮奇數的情況。奇數部分從 3 開始往下判斷，若為質數，則保留此質數並刪除此質數的倍數。因此，檢查到 7（大於 $\sqrt{n}$）時，即可停止。

以找出小於 28 的質數為例。首先，列出以下數字：

2 3 4 5 6 7 8 9 10 11 12 13 14 15 16 17 18 19 20 21 22 23 24 25 26 27 28

偶數一定是 2 的倍數，所以排除偶數：

2 3 ~~4~~ 5 ~~6~~ 7 ~~8~~ 9 ~~10~~ 11 ~~12~~ 13 ~~14~~ 15 ~~16~~ 17 ~~18~~ 19 ~~20~~ 21 ~~22~~ 23 ~~24~~ 25 ~~26~~ 27 ~~28~~

接著只需要檢查奇數。首先檢查 3。3 還未被刪除，故 3 為質數，保留此質數 3，並且刪除 3 的倍數：

2 3 ~~4~~ 5 ~~6~~ 7 ~~8~~ ~~9~~ ~~10~~ 11 ~~12~~ 13 ~~14~~ ~~15~~ ~~16~~ 17 ~~18~~ 19 ~~20~~ ~~21~~ ~~22~~ 23 ~~24~~ 25 ~~26~~ ~~27~~ ~~28~~

接著檢查 5。5 還未被刪除，故 5 為質數，保留此質數 5，而且刪除 5 的倍數：

2 3 ~~4~~ 5 ~~6~~ 7 ~~8~~ ~~9~~ ~~10~~ 11 ~~12~~ 13 ~~14~~ ~~15~~ ~~16~~ 17 ~~18~~ 19 ~~20~~ ~~21~~ ~~22~~ 23 ~~24~~ ~~25~~ ~~26~~ ~~27~~ ~~28~~

由於 7 大於 $\sqrt{28}$，因此判斷到 5 後，便可停止，剩下的數即為小於 28 的質數。

因為本題的數字最大可達到 2,147,483,647，若使用質數篩選法來篩選出 2,147,483,647 的所有質因數，將會花費過多時間，所以本題可分為兩階段篩選：

- **第一階段**：使用質數篩選法，先篩選出小於 $\sqrt{2{,}147{,}483{,}647} \approx 46341$ 的質數。
- **第二階段**：由於 L 至 U 最多有 1,000,000 個數，並不需要測試每一個整數是否為質數。我們可以透過第一階段的質數，利用是否整除來判斷 L 至 U 之間的數是否為質數。若能被第一階段的質數整除，就不是質數。

篩選出 L 至 U 的所有質數後，再求出質數 C_1 和 C_2 的間距與質數 D_1 和 D_2 的間距為相鄰質數的最小值與最大值，即可得到答案。

◎程式碼：

行號	程式碼	說明
01	`#include <stdio.h>`	
02	`#include <string.h>`	
03	`#include <math.h>`	
04	`#define MAX 46341`	04：定義第一階段篩選最大的質數不會超過 46341。
05	`#define TOTAL 4793`	05：定義第一階段篩選的質數最多有 4793（此為陣列大小，若不知真正大小，可設稍微大一點）。
06	`int numOfPrime=0;`	06：變數儲存第一階段的質數數量。
07	`int checkPrime[MAX],prime[TOTAL];`	07：儲存第一階段 1 至 46341 之間的每個數是否為質數，若為質數，則設為 0；若為合成數，則設為 1。
08	`void prime_filter1() {`	08-21：為第一階段篩選質數，因為要找小於數字 46341 的質數，所以檢查到 216（≈$\sqrt{46341}$）即可停止。
09	`    int i=0,j=0;`	
10	`    prime[numOfPrime++]=2;`	
11	`    int MaxCheckValue=sqrt(46341);`	
12	`    for(i=3; i<MaxCheckValue; i+=2) {`	
13	`        if(checkPrime[i-1]==0)`	
14	`            prime[numOfPrime++]=i;`	
15	`        for(j=i*i; j<MAX; j+=2*i)`	
16	`            checkPrime[j-1]=1;`	
17	`    }`	
18	`    for(i=MaxCheckValue; i<MAX; i+=2)`	
19	`        if(checkPrime[i-1]==0)`	
20	`            prime[numOfPrime++]=i;`	
21	`}`	
22	`int prime_filter2(int n) {`	22-30：第二階段篩選 L 到 U 的質數。
23	`    int i=0;`	24-25：若數字小於 46341，直接回傳陣列 checkPrim 的紀錄。
24	`    if(n<MAX)`	
25	`        return checkPrime[n-1];`	
26	`    for(i=0; i<numOfPrime&&i*i<=n; i++)`	26-28：大於或等於 46341 的數字，會透過第一階段篩選出的質數，來判斷此數是否為質數的倍數。回傳 0 表示此是質數；回傳 1 表示此是合成數。
27	`        if(n%prime[i]==0)`	
28	`            return 1;`	
29	`    return 0;`	
30	`}`	
31	`int main(int argc,char *argv[]) {`	
32	`    prime_filter1();`	32：先做第一階段的篩選。
33	`    long int L=0,U=0;`	33：宣告變數儲存 L 與 U 且可能有多組測試資料。
34	`    while(scanf("%ld %ld",&L,&U)!=EOF) {`	
35	`        long int C1=0,C2=0;`	35：宣告變數 C1 與 C2 儲存相鄰最近的兩個質數。
36	`        long int D1=0,D2=0;`	36：宣告變數 D1 與 D2 儲存相鄰最遠的兩個質數。

37	`        long int preID=0;`	37：宣告變數儲存欲比較的前一個質數。
38	`        long int max=0,min=MAX+1;`	38：宣告變數儲存最近和最遠的初始值。
39	`        long int temp[(U-L+2)];`	
40	`        long int i=0,j=0;`	39：宣告陣列 temp 儲存 L 與 U 間的質數。
41	`        if(L<=2) {`	
42	`           temp[j++]=2;`	41-48：找出 L 與 U 間的質數並儲存在陣列 temp 內。
43	`           L=3;`	
44	`        } else if(L%2==0)`	
45	`           L++;`	
46	`        for(i=L; i<=U; i+=2)`	
47	`           if(!prime_filter2(i))`	
48	`              temp[j++]=i;`	
49	`        for(i=1; i<j; i++) {`	49-61：找出範圍 L 到 U 中相鄰最近與相鄰最遠的四個質數。
50	`           long int value=temp[i]-temp[i-1];`	50：宣告變數儲存相鄰兩質數的差值。
51	`           if(value<min) {`	
52	`              min=value;`	51-55：以相鄰兩質數的差值當作距離，來判斷是否比暫存的距離（也就是變數 max）還遠。若更遠，則將變數 max 的距離更新，並依序找出此範圍內相鄰最遠的兩個質數。
53	`              C1=temp[i-1];`	
54	`              C2=temp[i];`	
55	`           }`	
56	`           if(value>max) {`	
57	`              max=value;`	
58	`              D1=temp[i-1];`	
59	`              D2=temp[i];`	56-60：以相鄰兩質數的差值當作距離，來判斷是否比暫存的距離（也就是變數 min）還近。若更近，則將變數 min 的距離更新，並依序找出此範圍內相鄰最近的兩個質數。
60	`           }`	
61	`        }`	
62	`        if(max==0)`	
63	`           printf("There are no adjacent primes.\n");`	
64	`        else`	
65	`           printf("%ld,%ld are closest, %ld,%ld are most distant.\n",C1, C2, D1, D2);`	62-64：印出結果。
66	`    }`	
67	`    return 0;`	
	`}`	

例 7.4.6　Prime Time (CPE10557, UVA10200)

◎關鍵詞：數論、質數

◎來源：http://uva.onlinejudge.org/external/102/10200.html

◎題意：

公式：$n^2 + n + 41$。當 n 為 0 至 39 時，產生的數值為質數；而當 n 大於 39，此公式所產生的值亦有很高機率是質數。給予兩個正整數 a 與 b，將 a 至 b 之間的所有數代入此公式可獲得一些值。請問這些值真正為質數的百分比？

◎輸入／輸出：

輸入	0 39 0 40 39 40 1423 2222
輸出	100.00 97.56 50.00 44.13
說明	輸入資料的每一列為一組測試資料。每組測資有兩個正整數，分別代表 a 與 b 之值（0 ≤ a ≤ b ≤ 10000）。測試資料至檔案結尾時結束。對每組測資，印出題目所求，輸出精確度到小數點第二位。

◎解法：

為了減少計算時間，建立一個表格記錄先前判斷過的數值是否為質數。未來若再遇到相同的值，即可直接查表而不需再次計算。對於某個數 n 是否為質數，可以用 2 至 $\sqrt{n}$ 之間的每一個數是否可整除 n 來判斷。只要其中一個可以整除，n 就不是質數。

◎程式碼：

01	`#include<stdio.h>`	
02	`#include<string.h>`	
03	`int prime(int p){`	03：用以判斷是否為質數的函式。
04	`    int i;`	04-08：判斷是否為小於等於 p 開根號的數的倍數。
05	`    for(i=2;i*i<=p;i++)`	
06	`        if(p%i==0) return 0;`	
07	`    return 1;`	
08	`}`	
09	`char t[10000];`	09：以 t 陣列記錄一表格，0 表示未算過，1 表示質數，2 表示非質數。
10	`int main(){`	
11	`    int i,a,b,c,num;`	
12	`    memset(t,0,sizeof(t));`	
13	`    while(scanf("%d %d",&a,&b)!=EOF){`	

14	`    c=0;`	14：c 用以記錄質數個數。
15	`    for(i=a;i<=b;i++){`	15：計算 a 至 b 區間。
16	`      if(t[i]==0){`	16-17：查詢以前是否計算過。若 t[i] 為 0，表示沒算過。
17	`        num=i*i+i+41;`	
18	`        if(prime(num)){`	18-23：判斷 num 是否為質數，再將結果寫入 t 陣列。
19	`          t[i]=1;`	
20	`          c++;`	
21	`        }else{`	
22	`          t[i]=2;`	
23	`        }`	
24	`      }else if(t[i]==1)`	24-25：查表判斷是否為質數。
25	`        c++;`	
26	`    }`	
27		
28	`printf("%.2lf\n",((double)c/(b-a+1)*100)+0.00001);`	28：計算質數所佔之百分比，浮點數須修正誤差，將結果加 0.00001 做修正。
29	`  }`	
30	`  return 0;`	
31	`}`	

例 7.4.7　Smith Numbers (CPE23571, UVA10042)

◎關鍵詞：質數

◎來源：http://uva.onlinejudge.org/external/100/10042.html

◎題意：

　　數學家阿爾伯特・維蘭斯基 (Albert Wilansky) 發現姊夫哈洛德・史密斯 (Harold Smith) 的電話號碼 4937775 非常有趣。4937775 質因數分解後會變成 3 × 5 × 5 × 65837，而 4937775 的所有數字和為 4 + 9 + 3 + 7 + 7 + 7 + 5 = 42，它的質因數分解後的數字和為 3 + 5 + 5 + 6 + 5 + 8 + 3 + 7 = 42，兩者相等。維蘭斯基將這種數定義為史密斯數 (Smith Number)，意即在十進位表示法中，該數的所有數字和等同於質因數分解後的所有數字和。但維蘭斯基稍後發現所有的質數皆會滿足這個定義，因此他決定不將質數列入史密斯數中，即所有質數皆不是史密斯數。

　　現在，給定一個正整數 n，請求出比 n 大的史密斯數中，最小的史密斯數為多少（假設這個數一定存在）。

◎輸入／輸出：

輸入	5 4937774 1 2 23 1000000000
輸出	4937775 4 4 27 1000000165
說明	輸入的第一列數字 t (1 ≤ t ≤ 1000) 代表會有 t 組測資。接下來的 t 列，每列包含一個正整數 n (1 ≤ n ≤ 109)。對每個正整數 n，請印出比 n 大的史密斯數中最小的一個。

◎解法：

　　對輸入的正整數 n，由 n+1 開始依序檢查其數字和與質因數分解後的數字和是否相等（質因數分解的同時，可以判斷 n 是否為質數）。

　　由於質數判斷與質因數分解可使用相同的方式進行，我們僅考慮質因數分解就好。對一個正整數 n，質因數分解的步驟為：

1. 令變數 i 從 2 至 $\sqrt{n}$ 依序檢查 n 是否可以被整除。
2. 若 i 可以整除 n，則將 n 除以 i，直到不能整除為止。
3. 當檢查至 $\sqrt{n}$ 後，若沒有數字能整除 n，則 n 會是一個質數或是 1。

步驟 2 也可以同時計算質因數分解的數字和，因此在將 n 除以 i 的同時，可順便計算 i 的數字和，並記錄下來。

◎程式碼：

01	`#include <iostream>`	
02	`using namespace std;`	
03	`int DigitSum(int n){`	03-10：計算正整數 n 的所有數字和的函式。
04	`　　int sum=0;`	04：以變數 sum 記錄最後的數字和。
05	`　　while(n>0){`	05-08：while 迴圈會將 n 的個位數、十位數、百位數……依序加入變數 sum 中。
06	`　　　　sum+=(n%10);`	
07	`　　　　n/=10;`	
08	`　　}`	

09	`    return sum;`	
10	`}`	
11	`int FactorDigitSum(int n){`	11-30：將正整數 n 質因數分解並計算分解後的所有數字和。
12	`    int sum=0;`	
13	`    int tmp=n;`	13：變數 tmp 做為稍後質因數分解用的變數。
14	`    for(int i=2;i*i<=tmp;++i){`	14：可以使用 sqrt(tmp) 去取得 $\sqrt{tmp}$，或者換個想法，使用 i*i<=tmp 也可以得到同樣的結果。
15	`        while(tmp%i==0){`	
16	`            tmp/=i;`	
17	`            sum+=DigitSum(i);`	14-22：從 2 至 $\sqrt{tmp}$ 找出 tmp 的一個質因數 i，並將 tmp 不斷除以 i，直到 i 無法整除 tmp 為止。
18	`        }`	
19	`    }`	
20	`    if(n!=tmp){`	17：tmp 除以 i 的同時，將 i 的數字和加入變數 sum 中。
21	`        if(tmp!=1)`	
22	`            sum+=DigitSum(tmp);`	20-26：若 n 等於 tmp，代表 2 至 $\sqrt{n}$ 中沒有任何 n 的質因數。也就是 n 為質數，直接回傳 0，使質因數分解後的數字和絕對不會等於原本數字的數字和。
23	`        return sum;`	
24	`    }`	
25	`    else`	
26	`        return 0;`	
27	`}`	21-22：若 n 不為質數，最後須檢查 tmp 是否為分解後剩下的質數。若是，則再將其整數和加入 sum 中。
28	`int main(){`	
29	`    int t;`	
30	`    cin >> t;`	30：讀入測資組數 t。
31	`    while(t--){`	31：建立一個跑 t 次的迴圈。
32	`        int n;`	
33	`        cin >> n;`	
34	`        int ans=n+1;`	
35	`        while(1){`	35-40：依題意，從 n+1 開始搜尋。
36	`            if(DigitSum(ans)==FactorDigitSum(ans))`	36-37：若變數 ans 不是質數且其數字和等同於質因數分解後的數字和，代表 ans 為所求。此時使用 break 中斷無限迴圈。
37	`                break;`	
38	`            else`	
39	`                ++ans;`	38-39：若變數 ans 不滿足所求，則將 ans 加 1 後繼續檢查。
40	`        }`	
41	`        cout << ans << endl;`	41：印出答案。
42	`    }`	
43	`    return 0;`	
44	`}`	

例 7.4.8　Product of Digits (CPE10502, UVA993)

◎關鍵詞：因數

◎來源：http://uva.onlinejudge.org/external/9/993.html

◎題意：

輸入為一個非負整數 N，欲找出最小的自然數 Q，使得 Q 的每一個位數相乘的乘積剛好是 N。

◎輸入／輸出：

輸入	3 1 10 1234567890
輸出	1 25 -1
說明	輸入的第一列是正整數，代表接下來的測試資料組數。以此輸入為例，第一列為 3，表示接下來有 3 組測試資料。接下來每一列是一組測試資料，代表非負整數 N 之值，0≤N≤10^9。每一組測試資料要輸出對應的一列資料，內含自然數 Q。如果 N 找不到對應的 Q，就輸出 -1。 第 1 組測資 N=1，可以由 Q=1 時，每一位數相乘得到 1，所以輸出 1。 第 2 組測資 N=10，可以看成 10=1×10=2×5=5×2=10×1，但是 10 是二位數，沒辦法構成 Q（必須介於 0 至 9 的數字），所以只印 25 及 52。題意要輸出最小可能的數字，所以輸出 25。 第 3 組測資 N=1234567890，若用質因數分解，1234567890=2×3×3×5×3607×3803。因為有大於 9 的質因數，無法全部分解為介於 0 至 9 的數字，故不存在對應的 Q，所以輸出 -1。

◎解法：

本題的解法是將 N 進行因數分解，同時限定只能用 2 至 9 的數字去做因數分解，這樣所分解出來的數字便能直接用來湊出 Q 的每一個位數。

為什麼只用 2 至 9 的數字去做因數分解呢？原因在於，0 這個數字不能做除數，因此不必在做因數分解時考慮之。而 1 這個數字因為對所有數字都能整除，所以在做因數分解以找出最少的因數時，變成沒有意義，故不用測試。其他 10 以上的數字因為不能成為構成 Q 的位數，同樣不用測試。

因為要求構成的 Q 是最小的，所以在做因數分解時，要從 9 到 2 逐一嘗試，大的數放在低位數，小的數放在高位數，便能湊出最小的 Q。

不過,有兩個特殊情況需要注意。第一是 N=0 時,不能用 2 至 9 的數字做因數分解,且 Q 需為自然數;同時不能直接輸出 0,而是要輸出 10,因為 10 是由 1 和 0 構成,相乘之後也是 0,符合題意。第二是 N=1 時,直接輸出 1 即可。

本題的解法是仿效前面所述,使用迴圈及整除判斷,由大到小依序找出 9 至 2 所有可能的因數,並儲存在 answer[ ] 陣列中。一旦順利完成因數分解,便將 answer[ ] 陣列中的因數反過來,由小到大依序印出答案。由於 n 的最大可能值為 10^9,小於 2^{32},因此設定 answer[ ] 陣列的大小為 32,即足夠使用。

◎程式碼:

行號	程式碼	說明
01	`#include <iostream>`	
02	`using namespace std;`	
03		
04	`int answer[32];`	04:用陣列來儲存答案 Q 的每一個位數數字。
05	`int main()`	
06	`{`	
07	`    unsigned int T,N;`	
08	`    cin >> T;`	
09	`    while(T--){`	
10	`        cin >> N;`	
11	`        if(N==0){`	11-13:特殊狀況為 N=0,因為 0 不是自然數(正整數),所以最小的對應自然數是 10,要例外處理。
12	`            cout << 10 << endl;`	
13	`            continue;`	
14	`        }else if(N==1){`	14-16:若特殊狀況為 N=1,則直接輸出 1。
15	`            cout << 1 << endl;`	
16	`            continue;`	
17	`        }`	
18	`        int len=0;`	
19	`        for(int d=9;d>=2;d--){`	19-25:針對 9 至 2 的數字由大到小進行除法運算。一旦能整除 N,便將能整除的每一位數都儲存於 answer[] 陣列中。儲存的這些 9 至 2 的數字是由大到小儲存。
20	`            while(N%d==0){`	
21	`                N/=d;`	
22	`                answer[len]=d;`	
23	`                len++;`	
24	`            }`	
25	`        }`	
26	`        if(N==1){//bingo!`	26-30:如果最後能順利以 9 至 2 的數字完成因數分解,就表示 N 存在對應的自然數 Q,所以就反過來由小到大依序印出各 answer[] 中的每一個位數。
27	`            for(int i=len-1;i>=0;i--){`	
28	`                cout << answer[i];`	
29	`            }`	
30	`            cout << endl;`	
31	`        }else{`	

32	`        cout << -1 << endl;`	32：如果最終不能完成因數分解，就印出 -1。
33	`    }`	
34	`}`	
35	`    return 0;`	
36	`}`	

7.5 幾何問題

例 7.5.1　Birthday Cake!! (CPE10544, UVA10167)

◎關鍵詞：幾何

◎來源：http://uva.onlinejudge.org/external/101/10167.html

◎題意：

　　一塊圓形蛋糕，半徑為 100，圓心座標為 (0,0)，上放有 2N 個櫻桃。請找出一條通過圓心的方程式 AX+BY=0，讓刀子沿著這方程式所代表的直線將蛋糕切成兩塊後，兩塊蛋糕上的櫻桃數量能夠相等。本題欲求出 A、B 之值，其中 A、B 皆限定為 −500 至 500 之間的整數。

◎輸入／輸出：

輸入	2 -20 20 -30 20 -10 -50 10 -5 0
輸出	0 1
說明	本題有多組測試資料，每組測資的第一列有個 N 值，代表有 2N 個櫻桃，接下來會有 2N 個座標 (X,Y)。若輸入的 N 為零表示測資結束。針對每一組測資，輸出 A 和 B 之值。

◎解法：

　　方程式 AX+BY=0，且 A 與 B 皆為 −500 到 500 之間的整數，所以可以用窮舉法嘗試 A 與 B 所有可能的值（共有 1001×1001 種可能組合的值）。針對每種組合，將每顆櫻桃的座標代入方程式裡，算出大於 0 的數量與小於 0 的數量。如果兩者數量相等，則輸出該方程式的 A 和 B。若有多個組合滿足題意，則印出其中一組即可。此外，櫻桃的座標代入方程式時，等於 0 的不能取用，因為等於 0 表示在線上，會將櫻桃切成兩半。

◎程式碼：

01	`#include <iostream>`	
02	`using namespace std;`	
03	`#define sign(X) ((X)<0?-1:(X)>0?1:0)`	
04	`int main(){`	
05	`   int n,sx[101],sy[101],k,diff,s;`	
06	`   while(cin >> n&&n){`	06：輸入 n。
07	`      for(k=0;k<2*n;k++)cin >> sx[k] >> sy[k];`	07：輸入 2n 個櫻桃座標。
08	`      for(int a=-500;a<=500;a++){`	08-09：列舉所有 (a,b) 組合。
09	`         for(int b=-500;b<=500;b++){`	
10	`            for(diff=k=0;k<2*n;k++){`	10：使用 diff 來記載「正櫻桃」與「負櫻桃」的個數差距。
11	`               if(s=sign(a*sx[k]+b*sy[k]))diff+=s;`	
12	`               else {diff=1;break;}`	10-12：計算正負櫻桃的差距。sign 會回傳櫻桃的 +1、-1、0，將之加入 diff 中。如果 sign 回傳 0，則將 diff 設為 1 並離開迴圈。
13	`            }`	
14	`            if(diff)continue;`	14：如果差距不為 0，則略過。
15	`            cout << a << " " << b << endl;`	
16	`            a=b=1000;`	
17	`         }`	
18	`      }`	
19	`   }`	
20	`}`	

例 7.5.2　Is This Integration? (CPE10422, UVA10209)

◎關鍵詞：幾何面積、方程式求解

◎來源：http://uva.onlinejudge.org/external/102/10209.html

◎題意：

　　在一個正方形中，以四個頂點為圓心畫出四個扇形（如圖 7.8 的左上圖），可將正方形劃分成許多不同的區域。題目要求輸入正方形的邊長 a，由此算出三種區域的面積總和（如圖 7.8 右上圖、左下圖、右下圖的著色區域）。

圖 7.8
正方形內的四個扇形

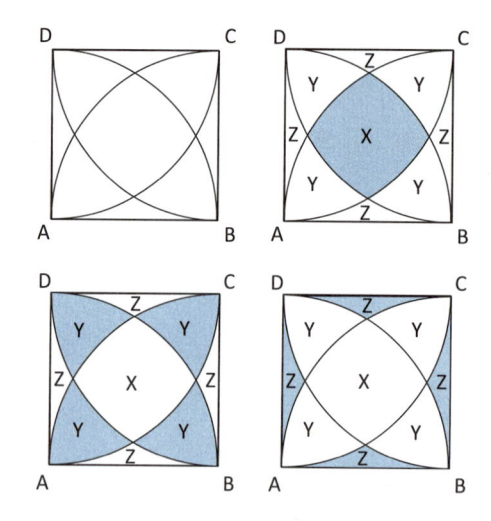

◎輸入／輸出：

輸入	0.1 0.2 0.3
輸出	0.003 0.005 0.002 0.013 0.020 0.007 0.028 0.046 0.016
說明	輸入的每一列是一組測試資料，代表正方形邊長 a 之值，其中 0 ≤ a ≤ 10000。輸出的每一列為對應的三種區域面積，分別為題目圖中所示著色的 X 區域、Y 區域與 Z 區域的面積總和。輸出的浮點數精確位數為小數點後三位數。

◎解法：

　　這是一個簡單求面積的問題。題目標題很好玩，故意反問「難道這題要用積分才能算出面積嗎？」(Is This Integration?)。其實本題並不需要使用微積分的技巧，只要用幾個基本形狀的面積，便能運用加減法組合算出欲求算的面積總和。首先定義出三種最基本的形狀，如圖 7.9 所示，分別設定面積為 X、Y、Z 三個變數。

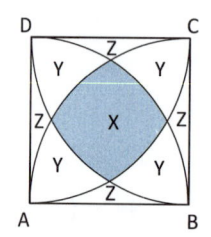

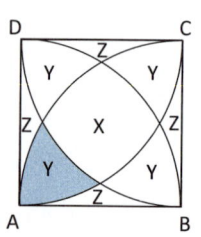

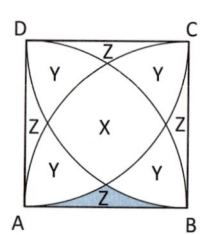

圖 7.9
三種基本形狀

接下來從題目圖案中，找到幾種不同的形狀及對應的面積公式，如圖 7.10 所示。

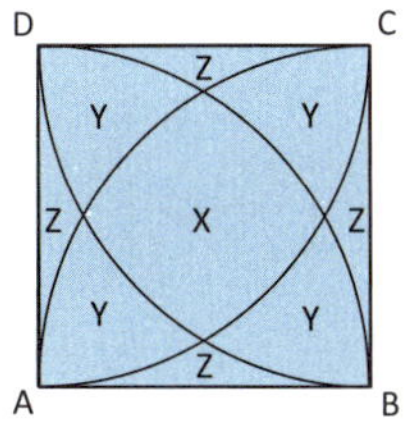

圖 7.10 各種圖形的面積計算方式

(正方形圖)	正方形： 正方形面積 = a^2
(大扇形圖)	大扇形（$\frac{1}{4}$ 圓形）： 大扇形面積 = $\frac{1}{4}\pi \times a^2$
(小扇形圖)	小扇形（$\frac{1}{6}$ 圓形）： 小扇形面積 = $\frac{1}{6}\pi \times a^2$
(正三角形圖)	正三角形： 正三角形面積 = $\frac{1}{2}$ 底 × 高 = $\frac{1}{2}a \times (a \times \frac{\sqrt{3}}{2})$
(子彈頭形圖)	子彈頭形： 左圖面積 = 左小扇形 + 右小扇形 − 正三角形 = $\frac{1}{6}\pi \times a^2 + \frac{1}{6}\pi \times a^2 - \frac{1}{2}a \times \left(a \times \frac{\sqrt{3}}{2}\right)$ 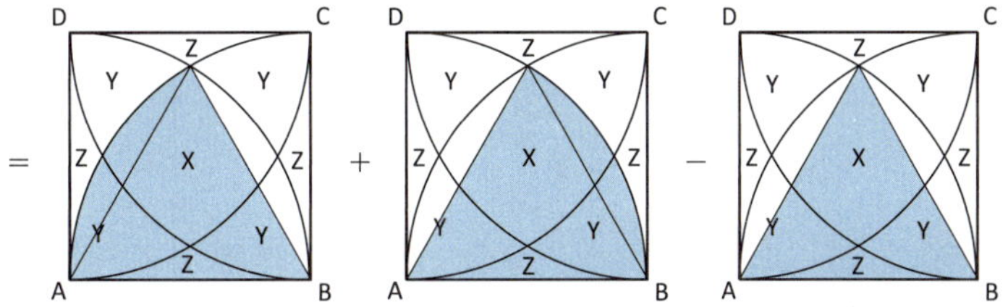 = (左小扇形圖) + (右小扇形圖) − (正三角形圖)

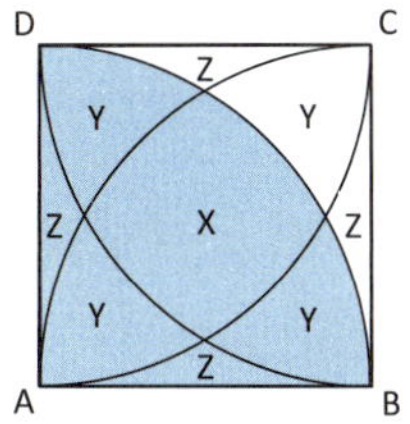

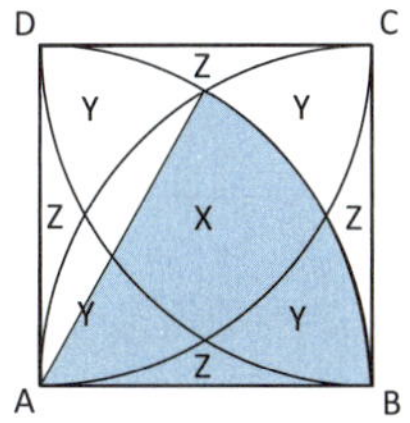

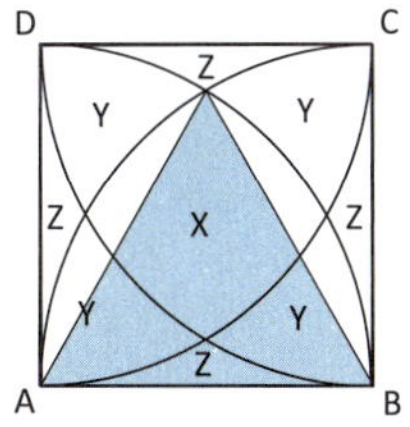

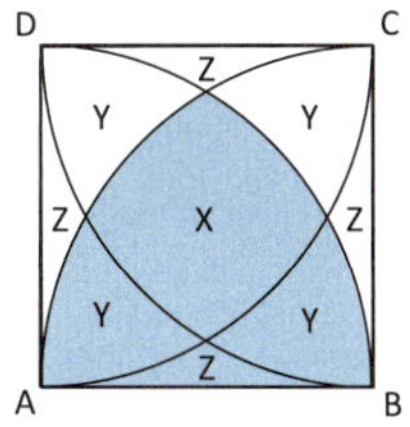

我們可以依據圖 7.10 中三種形狀的面積（正方形、大扇形、子彈頭形）與 X、Y、Z 的組合，列出三個方程式如下：

$$\begin{cases} 正方形面積 = X + 4Y + 4Z & （方程式 1）\\ 大扇形面積 = X + 3Y + 2Z & （方程式 2）\\ 子彈頭形面積 = X + 2Y + Z & （方程式 3） \end{cases}$$

化簡時，（方程式 2）−（方程式 3）可得 Y+Z，（方程式 1）−（方程式 2）可得 Y+2Z，如下：

$$\begin{cases} 大扇形面積 - 子彈頭形面積 = Y + Z & （方程式 4）\\ 正方形面積 - 大扇形面積 = Y + 2Z & （方程式 5） \end{cases}$$

再相減，可得 Z＝（正方形面積 − 大扇形面積）−（大扇形面積 − 子彈頭形面積）。Z 值再代回方程式 4，可得 Y＝（大扇形面積 − 子彈頭形面積）−Z。再代回方程式 1，可得 X＝正方形面積 −4Y−4Z。

◎程式碼：

01	`#include <stdio.h>`	02：為了 sqrt() 開根號函式，所以引用 math.h。
02	`#include <math.h>`	
03	`#define PI 2*acos(0.)`	
04	`int main()`	
05	`{`	
06	`    double a;`	06-08：由於精確度的緣故，變數都使用 double 型別。但此題精確度使用 float 即可，程式速度也會變得更快。
07	`    double x,y,z;`	
08	`    double eq1,eq2,eq3,eq4,eq5,triangle;`	
09	`    while(scanf("%lf",&a)==1){`	10-19：模仿解法的公式細節，方便逐行對照。
10	`        eq1=a*a;`	
11	`        eq2=PI*a*a/4;`	
12	`        triangle=a*a*sqrt(3.)/2/2;`	12：sqrt(3) 為 $\sqrt{3}$，因 sqrt() 函式的計算費時，若改成事前算出並以常數取代，執行速度會更快。
13	`        eq3=PI*a*a/6*2-triangle;`	
14	`        eq4=eq2-eq3;`	
15	`        eq5=eq1-eq2;`	
16	`        z=eq5-eq4;`	
17	`        z=eq1-2*eq2+eq3;`	
18	`        y=eq4-z;`	
19	`        x=eq1-4*y-4*z;`	
20	`        printf("%.3lf %.3lf %.3lf\n", x,4*y,4*z);`	
21	`    }`	
22	`    return 0;`	
23	`}`	

7.6 圖論問題

例 7.6.1　Oil Deposits (CPE22821, UVA572)

◎關鍵詞：深度優先搜索

◎來源：http://uva.onlinejudge.org/external/5/572.html

◎題意：

　　有一家地質調查公司叫做 GeoSurvComp，負責探測地下的石油儲量。該公司的工作方式是將要調查的大塊矩形土地，分成許多 1 平方公尺的小塊土地，接著每小塊逐個分析是否含有石油。

　　含石油的小塊土地稱為油區 (pocket)。如果是相鄰的兩個油區，可視為同一塊油田的一部分。除了上下左右鄰居視為相鄰以外，對角線相差一格也視為相鄰，如圖 7.11 所示。「@」表示油區，「*」表示不含石油之土地。在此例中，所有油區都相鄰，視為同一塊油田。

　　每塊油田的範圍可能相當大，也就是由相當多的油區組成。本題要求給定一塊已經分成 m×n 的矩形土地，請計算其中的油田數量。

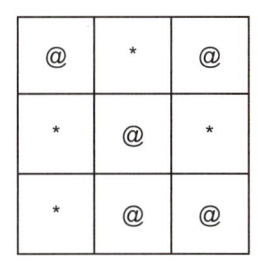

圖 7.11　油田範例

@	*	@
*	@	*
*	@	@

◎輸入／輸出：

```
輸入   1 1
       *
       3 3
       @*@
       *@*
       @*@
```

	1 4 @@*@ 4 5 *@@*@ @***@ @@@*@ @@**@ 0 0
輸出	0 1 2 2
說明	輸入的第一列表示一組測試資料的 m 和 n，表示該組測資為 m×n 之土地，m、n 都介於 1 到 100 之間；接著會給定該土地每格內的含油情況，「@」表示油區，「*」表示非油區。若一組測資的第一列之 m、n 皆為 0，表示結束。最後，輸出每組測資的油田數量。

◎解法：

先從第 [0][0] 格小塊土地開始，逐一找尋油區。若找到油區，則從該油區開始，使用深度優先搜尋 (depth-first search, DFS) 將和該油區相鄰的所有油區全部找出，找出後將油田數量加 1。在執行過程中，搜索過的油區、非油區皆需記錄。因此，遇到已經檢查過的區域就跳過，以免重複計算同一塊油田。撰寫 DFS 程式時，使用遞迴方式較容易撰寫程式，而且縮短程式碼。

以下用圖形 (graph) 來解釋 DFS 演算法的運作方式，它會將整個圖形中可以走的節點 (node) 逐一走過。執行過程是以「深度」(depth) 為優先，當所有節點都走過，將會走回起點。以圖 7.12 為例，假設從點 1 開始，且遇到岔路皆以最左邊的點先走。以下為 DFS 的執行過程：

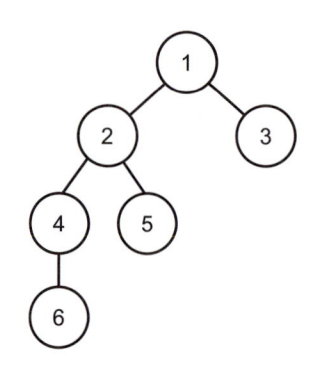

圖 7.12
用來解釋 DFS 的圖形

1. 順序為：1 → 2 → 4 → 6，在點 6 找不到未走過的點，故退回點 4。
2. 在點 4 找不到未走過的點，退回點 2。
3. 由點 2 可以走到點 5，且點 5 未走過，故走到點 5。在點 5 找不到未走過的點，退回點 2。
4. 退回點 1，發現點 3 未走過，故走到點 3。
5. 退回起點 1。沒有未走過的點，演算法結束。

所以本例的 DFS 之走訪順序為：1 → 2 → 4 → 6 → 5 → 3。

◎**程式碼：**

01	`#include<stdio.h>`	
02	`int m,n;`	
03	`char Map[110][110];`	03：記錄每測資中每小塊區域是否為油區。
04	`bool Collected[110][110];`	04：用來記錄已經檢查過的區域之矩陣。
05	`void CollectOil(int i, int j){`	05-22：DFS 實作函式。
06	`　　if(i<0||j<0||i>=m||j>=n)`	06：邊界檢查，避免 DFS 執行時跑出給定的土地邊界。
07	`　　　　return;`	
08	`　　else if(Map[i][j]=='*'` `　　　　||Collected[i][j]==true)`	08：確定該塊區域還沒檢查過，若檢查過則不繼續往下找。
09	`　　　　return;`	
10	`　　else{`	
11	`　　　　Collected[i][j]=true;`	11-21：對其周圍鄰居執行 DFS 函式呼叫，將其相鄰的油區全部找出。
12	`　　　　CollectOil(i-1,j-1);`	
13	`　　　　CollectOil(i-1,j);`	
14	`　　　　CollectOil(i-1,j+1);`	
15	`　　　　CollectOil(i,j-1);`	
16	`　　　　CollectOil(i,j+1);`	
17	`　　　　CollectOil(i+1,j-1);`	
18	`　　　　CollectOil(i+1,j);`	
19	`　　　　CollectOil(i+1,j+1);`	
20	`　　}`	
21	`}`	
22	`int main(void){`	
23	`　　scanf("%d %d",&n,&m);`	23：讀入第一組測資。
24	`　　while(n!=0||m!=0){`	24：若 m、n 皆為 0 表示結束，否則繼續往下執行。
25	`　　　　for(int i=0;i<m;i++)`	
26	`　　　　　　scanf("%s",&Map[i]);`	25-26：依序讀入該測資的小塊區域含油情況。
27	`　　　　for(int i=0;i<m;i++)`	27-29：將記錄檢查情況的矩陣初始化。
28	`　　　　　　for(int j=0;j<n;j++)`	
29	`　　　　　　　　Collected[i][j]=false;`	

30	`    int Num=0;`	
31	`    for(int i=0;i<m;i++)`	31：逐個找尋油區，若遇到還沒檢查過
32	`      for(int j=0;j<n;j++){`	的油區，則執行 DFS，並且將油田
33	`        if(Map[i][j]=='@'`	數量累加 1。
	`          &&Collected[i][j]==false){`	
34	`          Num++;`	
35	`          CollectOil(i,j);`	
36	`        }`	
37	`      }`	
38	`    printf("%d\n",Num);`	38：印出答案。
39	`    scanf("%d %d",&m,&n);`	39：讀入下組測資。
40	`  }`	
41	`  return 0;`	
42	`}`	

例 7.6.2　All Roads Lead Where? (CPE10508, UVA10009)

◎關鍵詞：樹 (tree)、最短路徑、樹節點走訪 (traversal)

◎來源：http://uva.onlinejudge.org/external/100/10009.html

◎題意：

條條大路通羅馬 (All roads lead to Rome)，所以任兩個城市之間，一定可找到道路相連。比如說，城市 A 可以先連到羅馬，再從羅馬連到城市 B。但是可能有更短的走法，不一定要經過羅馬，就能從城市 A 到城市 B。

羅馬帝國中，城市與城市間相連的路構成簡單的樹狀結構。由羅馬城開始，道路往四周相鄰的城市連結出去，四周相鄰的城市再利用道路往四周更遠的城市延伸出去。因此，我們可以把各個城市標示成樹狀結構的層次等級 (level)，羅馬是 level 0，而 level i 的城市只會與 level i−1 及 level i+1 的城市相連。另外有個性質：每個 level i 的城市只會連到一個 level i−1 的城市，但可能會連到 0 個或更多 level i+1 的城市。

題目希望找到兩個城市間的最短路徑走法。

◎輸入／輸出：

輸入	1 7 3 Rome Turin Turin Venice Turin Genoa Rome Pisa Pisa Florence Venice Athens Turin Milan Turin Pisa Milan Florence Athens Genoa
輸出	TRP MTRPF AVTG
說明	輸入的第一列是測試資料的組數。每組測試資料的第一列有兩個整數 m 及 n，分別表示道路的數量 (m) 及要查詢的次數 (n)。接著是 m 列道路資訊，表示有道路相連的兩個城市，前面的城市（level 數字較小）較接近羅馬；接下來有 n 列，每列有兩個城市，我們必需回答這兩個城市間的最短路徑走法。 輸入的各個城市的字首不重複。比如說，Rome 是 R，Turin 是 T，Venice 是 V，Genoa 是 G，Pisa 是 P，Florence 是 F，Athens 是 A，Milan 是 M。要輸出兩城市間最短路徑走法時，只要依序輸出經過的城市字首即可。 舉列來說，Turin 到 Pisa 的走法，最短路徑是由 Turin 經過 Rome 再到 Pisa，就輸出 TRP。Milan 到 Florence 會依序經過 Milan、Turin、Rome、Pisa、Florence，所以輸出 MTRPF。Athens 到 Genoa 會依序經過 Athens、Venice、Turin、Genoa，所以輸出 AVTG。值得注意的是，不同組的測試資料之間必須用空白行隔開。

◎解法：

因為道路是以羅馬為中心往周邊的城市依序延伸出去的樹狀結構，所以可以把羅馬當成是樹 (tree) 的樹根 (root)。本題的解法是使用陣列來儲存從城市 1 到羅馬的走法 (route 1) 及城市 2 到羅馬的走法 (route 2)，再將兩條路徑裡重複的部分刪掉。

將三組測試資料所描述的道路畫成對應的樹狀結構圖，如圖 7.13 所示，其中較粗的箭號代表儲存在陣列裡由各城市到達羅馬的走法。

圖 7.13
樹狀結構圖

◎程式碼：

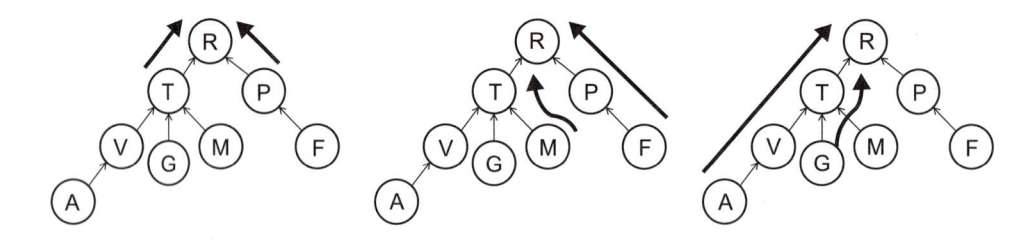

01	`#include <iostream>`	
02	`#include <string>`	
03	`#include <map>`	
04	`using namespace std;`	
05	`int main()`	
06	`{`	
07	`　　int T,first=1;`	
08	`　　cin >> T;`	
09	`　　while(T--){`	
10	`　　　　int m,n;`	
11	`　　　　cin >> m >> n;`	
12	`　　　　map<char,char> parent;`	12：使用 STL map 宣告的 parent 來儲存在樹狀結構中，每個城市的上一個城市。parent['T']='R' 表示 R(Rome) 是 T(Turin) 的 parent 城市。
13	`　　　　string city1,city2;`	
14	`　　　　for(int i=0;i<m;i++){`	
15	`　　　　　　cin >> city1 >> city2;`	
16	`　　　　　　parent[city2[0]]=city1[0];`	
17	`　　　　}`	
18	`　　　　if(first==1) first=0;`	18-19：不同組測試資料間要用空白行隔開。
19	`　　　　else cout << endl;`	
20	`　　　　for(int q=0;q<n;q++){`	
21	`　　　　　　cin >> city1 >> city2;`	
22	`　　　　　　char route1[26],route2[26];`	22：route1[] 裡儲存的是從城市 1 到羅馬的路徑，route2[] 裡儲存的是從城市 2 到羅馬的路徑。兩個陣列都是使用 parent[] 來逐步查出到羅馬的路徑。
23	`　　　　　　int p1=0,p2=0;`	
24	`　　　　　　route1[0]=city1[0];`	
25	`　　　　　　while(route1[p1]!='R'){`	
26	`　　　　　　　　route1[p1+1]=`	
	`　　　　　　　　　　parent[route1[p1]];`	
27	`　　　　　　　　p1++;`	
28	`　　　　　　}`	
29	`　　　　　　route2[0]=city2[0];`	
30	`　　　　　　while(route2[p2]!='R'){`	
31	`　　　　　　　　route2[p2+1]=`	
	`　　　　　　　　　　parent[route2[p2]];`	
32	`　　　　　　　　p2++;`	

33	`        }`	
34	`        while(route1[p1]==route2[p2]){`	34-35：將從羅馬往下的兩條路徑中相同的城市部分縮減。
35	`            p1--; p2--;`	
36	`        }`	
37	`        for(int i=0;i<=p1+1;i++){`	37-38：從城市 1 到兩路徑第一個遇到的節點（相逢的城市）依序印出來。
38	`            cout << route1[i];`	
39	`        }`	
40	`        for(int i=p2;i>=0;i--){`	40-41：從相逢的城市往下的節點到城市 2 依序印出。
41	`            cout << route2[i];`	
42	`        }`	
43	`        cout << endl;`	
44	`    }`	
45	`  }`	
46	`  return 0;`	
47	`}`	

例 7.6.3　Bicoloring (CPE10506, UVA10004)

◎關鍵詞：圖論、著色、深度優先搜尋 (DFS)

◎來源：http://uva.onlinejudge.org/external/100/10004.html

◎題意：

1976 年已證明地圖著色的四色定理：任何平面地圖皆可用四個不同顏色著色，且任何兩個鄰接的區域都必須塗上不同的顏色。

現在你要挑戰一個類似、較簡單的問題：給定一個連通圖 (connected graph)，請判斷是否可以「利用兩個顏色（例如藍色或灰色），在每一個節點上著色，使得兩個任何相鄰的節點之顏色不相同」。在題目中會給定 n 個節點與 m 條連線，有連線代表兩節點相鄰，若無連線則表示兩節點不相鄰。若能將相鄰的節點以兩色區隔，則印出 BICOLORABLE；若不能以兩色區隔，則印出 NOT BICOLORABLE。

舉例來說，圖 7.14(a) 無法只用兩個顏色就區隔所有相鄰節點，所以圖 7.14(a) 為 NOT BICOLORABLE；反之，圖 7.14(b) 可以使用兩種顏色區隔所有相鄰的節點，所以圖 7.14(b) 為 BICOLORABLE。

另外，本題有如下的假設：

1. 每個節點不會有連向自己的連線 (edge)。

圖 7.14
圖形範例

(a)　　　　　　　(b)

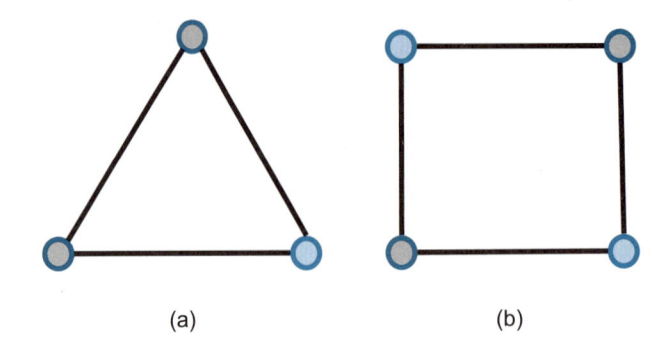

2. 該圖為無向圖。換言之，如果有一條連線從 x 連到 y，則也有一條連線從 y 連向 x。
3. 該圖為連通圖，也就是任兩個節點都存在一條路徑(path)可以互相到達。

◎輸入／輸出：

輸入	3 3 0 1 1 2 2 0 9 8 0 1 0 2 0 3 0 4 0 5 0 6 0 7 0 8 0
輸出	NOT BICOLORABLE. BICOLORABLE.
說明	輸入資料的第一列與第二列各有一個整數 n 與 m，分別為第一組測試之圖形的節點數與邊數，其中 0 ≤ n<200，節點的編號 (label) 為 0 至 n-1；緊接著有 m 列，每列有兩個整數，是節點的編號，也代表該兩節點之間有一個邊。例如，輸入資料為 0 1 表示節點 0 與節點 1 相連，1 2 代表節點 1 與節點 2 相連。一組測資結束後，會有下一組測資。如果測資的第一列 n 為 0，代表測資結束。輸出格式要求對於每一組測資（圖形），印出 NOT BICOLORABLE 或 BICOLORABLE。

◎解法：

欲對一個連通圖進行著色，需要拜訪圖中的每一個節點。深度優先搜尋(DFS) 是一種可以拜訪節點的方法，所以本題的著色可以利用 DFS 的搜尋順序來進行。

針對一個節點進行著色時，需判斷與相鄰的節點是否有重複的顏色。若相鄰的節點未著色，則塗上與本身不同的顏色；若已著色，則需確認顏色是否相同。以範例測資為例，第一組測資的圖形如圖 7.15 所示。首先將節點 0 塗上第一種顏色，接著將與點 0 相鄰的節點塗上第二種顏色。之後改看節點 1，它與相鄰的節點 2 擁有相同的顏色，因此該圖形是 NOT BICOLORABLE。

又以第二組測資為例，參見圖 7.16。首先將 0 塗上第一種顏色，再將與 0 相鄰的節點全部塗上第二種顏色。接下來看節點 1，與它相鄰的只有節點 0，而且兩者顏色不同；之後看節點 2，它與 0 的顏色也不同。當迴圈執行完後，發現相鄰的節點之間顏色都互不相同，因此該圖形為 BICOLORABLE。

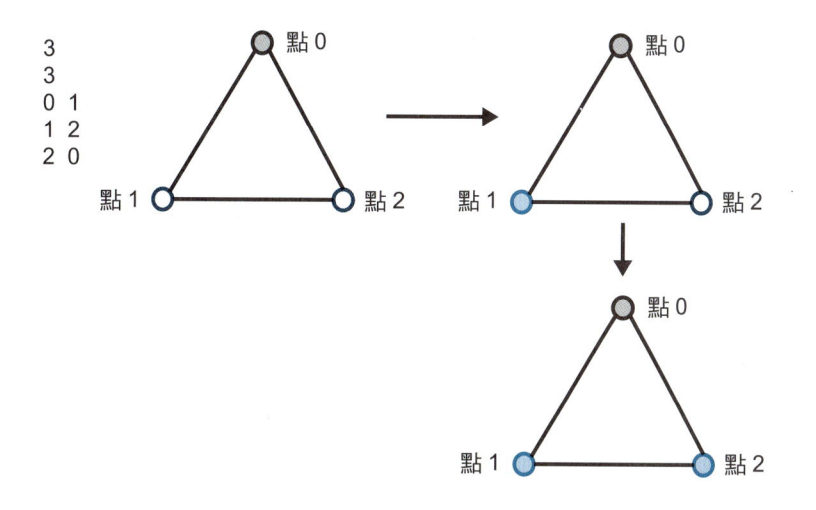

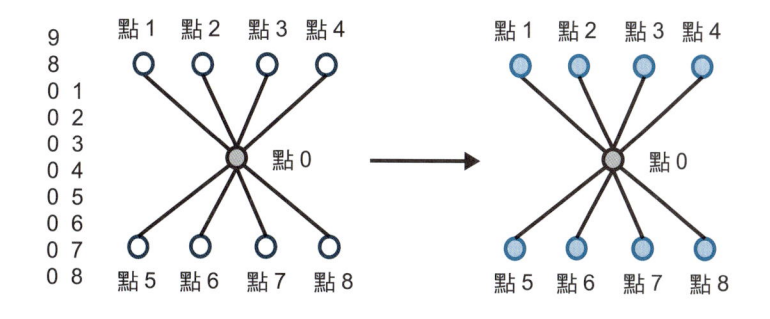

圖 7.15 圖形著色過程範例 1

圖 7.16 圖形著色過程範例 2

◎程式碼：

01	`#include<iostream>`	
02	`#include<vector>`	
03	`#include<stack>`	
04	`using namespace std;`	
05	`int main(){`	
06	`    int n;`	
07	`    while(cin >> n,n){`	
08	`        int *nbs=new int[n*n];`	08-10：使用 nbs 記載邊線狀態。例如，nbs(1,5)=1，表示節點 1 與節點 5 相連有一個邊。
09	`        #define nbs(x,y) nbs[x*n+y]`	
10	`        for(int i=0;i<n*n;i++)nbs[i]=0;`	
11	`        int m;cin >> m;`	11-15：讀取連線資料。
12	`        while(m--){`	
13	`            int x,y;cin >> x >> y;`	
14	`            nbs(x,y)=nbs(y,x)=1;`	
15	`        }`	
16	`        vector<int> clr(n);clr[0]=1;`	16：使用 clr 記錄各點顏色，0 表未著色，1 代表第一種顏色，-1 代表第二種顏色。
17	`        stack<int> stk;stk.push(0);`	17：使用 stk 進行走訪，將初始點 0 放入。
18	`        bool ans=true;`	
19	`        while(stk.size()){`	19-33：走訪 stack。
20	`            int a=stk.top();stk.pop();`	20：從 stack 中取出一點 a。
21	`            for(int k=0;k<n;k++){`	21-22：走訪 a 的鄰居 k。
22	`                if(!nbs(a,k))continue;`	
23	`                if(clr[k]==0){`	23-25：如果 b 未設著色，則將它塗上另外一種顏色，並放入 stk 中。
24	`                    clr[k]=-1*clr[a];`	
25	`                    stk.push(k);`	
26	`                }else if(clr[k]==clr[a]){`	26-29,31：如果 a、b 具有相同的顏色，則設定 ans 為 false，並跳到最外圈。
27	`                    ans=false;`	
28	`                    break;`	
29	`                }`	
30	`            }`	
31	`            if(ans==false)break;`	
32	`        }`	
33	`        delete[] nbs;`	
34	`        if(ans)cout << "BICOLORABLE." << endl;`	
35	`        else cout << "NOT BICOLORABLE." << endl;`	
36	`    }`	
37	`    return 0;`	
38	`}`	

7.7 貪婪與動態規劃演算法

例 7.7.1　Minimal Coverage (CPE10608, UVA10020)

◎關鍵詞：貪婪演算法、最佳值

◎來源：http://uva.onlinejudge.org/external/100/10020.html

◎題意：

　　提供許多線段於 X 軸上，線段的座標範圍表示成 [Li, Ri]。請問如何從這些線段當中，使用最少的線段將區間 [0, M] 覆蓋？

◎輸入／輸出：

| 輸入 | 2

10
-1 3
-3 2
3 6
1 8
4 9
4 6
6 10
11 14
0 0

10
-2 5
-1 6
-1 3
0 4
1 5
2 6
3 7
8 10
8 9
0 0 |

輸出	3 -1 3 1 8 6 10 0
說明	輸入部分，第一列的整數代表測試資料的數量，接著空一列，往下為各組測試資料。對於每組測試資料，第一列的整數代表 M，0≤M≤5000。接著，每列皆有兩個整數，分別代表 Li 與 Ri，其中 |Li|,|Ri|≤50000；i≤100000。每組測試資料最後以「0 0」做為結束。 輸出部分，對於每組測試資料，第一列印出所使用的線段數量；接著每列分別印出所使用線段的 Li 與 Ri。如同輸入，線段之間必須依據 Li 由小到大排序。各組測試資料之間須空一列。

◎解法：

定義 f(i, j) 來表示覆蓋位置 i 至 j 所需的最少線段個數。若 i ≤ x ≤ y ≤ j，則 f(x, y) ≤ f(i, j)；換言之，若 [x, y] 線段被包含在線段 [i, j] 裡，則要覆蓋 [x, y] 的最少線段數必小於或等於 f(i, j)。反之，如果有兩個線段 [x, y] 與 [i, j] 可供選擇，其中 i ≤ x ≤ y ≤ j，我們選擇 [i, j] 一定不會比較差。因此，如果有許多的線段可以覆蓋區間的左端點，則向右延伸至最遠的線段，就是首選。

由上述推論得知，本題採用貪婪演算法即可得到解答。以下用本題輸入範例的第一組資料來說明。欲覆蓋之區間為 [0, 10]，可供選擇的線段有 [−1, 3]、[−3, 2]、[3, 6]、[1, 8]、[4, 9]、[4, 6]、[6, 10]、[11, 14]。計算步驟簡述如下：

1. 欲覆蓋之區間為 [0, 10]，左端點為 0，因此必須選擇可以覆蓋 0，而且向右延伸至最遠的線段，也就是 [−1, 3]。此時，需要被覆蓋的區間更新為 [3, 10]。
2. 欲覆蓋之區間為 [3, 10]，左端點為 3，因此必須選擇可以覆蓋 3，而且向右延伸至最遠的線段，也就是 [1, 8]。此時，需要被覆蓋的區間更新為 [8, 10]。
3. 欲覆蓋之區間為 [8, 10]，左端點為 8，因此必須選擇可以覆蓋 8，而且向右延伸至最遠的線段，也就是 [6, 10]。此時，覆蓋的範圍已達區間的右端點 10，故執行結束。

◎程式碼：

01	`#include<iostream>`	
02	`using namespace std;`	
03	`const int MX_SEG=100000;`	
04	`typedef struct segment{`	04-06：以 Segment 代稱 struct segment，用來代表線段。left 記錄左端點，right 記錄右端點。
05	`    int left,right;`	
06	`}Segment;`	
07	`Segment seg[MX_SEG],res[MX_SEG];`	07-08：seg 陣列存放所有輸入的線段；res 陣列存放結果線段；segSize 與 resSize 分別為兩陣列的元素個數。
08	`int segSize,resSize;`	
09	`int CoverIt(int m){`	
10	`    Segment cover={0,m};`	10：cover 為欲覆蓋的區間。被一個線段覆蓋後，區間左端點會更新為該線段之右端點。
11	`    resSize=0;`	
12	`    while(true){`	
13	`        int max=-1;`	13-21：於能覆蓋 cover 區間左端點的線段中，尋找右端點最靠右的線段。
14	`        for(int i=0;i<segSize;i++){`	
15	`            if(seg[i].right<=cover.left`	
16	`                || cover.left<seg[i].left)`	
17	`                continue;`	
18	`            if(max==-1`	
19	`                || seg[i].right>seg[max].right)`	
20	`                max=i;`	
21	`        }`	
22	`        if(max==-1)`	22-23：若無法找到任何線段，就不再有線段能夠被覆蓋了，表示無解。此時跳出迴圈，函式回傳 0。
23	`            break;`	
24	`        res[resSize++]=seg[max];`	24：將此一線段加入 res。
25	`        cover.left=seg[max].right;`	25：更新覆蓋範圍。
26	`        if(cover.left>=cover.right)`	26-27：若 cover 左端點碰上其右端點，則完成求解。
27	`            return resSize;`	
28	`    }`	
29	`    return resSize=0;`	
30	`}`	
31	`int main(){`	
32	`    int n;`	
33	`    cin >> n;`	
34	`    while(n--){`	
35	`        int m;`	
36	`        cin >> m;`	
37	`        Segment t;`	
38	`        segSize=0;`	
39	`        while(cin >> t.left >> t.right){`	39-43：讀入各線段到 0 0 為止。
40	`            if(t.left==0&&t.right==0)`	
41	`                break;`	
42	`            seg[segSize++]=t;`	

43	`    }`	
44	`    cout << CoverIt(m) << endl;`	44-48：印出結果線段數量與所求線段的兩端點。
45	`    for(int i=0;i<resSize;i++){`	
46	`        cout << res[i].left << " ";`	
47	`        cout << res[i].right << endl;`	
48	`    }`	
49	`    if(n>0) cout << endl;`	49：兩組測試資料之間印出空白。
50	`}`	
51	`return 0;`	
52	`}`	

例 7.7.2　Ants (CPE10452, UVA10714)

◎關鍵詞：貪婪演算法

◎來源：http://uva.onlinejudge.org/external/107/10714.html

◎題意：

　　給定一根長度為 L cm 的長棍，有 n 隻螞蟻在上面行走，每隻螞蟻的速率為 1 cm/s，移動方向隨意（可向左走或向右走）。兩隻螞蟻如果在行進的過程中相遇，則兩隻螞蟻都會往相反的方向繼續行走。如果螞蟻走到長棍的左端點或右端點就會掉下去，表示已完成牠的任務。本題欲求出螞蟻全部都掉下棍子所需最短和最長的時間。

◎輸入／輸出：

輸入	2 10 3 2 6 7 214 7 11 12 7 13 176 23 191
輸出	4 8 38 207
說明	輸入資料的第一列有一個整數 C，代表測試資料有 C 組。每組測資的第一列有兩個正整數 L 與 n，分別代表棍子的長度與螞蟻的數量。緊接著下一列有 n 個整數，代表這 n 隻螞蟻在棍子的起始位置。輸入資料中，每一個整數值均不會大於 1000000。針對每組測資，輸出兩個整數，分別為代表螞蟻們全部都掉下棍子所需最短和最長的時間。

◎解法：

首先以一個簡單的範例來觀察螞蟻的行為。假設棍子長度 L=10，棍上有兩隻螞蟻，起始位置為 a=3 與 b=8。棍子的座標值為 0 至 10，並假設左端點為 0，右端點為 10。如果向左走，即是往座標 0 前進；如果向右走，即是往座標 10 前進。以下分成四種情形來觀察：

1. **a 螞蟻向左，b 螞蟻向左**：兩隻螞蟻都跌下棍子所需時間為 8（即 b 螞蟻走至座標 0 的時間）。
2. **a 螞蟻向左，b 螞蟻向右**：兩隻螞蟻都跌下棍子所需時間為 3。
3. **a 螞蟻向右，b 螞蟻向右**：兩隻螞蟻都跌下棍子所需時間為 7（即 a 螞蟻走至座標 10 的時間）。
4. **a 螞蟻向右，b 螞蟻向左**：兩隻螞蟻各走了 2.5 的距離後，在座標 5.5 相撞，然後各自回頭。a 螞蟻需時 5.5 會跌落棍下，b 螞蟻需時 4.5 會跌落棍下。故跌落棍下的時間，a 螞蟻為 8，b 螞蟻為 7。

如果我們想像，兩隻螞蟻能互相擦身而過，一直往前走（不是碰撞後回頭），則 a 螞蟻跌落棍下的時間為 7，b 螞蟻為 8。本來的兩隻螞蟻，一向左、一向右，碰撞之後（不論碰撞回頭或擦身而過）仍然一向左、一向右。因此，擦身而過與碰撞回頭，螞蟻跌落棍下的整體所需時間完全相同。只是計算螞蟻跌落棍下的所需時間，變成螞蟻勇往直前，直到端點的時間。

三隻或以上的螞蟻，情形與兩隻螞蟻類似，在碰撞之後，只需當成擦身而過，一直到端點為止。亦即，碰撞並不會延長螞蟻跌落棍下的時間，所以我們無需考慮碰撞的情形。

以範例測資為例，當螞蟻位置為 2、6、7 時，每隻螞蟻向左或向右算出其跌落棍下最少與最多的時間分別為 (2, 8)、(4, 6)、(3, 7)。螞蟻們全部跌落棍下所需最少時間為 2、4、3，最大值為 4；所需最長時間為 8、6、7，最大值為 8。因此，答案為最少時間是 4，最長時間是 8。

◎程式碼：

01	`#include<iostream>`	
02	`using namespace std;`	
03	`int main(){`	
04	`int cas;cin >> cas;`	04：讀取測資組數 cas。
05	`while(cas--){`	
06	`int len,n;cin >> len >> n;`	06：讀取長度與螞蟻數量。
07	`int m = -100, M = -100;`	
08	`for(int i=0; i<n; ++i){`	
09	`int loc;cin >> loc;`	09：讀取螞蟻的起始位置。
10	`M = max(M,max(loc,len-loc));`	10-11：根據解法算出所需時間。
11	`m = max(m,min(loc,len-loc));`	
12	`}`	
13	`cout << m << " " << M << endl;`	13：輸出結果。
14	`}`	
15	`}`	

例 7.7.3　Brick Wall Patterns (CPE10500, UVA900)

◎關鍵詞：動態規劃 (dynamic programming)、費氏數列 (Fibonacci sequence)

◎來源：http://uva.onlinejudge.org/external/9/900.html

◎題意：

用大小為 1×2 的磚塊，排出高度為 2、不同長度的長牆。如圖 7.17 所示，如果牆的長度為 1，只會有一種排法。牆的長度為 2 時，會有兩種排法。牆的長度為 3 時，則有三種排法。如果要排出長度為 4 的牆呢？再者，排出長度為 5 的牆呢？

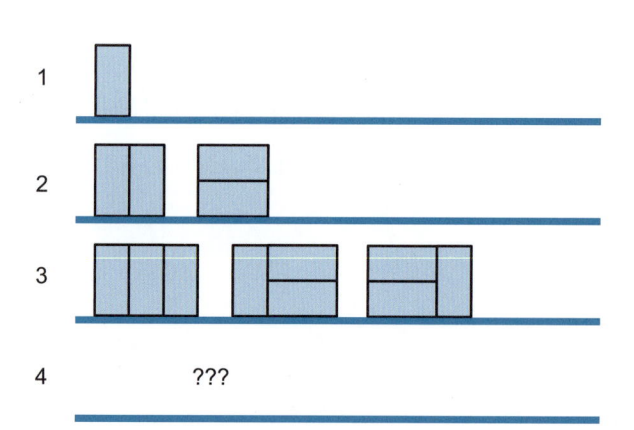

圖 7.17
使用 1×2 的磚塊建造牆的方式

◎輸入／輸出：

輸入	1 2 3 0
輸出	1 2 3
說明	輸入的每一列是一組測試資料，代表牆的長度 n，n 為正整數且 n ≤ 50。針對每一組測試資料，要輸出一個數字，代表用磚塊排成牆（長度為 n）的方法數量。最後輸入的 0，表示輸入資料結束。

◎解法：

解題前，請先觀察題目的例子。先用不同樣式的磚塊來幫助思考，看看長度為 3 的牆，其排法是否與長度為 2、長度為 1 的牆有關係。圖 7.18 的左方及右方是思考的方法，也就是牆的堆砌是慢慢逐次增加的。基本上，有兩種增加磚塊的方法：(1) 增加一個直立的磚，讓原長度為 2 的牆長度增加 1 而變成長度為 3；(2) 增加兩個橫放的磚，讓原長度為 1 的牆長度增加 2 而變成長度為 3。所以長度為 3 的牆之堆砌方法數量，就是長度為 2 的方法數量，加上長度為 1 的方法數量。

接下來再用進一步的例子來思考。請參見圖 7.19，長度為 4 的牆其實可

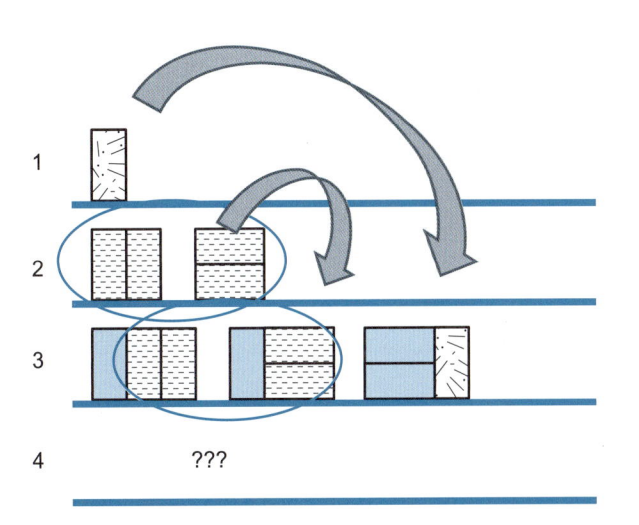

圖 7.18 堆砌長度為 3 的牆

圖 7.19
堆砌長度為 4 的牆

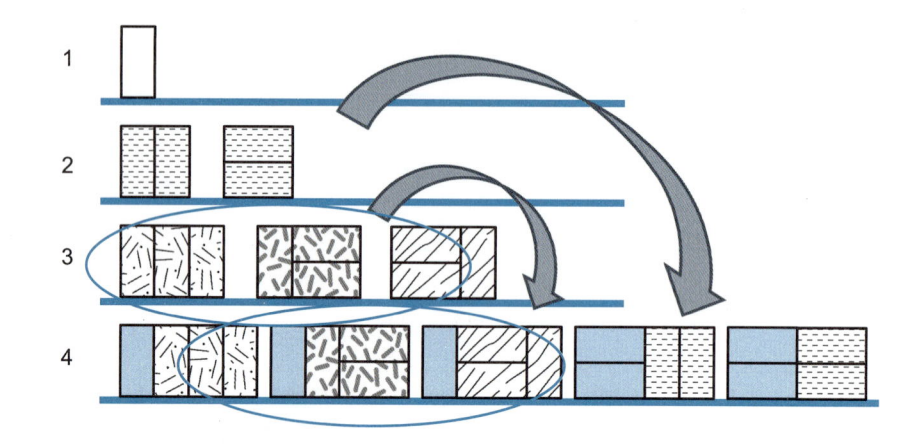

以看成是由長度為 3 的牆（再多堆砌一個直立的磚）及長度為 2 的牆（再多堆砌兩個橫放的磚）來組成。這種概念就是動態規劃。

此外，我們可以發現本題是標準的費氏數列問題，因此可以用對應的演算法完成。

$$Brick(3)=Brick(2)+Brick(1)$$
$$Brick(4)=Brick(3)+Brick(2)$$
$$\vdots$$
$$Brick(n)=Brick(n-1)+Brick(n-2)$$

上述計算情形如表 7.5 所示。

但要注意的是，費氏數列長得很快，在第 50 項之前就會造成 32 位元整數溢位，所以要改用 64 位元的 long long int。前 50 項的計算情形如表 7.6 所示。

表 7.5 堆砌牆的排列法數量（磚塊少於或等於 10 塊）

磚塊數	1	2	3	4	5	6	7	8	9	10
排列法數量	1	2	3	5	8	13	21	34	55	89

表 7.6 堆砌牆的排列法數量（磚塊少於或等於 50 塊）

磚塊	排法	磚塊	排法	磚塊	排法	磚塊	排法	磚塊	排法
1	1	11	144	21	17711	31	2178309	41	267914296
2	2	12	233	22	28657	32	3524578	42	433494437
3	3	13	377	23	46368	33	5702887	43	701408733
4	5	14	610	24	75025	34	9227465	44	1134903170
5	8	15	987	25	121393	35	14930352	45	1836311903
6	13	16	1597	26	196418	36	24157817	46	2971215073
7	21	17	2584	27	317811	37	39088169	47	4807526976
8	34	18	4181	28	514229	38	63245986	48	7778742049
9	55	19	6765	29	832040	39	102334155	49	12586269025
10	89	20	10946	30	1346269	40	165580141	50	20365011074

◎程式碼：

01	`#include <iostream>`	
02	`using namespace std;`	
03		
04	`int main()`	
05	`{`	
06	`    long long int table[51];`	06：使用 64 位元 long long int 建立的表格來儲存預先計算好的答案。
07	`    table[0]=1;`	07-11：建立前 50 項的費氏數列。
08	`    table[1]=1;`	
09	`    for(int i=2;i<51;i++){`	
10	`        table[i]=table[i-1]+table[i-2];`	
11	`    }`	
12	`    int n;`	
13	`    while(cin >> n){`	13-16：依照測試資料，查表印出磚塊的可能排列方法。
14	`        if(n==0)break;`	
15	`        cout << table[n] << endl;`	
16	`    }`	
17	`    return 0;`	
18	`}`	

7.8 其他

例 7.8.1　Conformity (CPE10520, UVA11286)

◎關鍵詞：排序

◎來源：http://uva.onlinejudge.org/external/112/11286.html

◎題意：

　　有 n 位學生之選課資料，每位學生選擇五門不同的課程，請找出最熱門課程組合的數量。若同時有多個組合是最熱門的，這些組合的數量均需加總起來。

◎輸入／輸出：

輸入	3 100 101 102 103 488 100 200 300 101 102 103 102 101 488 100 3 200 202 204 206 208 123 234 345 456 321 100 200 300 400 444 0
輸出	2 3
說明	有多組測試資料。每一組測試資料的第一列為整數 n，代表有 n 個組合；其後有 n 列，每一列為一個學生的選課組合，有五個課程代號（都是 100 至 499 的整數）。若 n 為 0，表示資料結束。對於每一組測資，印出其最熱門課程組合的數量。

◎解法：

　　每一位學生有五個選課代號，為一種選課組合，可使用 C++ 的 set（集合）來儲存。不同學生間的選課組合，可使用 C++ 的 map 儲存。map 可將相同的集合儲存在同一位置，只要記得在存入時，將該集合的出現次數加 1。同時，隨時記錄次數最多的集合次數 M 及次數為 M 的集合數量 MC，最後輸出 M*MC 即可。

◎程式碼：

| ```
01  #include <iostream>
02  #include <map>
03  #include <set>
04  using namespace std;
05  int main(){
06     int n;
07     while(cin >> n,n){
08        map<set<int>,int> count;
09        int M=0,MC=0;
10        while(n--){
11           set<int> suit;
12           for(int m=0;m<5;m++){
13              int course;
14              cin >> course;
15              suit.insert(course);
16           }
17           count[suit]++;
18           int h=count[suit];
19           if(h==M)MC++;
20           if(h>M)M=h,MC=1;
21        }
22        cout << M*MC << endl;
23     }
24  }
``` | 08：使用 map 來記錄選課組合的次數，其中 set<int> 是選課組合的結構。<br>11-16：讀入選課組合 suit。<br>17：將該組合次數加 1。<br>18-20：如果目前次數 h 比最多次數 M 小，則不處理。如果 h 與 M 相同，表示又有一種課程組合達到最多次數 M，所以 MC++。如果 h 比 M 大，則表示本組合成為唯一的領先者，則將 M 設為 h，MC 重設為 1。 |

例 7.8.2　Problem E Simple Addition (CPE10463, UVA10994)

◎關鍵詞：遞迴函數

◎來源：http://uva.onlinejudge.org/external/109/10994.html

◎題意：

定義一個遞迴函數 F(n)：

$$F(n) = \begin{cases} n\%10, & 若(n\%10) > 0 \\ 0, & 若 n = 0 \\ F(n/10), & 其他 \end{cases}$$

定義另一個函數 S(p, q)：

$$S(p,q) = \sum_{i=p}^{q} F(i)$$
```

給定 p 和 q 的值，求函數 S(p, q) 的值為何。

◎輸入／輸出：

輸入	1 10 10 20 2 43 -1 -1
輸出	46 48 195
說明	輸入資料的每一列代表一組測試資料。每組測試資料包含兩個非負整數 p 和 q(p≤q)，且 p 和 q 均不會超過 32 位元有號整數 (signed integer) 的範圍。p 和 q 之間以一個空格隔開。若 p 和 q 的值均為負整數，代表測試資料結束。輸出資料，每一列印出一組輸入資料 S(p,q) 之值。

◎解法：

　　因為函數 F(n) 會不斷地遞迴呼叫 F(n)，因此可寫成副函式。雖然 p 與 q 不會超過 32 位元有號整數的範圍，但不代表 S(p, q) 的運算結果也在 32 位元有號整數的範圍內，因為許多項相加之後可能超出此一範圍。為了避免溢位的狀況，可將運算結果宣告為 64 位元的有號整數（亦即 long long int）。

　　由於 q−p 可能高達接近 2^{31}，若直接依照題意代入 F(n) 來取得它的值並直接相加，程式執行時間將會過長。為了縮短執行時間，我們必須以更有效的方法來解決本題。將情況分成兩種，如下：

- **情況一**：p 與 q 之間的範圍在 10 以內 (q−p ≤ 10)，範圍較小，可直接代入函式 F(n) 來解題。
- **情況二**：p 與 q 之間的範圍大於 10 (q−p > 10)，範圍較大，須將範圍切割成小區間來求總和。仔細觀察後可發現，當 n 不是 10 的倍數（n 的個位數不是 0）時，F(n) 之值為 n 的個位數，故可直接以個位數來求總和。當 n 是 10 的倍數時，F(n) 之值為 F(n/10)，此為遞迴呼叫；換言之，須將此數持續除以 10，直到個位數不為 0 為止，再將個位數來求總和。

　　我們可以得到解法如下：每一輪都先求出個位數總和，再將個位數為 0 的數字除以 10（即 n/10），接著求出下一輪的個位數總和，直到 n 之值在 10 以內，即可直接代入 F(n) 求總和。

7 CPE 二顆星題目集
CHAPTER

图 7.20 解法示意圖

```
2~9:      2 + 3 + ⋯ + 9 = 44
10~40:    共有三個區間和都是 1 至 9 的總和，也就是 1 + 2 + ⋯ + 9 = 45，45 × 3 = 135
41~43:    1 + 2 + 3 = 6
```

在每一輪求個位數的總和時，可發現 1 至 9、11 至 19……等範圍的和都是 1 至 9 的數字總和，也就是 1+2+3+⋯+9=45，因此可算出 p 與 q 數字範圍中有幾段的個位數為 1 至 9 區間，而先做一部分的和。

以圖 7.20 為例，求 S(2, 43)，因為 2 至 43 的範圍大於 10，因此將範圍切割如下：

(1) 2 至 9（頭部）：2+3+⋯+9=44。

(2) 10 至 40：共有三個區間的個位數都是 1 至 9 的總和，亦即 1+2+3+⋯+9=45，45×3=135。

(3) 41 至 43（尾部）：1+2+3=6。

第一輪，個位數總和為 44+135+6=185。接下來，10 至 40 的範圍中，有 10 的倍數，須將其除以 10；也就是求 1 至 4 的和。第二輪，1 與 4 的範圍在 10 以內，可直接代入 F(n) 得 1+2+3+4=10。最後，將每輪的和相加即可求得答案 S(2, 43)=185+10=195。

◎程式碼：

01	`#include <stdio.h>`	
02	`int F(int i, long long int *sum){`	02-10：遞迴函式 F(n) 的程式碼。
03	`if(i==0)`	03-04：n 為 0 時，F(n) 為 0。
04	`return 0;`	
05	`else if((i%10)>0)`	05-06：n%10 大於 0 時，F(n) 為 n%10。
06	`*sum+=(i%10);`	
07	`else`	07-08：其他情況時，F(n) 為 F(n/10)。
08	`F((i/10),sum);`	
09	`return 0;`	
10	`}`	
11	`int main(int argc, char *argv[]){`	

12	`long int p=0,q=0;`	12：宣告 p 與 q 兩個變數。
13	`while(scanf("%ld %ld",&p,&q)!=EOF && (p>=0 && q>=0)){`	13：儲存 p 與 q 兩個變數的值並判斷是否為負整數，負整數表示停止輸入測試資料。
14	`    int i=0;`	
15	`    long long int sum=0;`	15：宣告 sum 儲存 S(p,q) 的運算結果。
16	`    while((q-p)>10){`	16-32：p 與 q 範圍超過 10 的情況。
17	`        if(p%10!=0){`	17-21：計算第一段（頭部）的個位數總和。
18	`            for(i=p%10;i<10;i++)`	
19	`                F(i,&sum);`	
20	`            p+=(10-p%10);`	
21	`        }`	
22	`        if(q%10!=0){`	22-26：計算第三段（尾部）的個位數總和。
23	`            for(i=q%10;i>0;i--)`	
24	`                F(i,&sum);`	
25	`            q-=q%10;`	
26	`        }`	
27	`        if((q-p)>10){`	27-31：計算第二段的個位數總和。算出 1 至 9 的區段數及其總和，並將數字除以 10 以做下一輪的運算。
28	`            sum+=(q-p)/10*45;`	
29	`            p/=10;`	
30	`            q/=10;`	
31	`        }`	
32	`    }`	
33	`    for(i=p;i<=q;i++)`	33-34：p 與 q 範圍未超過 10 的情況，直接代入遞迴函式 F(n) 求值。
34	`        F(i,&sum);`	
35	`    printf("%lld\n",sum);`	35：印出答案。
36	`}`	
37	`    return 0;`	
38	`}`	

例 7.8.3　Power Crisis (CPE21944, UVA151)

◎關鍵詞：佇列 (queue)、模擬

◎來源：http://uva.onlinejudge.org/external/1/151.html

◎題意：

　　New Zealand 被分為 N 個區域，每一個區域以數字 1 至 N 表示。現在發生緊急事故，必須逐區斷電。隨機抽出一個號碼 m，無論號碼為何，一律從區域號碼 1 的區域先斷電，之後將前一個區域往後數第 m 個區域斷電。要注意的是，已經被斷電的區域會被跳過；數到最後，則會回到開頭繼續數。舉例來說，假設 N 為 5，m 為 3：

1. 1 號先被斷電。
2. 從 2 開始數，往後數三個，2 → 3 → 4，4 被斷電。
3. 從 5 開始數，1 被斷電跳過，5 → 2 → 3，3 被斷電。
4. 從 5 開始數，然後只剩 2 和 5，5 → 2 → 5，5 被斷電。
5. 最後一個則是 2。

所以順序為 1、4、3、5、2。本題即是給 N(13<N<100)，求出使 13 為最後被斷電的最小 m 值。

◎輸入／輸出：

輸入	17 0
輸出	7
說明	最後一筆資料一定為 0，意即讀到 0 則結束程式。

◎解法 1：

模擬出一個可以循環的陣列，該陣列必須可以隨著不同的 m 逐個刪除，並得到最後一個數字。考慮 m 只需找最小值，且 N 不是太大（小於 100），只要從 1 開始測到 N−1，必可以在所要求的時間內找到最小的 m。此解法的時間複雜度為 $O(N^2 m)$。

◎程式碼 1：

01	`#include<stdio.h>`	
02	`bool find(int n,int m){`	
03	`    int crisis[100],last,cnt,i,k;`	
04	`    for(i=0;i<100;i++)`	04-05：初始化。
05	`        crisis[i]=0;`	
06	`    for(i=1,k=m,cnt=0;cnt<n;){`	06-23：使用陣列模擬題意，每 m 個就斷電。
07	`        if(!crisis[i]&&i<=n){`	07：假設現在指到的陣列內元素還沒被斷電，則可以繼續往下數，否則進入 18 至 22 行。
08	`            if(k==m){`	08-12：如果數到 m 個，則用變數 last 記錄將被斷電的號碼，並將它斷電，最後即可以用 last==13 去檢查 13 是否為最後被斷電的。
09	`                last=i;`	
10	`                cnt++;`	
11	`                k=crisis[i]=1;`	
12	`            }`	
13	`            else{`	13-16：還沒數到 m 個，且該區域也還沒被斷電，直接往下數就好。
14	`                i++;`	
15	`                k++;`	
16	`            }`	

17	`        }`	18-22：已經斷電的區域跳過不數。如果數到超過陣列長度，要回到 1。
18	`        else{`	
19	`            i++;`	
20	`            if(i>n)`	
21	`                i=1;`	
22	`        }`	
23	`    }`	
24	`    if(last==13)`	24：假如最後一個被斷電的區域為 13，則回傳 true，否則回傳 false。
25	`        return true;`	
26	`    return false;`	
27	`}`	
28	`int main(){`	
29	`    int n,m;`	
30	`    while(scanf("%d",&n)==1&&n!=0){`	30：若輸入值不為 0，則繼續計算下個 case，即進入 for 迴圈 32 至 36 行的部分。
31	`        for(m=1;;m++)`	31-36：從最小的 m 開始測試，直到某個 m 值可以使 13 為最後被刪除（斷電）。
32	`            if(find(n,m)){`	
33	`                printf("%d\n",m);`	
34	`                break;`	
35	`            }`	
36	`    }`	
37	`    return 0;`	
38	`}`	

◎解法 2（進階解法）：

　　解法 1 的解法有一個缺點，就是已經斷電的區域還會再被檢查，因此花費較多執行時間。改進方法是利用一個循環的佇列 (queue) 來進行模擬。此佇列必須可以跟題意一樣，隨著不同的 m 逐個刪除已經斷電的數字，並得到最後一個數字。考慮 m 只要找最小值，且 N 不太大（小於 100），只要從 1 開始測到 N−1，必可以在所要求的時間內找到最小的 m。與解法 1 的差別在於，本解法不會重複數到跳過的數字，但是其時間複雜度一樣為 $O(N^2 m)$。下方為佇列常用的 STL 解說：

- **queue_name.push(x)**：將元素 x 從佇列的尾端放入。
- **queue_name.pop()**：將佇列的最前端元素刪除。
- **queue_name.front()**：將佇列的最前端元素內的資料傳回。

◎程式碼 2：

01 `#include<iostream>`	
02 `#include<queue>`	
03 `using namespace std;`	
04 `bool find(int n,int m){`	
05 `    queue<int> crisis;`	
06 `    for(int tmp=1;tmp<=n;++tmp)`	06-19：模擬循環 queue。若最後一個被刪除的數字是 13 則回傳 true，否則回傳 false。
07 `        crisis.push(tmp);`	06-07：將 queue 初始化，把 1 至 N 數字逐一放入 queue。
08 `    int cnt=0;`	08：計數的變數。
09 `    while(crisis.size()!=1){`	09：迴圈的停止條件是 queue 裡剩下一個元素。
10 `        int Target=crisis.front();`	
11 `        crisis.pop();`	11-14：這裡是 queue 的結構特性，亦即將資料 pop 後再 push 進去，資料會回到 queue 尾端，例如 1-2-3-4 在執行一次 pop 和一次 push 後會變成 2-3-4-1。這兩個動作會形成一個類似於「往下數」的動作。
12 `        if(cnt%m!=0)`	
13 `            crisis.push(Target);`	
14 `        ++cnt;`	
15 `    }`	
16 `    return crisis.front()==13;`	12-13：如果不是數到第 m 個，則 push 回去，即繼續往下數。若是第 m 個，則不 push 回去，即如題意所示，將它刪除（斷電）。
17 `}`	
18 `int main(){`	
19 `    int n;`	16：若 queue 剩下的元素為 13 則回傳 true，否則回傳 false。
20 `    while(cin >> n && n!=0){`	20：若輸入值不為 0，則繼續計算下個 case，即進入 for 迴圈 24 至 29 行的部分。
21 `        for(int m=1; ;m++){`	
22 `            if(find(n,m)){`	
23 `                cout << m << endl;`	
24 `                break;`	21-26：從最小的 m 開始測試，直到某個 m 值可以使 13 為最後被刪除（斷電）。
25 `            }`	
26 `        }`	
27 `    }`	
28 `    return 0;`	
29 `}`	

CHAPTER 8

CPE 三顆星題目集

8.1 數學計算

例 8.1.1　{sum+=i++} to Reach N (CPE11145, UVA10290)

◎關鍵詞：質數、質因數分解

◎來源：http://uva.onlinejudge.org/external/102/10290.html

◎題意：

　　給定一整數 N，求有多少種方式能將 N 表達為連續的正整數之和。例如，9 有三種表達方式：2+3+4、4+5、9。

◎輸入／輸出：

輸入	9 11 12
輸出	3 2 2

277

| 說明 | 輸入資料的每一列為一組測試資料。每組測資包含一個整數 N，$0 \leq N \leq 9 \times 10^{14}$。測試資料至檔案結尾時結束，測資數量小於 1100。輸出資料則為本題所求的表達方式。 |

◎解法：

我們要求的是 a+(a+1)+...+(b−1)+b=N，但如果直接使用連續整數來找出整數 N 所有的表達方式，會花費太長的時間，因此必須採用更有效率的方法。

我們可以發現，a+(a+1)+...+(b−1)+b=N，等同於 $\frac{(a+b) \times (b-a+1)}{2} = N$。其中，(a+b)+(b−a+1)=2b+1，兩數相加為奇數，由以上式子可以得到 (a+b) 與 (b−a+1) 兩者必有一個為奇數，一個為偶數。根據 $\frac{(a+b) \times (b-a+1)}{2} = N$，我們可以得到 (a+b) 與 (b−a+1) 中有一個為 N 的奇數因數。因此，本題等同於求 N 的奇數因數之個數，所要做的就是對 N 做質因數分解。例如，N=90，奇數因數有六個：1、3、5、9、15、45。對 90 做質因數分解可以得到 $2 \times 3^2 \times 5$。不必考慮 2 的情形，3 可以取 0、1、2 次方，共有三種情形；5 可以取 0、1 次方，共有兩種情形。因此，90 的奇因數個數為 (2+1)×(1+1)=6。

為了加快解題速度，在進行質因數分解之前，我們可以先利用質數篩選法建立質數表，供日後查詢之用。質數篩選法是將所有質數的倍數刪除，也就是刪除合成數，剩下的數即為質數。刪除方法為：先從 2 開始，將所有 2 的倍數刪除；接著，將 3 的倍數刪除；再下來，4 已被刪除，不必檢查；然後，將 5 的倍數刪除，以此類推。假設我們進行至 i，若 i 為質數，則保留此質數並刪除 i 的所有倍數。在 i 的倍數中，小於 i×i 的倍數會在檢查到 i 之前便被當成倍數刪掉，而且 2 的倍數也於一開始便刪掉了，所以只要從 i×i 開始，而且每次增加 2×i 倍。持續檢查直到 N 停止，因為若一個數字 N 是合成數，必有一個小於 N 的質因數。

◎程式碼：

01	`#include<stdio.h>`	
02	`#include<stdlib.h>`	
03	`#include<math.h>`	
04	`#define MAX 30000000`	04：定義搜尋質數之範圍。
05	`char n[MAX]={};`	05：用於標記質數之陣列。
06	`long long primes[2000000];`	06：質數表之宣告。

07	`int pcount=0;`	07：質數表之質數數量。
08	`void setprimes(){`	08：建立質數表之函式。
09	`  int i,j,k,m;`	
10	`  m=sqrt(MAX);`	10：設定 m 之值，為搜尋質數的範圍。
11	`  primes[0]=2;`	11：設定第 0 個質數為 2。
12	`  for(i=3;i<m;i+=2){`	12-19：從 3 開始，只檢查奇數。若 n[i] 為 0，表示 i 為質數，接著消去 i 的倍數。從 i×i 開始是因為之前的倍數會被比 i 小的數消去。一次增加 2i 是因為 i 的偶數倍為 2 的倍數，因此不需考慮。
13	`    if(n[i]==0){`	
14	`      k=2*i;`	
15	`      for(j=i*i;j<MAX;j+=k){`	
16	`        n[j]='1';`	
17	`      }`	
18	`    }`	
19	`  }`	
20	`  j=1;`	20-26：搜尋 n 陣列，若 n[i] 為 0 表示 i 為質數，則存到質數表 primes 陣列並計算質數數量。
21	`  for(i=3;i<MAX;i+=2){`	
22	`    if(n[i]==0){`	
23	`      primes[j]=i;`	
24	`      j++;`	
25	`    }`	
26	`  }`	
27	`  pcount=j;`	27：記錄找到的質數數量。
28	`}`	
29	`int main(){`	
30	`  long long n;`	30：n 為儲存輸入的 N 值。
31	`  int count,i,tmp,ans;`	
32	`  setprimes();`	32：建立質數表。
33	`  while(scanf("%lld",&n)!=EOF){`	33：取得輸入整數 n。
34	`    if(n == 0){`	34-36：若 n=0，則印出答案 1。
35	`      printf("1\n");;`	
36	`    }`	
37	`    else{`	
38	`      ans=1;`	
39	`      while(n%2 == 0){`	39-41：若 n 不等於 0，則去掉 2 的倍數。
40	`        n/=2;`	
41	`      }`	
42	`      for(i=1;i<pcount;i++){`	42-45：從質數表中依序檢查此質數是否為 n 的因數。
43	`        if((primes[i]*primes[i])>n){`	
44	`          break;`	
45	`        }`	
46	`        count=0;`	46-50：若質數是 n 的因數，則計算其指數。
47	`        while(n%primes[i] == 0){`	
48	`          n/=primes[i];`	
49	`          count++;`	

50	`        }`	51：將各奇數質因數的指數加 1，
51	`        ans*=(count+1);`	之後再相乘，即可得到奇數因
52	`    }`	數的個數。
53	`    if(n!=1){`	53-55：質數檢查結束，若 N 不
54	`        ans*=2;`	為 1，表示 N 為一個極大的質
55	`    }`	數，其指數為 1，答案乘 2。
56	`    printf("%d\n",ans);`	56：印出答案。
57	`  }`	
58	`}`	
59	`  return 0;`	
60	`}`	

例 8.1.2　Last Digit (CPE10416, UVA10162)

◎關鍵詞：查表、餘數、前處理

◎來源：http://uva.onlinejudge.org/external/101/10162.html

◎題意：

　　給予一個很大的數字 n，欲計算總和 $1^1+2^2+3^3+...+n^n$，不過只需要印出此總和的個位數。

　　需特別注意 $1 \leq n \leq 2 \times 10^{100}$，也就是 n 之最大值會高達 100 位數。

◎輸入／輸出：

輸入	1 2 3 0
輸出	1 5 2
說明	輸入的每一列是一組測試資料，代表 n 之值，且 $1 \leq n \leq 2 \times 10^{100}$，所以 n 可能長達 100 位數。輸入 1 時，輸出 $1^1=1$；輸入 2 時，輸出 $1^1+2^2=1+4=5$；輸入 3 時，總和為 $1^1+2^2+3^3=1+4+27=32$，則僅輸出其個位數 2。最後輸入的 0，表示輸入資料結束。

◎解法：

本題的公式看起來很簡單，可是有陷阱。不過，可由資料整理歸納出快速解法。這裡用兩個解法來思考此問題。

- **解法 1**：依照公式直接撰寫程式來計算。欲計算 $1^1+2^2+3^3+...+n^n$，其中 n^n 的個位數可以用一個迴圈來完成，如程式碼的 NPowerOfN(n) 函式。由於只需算出總和的個位數，所以在運算的過程中，只要保留個位數即可，因此使用 nn%=10，以減少運算量。

    如果 n 之值不太大，以此方法即可解決。在這種情形下，此題可列為一顆星。

- **解法 2**：需要注意 $1 \leq n \leq 2 \times 10^{100}$，也就是 n 可能高達 100 位數。如果使用解法 1，將會有兩個嚴重的問題：(1) 使用整數（int，32 位元）或長整數（long long int，64 位元）無法將資料讀入並儲存。(2) 即使能將 n 讀入，但利用 for 迴圈想對 2×10^{100} 個數值進行相加，在人類有限的生命是無法完成的。因此，本題必須找出有用的數學規則，憑空想像是很難達成目標的。

    想歸納數學規則，常用的方法之一是將 n 之值從 1 到 100，試著印出它們的答案並觀察其規則。我們可以使用 tryRule(100) 函式（已與行首加入註解符號，以便於真正執行時不會被執行）印出前 100 個答案來看看。果然發現第一個規律：NPowerOfN(n) 每 20 個數字會重複。接著可使用 tryRule(200) 函式（已註解掉）印出前 200 個答案再度驗證，則可發現第二個規律：每隔 100 個數，Sum 就會重複，如表 8.1 所示。

    發現規律後，就開始撰寫正確的程式。由於答案每 100 次就會全部重複，所以即使 n 是 100 位數，我們也只需要看十位數與個位數總共兩個位數，然後將其對應到 1 至 100 的答案。

表 8.1 前 100 個答案

1-20	21-40	41-60	61-80	81-100	101-120
1: 1 S:1	21: 1 S:5	41: 1 S:9	61: 1 S:3	81: 1 S:7	101: 1 S:1
2: 4 S:5	22: 4 S:9	42: 4 S:3	62: 4 S:7	82: 4 S:1	102: 4 S:5
3: 7 S:2	23: 7 S:6	43: 7 S:0	63: 7 S:4	83: 7 S:8	103: 7 S:2
4: 6 S:8	24: 6 S:2	44: 6 S:6	64: 6 S:0	84: 6 S:4	104: 6 S:8
5: 5 S:3	25: 5 S:7	45: 5 S:1	65: 5 S:5	85: 5 S:9	105: 5 S:3
6: 6 S:9	26: 6 S:3	46: 6 S:7	66: 6 S:1	86: 6 S:5	106: 6 S:9
7: 3 S:2	27: 3 S:6	47: 3 S:0	67: 3 S:4	87: 3 S:8	107: 3 S:2
8: 6 S:8	28: 6 S:2	48: 6 S:6	68: 6 S:0	88: 6 S:4	108: 6 S:8
9: 9 S:7	29: 9 S:1	49: 9 S:5	69: 9 S:9	89: 9 S:3	109: 9 S:7
10: 0 S:7	30: 0 S:1	50: 0 S:5	70: 0 S:9	90: 0 S:3	110: 0 S:7
11: 1 S:8	31: 1 S:2	51: 1 S:6	71: 1 S:0	91: 1 S:4	111: 1 S:8
12: 6 S:4	32: 6 S:8	52: 6 S:2	72: 6 S:6	92: 6 S:0	112: 6 S:4
13: 3 S:7	33: 3 S:1	53: 3 S:5	73: 3 S:9	93: 3 S:3	113: 3 S:7
14: 6 S:3	34: 6 S:7	54: 6 S:1	74: 6 S:5	94: 6 S:9	114: 6 S:3
15: 5 S:8	35: 5 S:2	55: 5 S:6	75: 5 S:0	95: 5 S:4	115: 5 S:8
16: 6 S:4	36: 6 S:8	56: 6 S:2	76: 6 S:6	96: 6 S:0	116: 6 S:4
17: 7 S:1	37: 7 S:5	57: 7 S:9	77: 7 S:3	97: 7 S:7	117: 7 S:1
18: 4 S:5	38: 4 S:9	58: 4 S:3	78: 4 S:7	98: 4 S:1	118: 4 S:5
19: 9 S:4	39: 9 S:8	59: 9 S:2	79: 9 S:6	99: 9 S:0	119: 9 S:4
20: 0 S:4	40: 0 S:8	60: 0 S:2	80: 0 S:6	100: 0 S:0	120: 0 S:4

◎程式碼：

```
01  #include <iostream>
02  #include <cstring>
03  using namespace std;
04  char bigN[101];
05  int table[200];
06  int NPowerOfN(int n){
07      int nn=1;
08      for(int i=1;i<=n;i++){
09          nn = nn*n;
10          nn %= 10;
11      }
12      return nn;
13  }
14  int sumN(int n){
```

04：用字串來儲存很長的數字，最多需 101 位。
05：儲存前 200 項的答案對照表。
06：函式計算 n 的 n 次方之個位數。
08：for 迴圈跑 n 次，也就是 n 個 n 相乘。
10：使用 %=10 取餘數，只保留個位數。

14-19：計算前 n 項之個位數和。

15	`    int sum=0;`	
16	`    for(int i=1;i<=n;i++){`	
17	`        sum += NPowerOfN(i);`	
18	`        sum %= 10;`	18：使用 %=10 取餘數，只保留個位數。
19	`    }`	
20	`    return sum;`	
21	`}`	
22	`void tryRule(int firstN)`	22-29：解法 2 的前處理，可以幫忙觀察答案的規律。
23	`{`	
24	`    for(int n=1;n<=firstN;n++){`	
25	`        cout << "前 n 項:" << n`	
26	`             << "NPowerOfN:" << NPowerOfN(n)`	
27	`             << "sum:" << sumN(n) << endl;`	
28	`    }`	
29	`}`	
30	`int main()`	
31	`{`	
32	`    //tryRule(100);`	32-33：解法 2 的前處理，用來找出規則。真正執行時，應刪掉。
33	`    //tryRule(200);`	
34	`    for(int i=1;i<=100;i++){`	
35	`        table[i%100]=sumN(i);`	35：先把前 100 項的答案儲存於 table 陣列。
36	`    }`	
37	`    while(cin >> bigN && strcmp(bigN,"0")){`	
38	`        int len=strlen(bigN);`	
39	`        int n=bigN[len-1]-'0';`	39-40：換算出輸入字串最右邊的個位數及十位數，並組出介於 0 至 99 的數。
40	`        if(len>1) n+=(bigN[len-2]-'0')*10;`	
41	`        cout << table[n] << endl;`	41：從 table 陣列取出答案，並列印之。
42	`    }`	
43	`    return 0;`	
44	`}`	

例 8.1.3　Show the Sequence (CPE10503, UVA997)

◎關鍵詞：字串分析、數列、模擬

◎來源：http://uva.onlinejudge.org/external/9/997.html

◎題意：

在許多智力測驗中，都會出現數列。本題想要運用規則，來產生不同長度的數列。$S=(S_i)_{i \in N}$ 表示 S 是一個數列 $(S_1, S_2, S_3, ...)$，而規則是用字串來定義，以下是三項規則：

1. 定義數列 S=[n]，表示 $S_i=n, \forall i \in N$，也就是每項都是常數 n，其中 $n \in Z$（n 是一個整數）。

2. 定義數列 V = [m + S] 表示 $V_i = \begin{cases} m, & i = 1 \\ V_{i-1}+S_{i-1}, & i > 1 \end{cases}$。

3. 定義數列 V = [m×S] 表示 $V_i = \begin{cases} m \times S_1, & i = 1 \\ V_{i-1} \times S_i, & i > 1 \end{cases}$。

舉例來說，

1. [2+[1]]=2, 3, 4, 5, 6, ...
2. [1+[2+[1]]]=1, 3, 6, 10, 15, 21, 28, 36, ...
3. [2×[1+[2+[1]]]]=2, 6, 36, 360, 5400, 113400, ...
4. [2×[5+[-2]]]=10, 30, 30, -30, 90, -450, 3150, ...

◎輸入／輸出：

輸入	[2+[1]] 3 [2×[5+[-2]]] 7
輸出	2 3 4 10 30 30 -30 90 -450 3150
說明	輸入的每一列是一組測試資料，每一組測試資料分成兩部分：第一部分是數列的產生規則字串（字串內無空格）；第二部分是整數 N，$2 \leq N \leq 50$，表示數列要輸出的數字個數。每組測試資料對應一列輸出，內有 N 個數字，將規則所描述的數列前 N 項列出。

◎解法：

要了解本題的解法，需要先分析題目所描述的數列，以下舉例說明。

1. 數列規則 [1]={1, 1, 1, 1, 1, 1, ...}，表示這個數列裡每個值都是 1（規則1）。
2. 數列規則 [2+[1]]={2, 3, 4, 5, 6, 7, ...}，表示這個數列由 2 開始，接著每一項都是由前一項再加上 [1] 對應的前一項，請見表 8.2（規則 2）。

表 8.2 數列產生規則範例 1

	S_1	S_2	S_3	S_4	S_5	S_6
S=[1]	S_1=1	S_2=1	S_3=1	S_4=1	S_5=1	S_6=1
V=[2+[1]]	V_1=2	V_2=3	V_3=4	V_4=5	V_5=6	V_6=7
規則 2 V=[m+S]	V_1=m	$V_2=V_1+S_1$	$V_3=V_2+S_2$	$V_4=V_3+S_3$	$V_5=V_4+S_4$	$V_6=V_5+S_5$

3. 數列規則 [1+[2+[1]]]={1, 3, 6, 10, 15, 21, ...}，表示這個數列由 1 開始，接著每一項都是由前一項再加上 [2+[1]] 對應的前一項，見表 8.3（規則 2）。

4. 數列規則 [2×[1+[2+[1]]]]={2, 6, 36, 360, 5400, 113400, ...}，表示這個數列由 2×S_1 開始，接著每一項都是由前一項再乘上 [1+[2+[1]]] 對應的項，見表 8.4（規則 3）。

5. 數列規則 [−2]={−2, −2, −2, −2, −2, −2, ...}，表示這個數列裡每個值都是 −2（規則 1）。

6. 數列規則 [5+[−2]]={5, 3, 1, −1, −3, −5, ...}，表示這個數列由 5 開始，接著每一項都是由前一項再加上 [−2] 對應的前一項（規則 2）。

7. 數列規則 [2×[5+[−2]]]={5, 3, 1, −1, −3, −5, ...}，表示這個數列由 2×S_1 開始，接著每一項都是由前一項再乘上 [5+[−2]] 對應項，見表 8.5（規則 3）。

表 8.3 數列產生規則範例 2

	S_1	S_2	S_3	S_4	S_5	S_6
S=[2+[1]]	S_1=2	S_2=3	S_3=4	S_4=5	S_5=6	S_6=7
V=[1+[2+[1]]]	V_1=1	V_2=3	V_3=6	V_4=10	V_5=15	V_6=21
規則 2 V=[m+S]	V_1=m	V_2=V_1+S_1	V_3=V_2+S_2	V_4=V_3+S_3	V_5=V_4+S_4	V_6=V_5+S_5

表 8.4 數列產生規則範例 3

	S_1	S_2	S_3	S_4	S_5	S_6
S=[1+[2+[1]]]	S_1=1	S_2=3	S_3=6	S_4=10	S_5=15	S_6=21
V=[2×[1+[2+[1]]]]	V_1=2	V_2=6	V_3=36	V_4=360	V_5=5400	V_6=113400
規則 3 V=[m×S]	V_1=m×S_1	V_2=V_1×S_2	V_3=V_2×S_3	V_4=V_3×S_4	V_5=V_4×S_5	V_6=V_5×S_6

表 8.5 數列產生規則範例 4

	S_1	S_2	S_3	S_4	S_5	S_6
S=[5+[-2]]	S_1=5	S_2=3	S_3=1	S_4=-1	S_5=-3	S_6=-5
V=[2×[5+[-2]]]	V_1=10	V_2=30	V_3=30	V_4=-30	V_5=90	V_6=-450
規則 3 V=[m×S]	V_1=m×S_1	V_2=V_1×S_2	V_3=V_2×S_3	V_4=V_3×S_4	V_5=V_4×S_5	V_6=V_5×S_6

瞭解本題所描述的數列規則後，解法是將規則字串由右往左倒過來逐項模擬運算，逐項更新前 N 個數字。

本題另外有個較難處理的地方，就是字串分析 (parsing)。本程式碼中，示範使用 C++ 的 string 及 stringstream 來讀取含有符號及數字的字串，讓程式變得更簡單。同時使用兩個 C++ STL(Standard Template Library) 的 stack 來簡化由裡到外（反過來）的運算元／運算子操作。另外，也運用 swap 來交換兩個陣列指標，其可簡化程式碼以增加可讀性。

◎程式碼：

01 `#include <iostream>`	
02 `#include <sstream>`	02：準備使用 stringstream。
03 `#include <string>`	03：準備使用 string。
04 `#include <stack>`	04：準備使用 stack。
05 `using namespace std;`	
06	
07 `int sequence[2][50];`	07：兩個整數陣列供數列儲存資料。
08 `int *seqOld,*seqNew;`	08：兩個整數指標指向前一個數列及最新的數列。
09 `int main()`	
10 `{`	
11 `string str;`	
12 `int N;`	
13 `char left,op;`	
14 `int num;`	
15 `while(cin >> str >> N){`	15：讀入一組測試資料。
16 `stack<int>stack_num;`	16-17：宣告區域變數 stack_num 及 stack_op 來儲存所有的運算元與運算子。
17 `stack<char>stack_op;`	
18 `stringstream ss(str);`	18-20：將輸入的字串（規則）變成 stringstream，來逐項讀入 stack_num 及 stack_op 這兩個 stack 中。
19 `while(1){`	
20 `ss >> left >> num >> op;`	
21 `stack_num.push(num);`	
22 `stack_op.push(op);`	22：讀到下括號] 就算完成。
23 `if(op==']')   break;`	
24 `}`	
25 `while(1){`	25-50：迴圈將所有 stack 內儲存的數字及運算子，由內到外依序取出，並且做對應的計算，並更新最新的數列前 N 項。
26 `num=stack_num.top();`	
27 `stack_num.pop();`	
28 `op=stack_op.top();`	
29 `stack_op.pop();`	
30 `if(op==']'){`	30-35：遇到右括號，表示是規則 1 即最裡面最簡單的常數數列。把數列所有的值都設為對應的常數 num 即可。
31 `seqOld=sequence[0];`	
32 `seqNew=sequence[1];`	
33 `for(int i=0;i<N;i++){`	

34 `seqNew[i]=num;` 35 `}` 36 `}else if(op=='+'){` 37 `swap(seqOld,seqNew);` 38 `seqNew[0]=num;` 39 `for(int i=1;i<N;i++){` 40 `seqNew[i]=seqNew[i-1]` 41 `+seqOld[i-1];` 42 `}` 43 `}else if(op=='*'){` 44 `swap(seqOld,seqNew);` 45 `seqNew[0]=num*seqOld[0];` 46 `for(int i=1;i<N;i++){` 47 `seqNew[i]=seqNew[i-1]` 48 `*seqOld[i];` 49 `}` 50 `}` 51 `if(stack_num.empty()) break;` 52 `}` 53 `cout << seqNew[0];` 54 `for(int i=1;i<N;i++){` 55 `cout << " " << seqNew[i];` 56 `}` 57 `cout << endl;` 58 `}` 59 `return 0;` 60 `}`	36-42：遇到加號，表示是規則 2，便照規則，從舊數列及新數列的前一項來更新新數列。其中 37 行要先把進入前的數列先 swap 成舊數列，以便拿來參考，算出新數列。 43-50：遇到乘號，表示是規則 3，便照規則，從舊數列及新數列的前一項來更新新數列。其中 44 行要先把進入前的數列先 swap 成舊數列，以便拿來參考，算出新數列。 51：stack 清空，便完成運算，可離開迴圈。 53-57：輸出數列的前 N 個數字，並以空格隔開。

8.2 動態規劃

例 8.2.1　Question 1: Is Bigger Smarter? (CPE10658, UVA10131)

◎關鍵詞：排序、動態規劃、最長遞增子數列

◎來源：http://uva.onlinejudge.org/external/101/10131.html

◎題意：

給定一組序列，包括每隻大象的智商和重量，求最長的子序列且符合智

商嚴格遞減、但重量嚴格遞增的條件。

有人說大象愈大隻愈聰明，為了反駁這種說法，你蒐集了大象的重量和智商的資料，並為每隻大象編號。資料經分析後，依重量由小到大（嚴格遞增）、智商由大到小（嚴格遞減）的規則，將符合此規則的最多大象找出來。

◎輸入／輸出：

輸入	6008 1300 6000 2100 500 2000 1000 4000 1100 3000 6000 2000 8000 1400 6000 1200 2000 1900
輸出	4 4 5 9 7
說明	輸入資料的每一列包含兩個整數，分別代表一隻大象的重量和智商，兩個的數值範圍從 1 到 10000。由於最多有 1000 隻大象，因此可能有兩隻大象有相同的智商、相同的重量，或是相同的智商和重量。輸出部分，先印出最長子序列的長度，再依智商從小到大印出每一隻符合條件的大象編號。

◎解法：

將重量和智商分別存入兩個陣列，先依智商做遞減排序。排序時，若兩隻大象的智商相等，則比較兩者的重量，將重量小的排前面。然後，利用動態規劃 (dynamic programming) 找出大象體重的最長遞增序列 (longest increasing subsequence, LIS)。

若要找出某數列之最長遞增序列，利用動態規劃的方法，我們需要另外兩個陣列的輔助。第一個陣列 predecessor 記錄前一個比它小的元素位置。第二個陣列 length 記錄該元素的最長子序列長度。以下介紹找出最長遞增序列的方法。

要找出一數列 {9, 5, 2, 8, 7, 3, 1, 6, 4} 的最長遞增序列，首先初始化 Li=0、Pi=−1、maxlen=0，並依序填入表 8.6。其中，Sequence 代表此一數

列，Length 為目前最長子序列之長度，Predecessor 為此子序列中用來記錄前一個字元之 Index（索引值）。首先從 Index=0 開始填入，由於此為第一項，前面沒有序列，故將 Length 的地方填入 1，Predecessor 填入 −1，代表自己為一個遞增序列的開頭。接著考慮 Index=1，由於此項數值 5 小於 9，故做為另一序列的開頭，所以把 Length 和 Predecessor 同樣設為 1 與 −1。再考慮 Index=2，此情況與前一情況相同，因此亦將 Length 設為 1，Predecessor 設為 −1。然後考慮 Index=3，此項數值為 8，比前面出現的兩項數值（分別為 5 與 2）來得大，故可以放在它們的後面來增加長度。此時，挑選一個最長的，但兩者一樣長，故把 Length 填入 2，Predecessor 填入 2 或 1，代表此項的前一項為 Index=2（或 1）。如此依序填完表格，即可得到 Length 最長的項，如表 8.6 所示。

表 8.6 尋找最長遞增數列的過程

Index	0	1	2	3	4	5	6	7	8
Sequence(Si)	9	5	2	8	7	3	1	6	4
Length(Li)	1	1	1	2	2	2	1	3	3
Predecessor(Pi)	-1	-1	-1	2	2	2	-1	5	5

◎程式碼：

01	`#include<stdio.h>`	
02	`#include<limits.h>`	
03	`#include<stdio.h>`	
04	`#include<limits.h>`	
05	`#include<stdlib.h>`	
06		
07	`#define SIZE 1000`	
08	`void initArra(int *ptr, int size, int`	08-13：對所給的陣列 ptr 做
09	`InitVal ){`	指定數值 (InitVal) 的初
10	`　　int i;`	始化動作。
11	`　　for(i=0 ; i<size ; i++)`	
12	`　　　　*(ptr+i)=InitVal;`	
13	`}`	
14	`int selector(int *iq, int *weight, int from,`	14-31：每次 SortByIQWeight
15	` int count){`	都會呼叫此副函式來找出
16	`　　int i;`	智商最高的大象（若智商
17	`　　int indextmp=0, iqtmp=INT_MIN,`	相同，則選擇重量較輕的
18	`　　　weighttmp=INT_MAX;`	大象）。

19	`    for(i=from ; i<count ; i++){`	
20	`        if(*(iq+i)>iqtmp){`	20-24：記錄智商最高的大象。
21	`            iqtmp=*(iq+i);`	
22	`            weighttmp=*(weight+i);`	
23	`            indextmp=i;`	
24	`        }`	
25	`        else if(*(iq+i)==(iqtmp)){`	25-27：若有兩隻大象的智商相等，則比較牠們的重量，並記錄重量較輕之大象的位置。
	`            if(*(weight+i)<weighttmp){`	
26	`                weighttmp=*(weight+i);`	
27	`                indextmp=i;`	
	`            }`	
28	`        }`	
29	`    }`	
30	`    return indextmp;`	30：回傳所找出的大象位置。
31	`}`	
32		
33	`void swap(int *ptr, int i, int j){`	33-37：交換 ptr 陣列中索引 i 和索引 j 的內容。
34	`    int tmp=*(ptr+j);`	
35	`    *(ptr+j)=*(ptr+i);`	
36	`    *(ptr+i)=tmp;`	
37	`}`	
38		
39	`void sortByIQWeight(int *iq, int *weight,`	39-50：針對大象的智商（IQ 陣列）做遞減排序。若兩隻大象智商相等，則把大象重量較輕的排前面。這裡是以增加條件的 Selection Sort 為排序演算法。
40	` int *id, int count){`	
41	`    int i, swapIndex;`	
42		
43	`    for(i=0; i<count; i++){`	
44	`        swapIndex=selector(iq, weight, i,`	
45	` count);`	
46	`        swap(iq, i, swapIndex);`	44：swapIndex 記錄本次所找到智商最高的大象之索引值，接著把 i 和 swap-Index 相對應的內容進行交換。
47	`        swap(weight, i, swapIndex);`	
48	`        swap(id, i, swapIndex);`	
49	`    }`	
50	`}`	
51	`int LIS(int *iq, int *weight, int`	51-69：找出 Weight 陣列的最長嚴格遞增子序列，並回傳最長子序列最後的位置。
52	`*predecessor, int *length, int count){`	
53	`    int i, j;`	
54	`    int maxLength=0, maxLengthIndex=-1;`	
55		
56	`    for(i=0; i<count; i++){`	56-67：於前述 LIS 動態規劃，依序填入表格中的 length 和 predecessor。使用 maxLengthIndex 能記錄
	`        for(j=0; j<i; j++){`	
	`            if(*(weight+i)>*(weight+j) &&`	
57	`            *(iq+i)<*(iq+j) &&`	

58	`            *(length+i)<=*(length+j)){`	此序列最長的長度。最後
59	`                *(predecessor+i)=j;`	依據 predecessor 可得
60	`                *(length+i)=*(length+j)+1;`	LIS 的所有項目。
61	`                if(maxLength<*(length+i)){`	
62	`                    maxLength=*(length+i);`	
63	`                    maxLengthIndex=i;`	
64	`                }`	
65	`            }`	
66	`        }`	
67	`    }`	
68	`    return maxLengthIndex;`	
69	`}`	
70	`void printLISid(int *id, int *predecessor,`	70-85：把其中符合條件的最
71	` int *length, int LISmaxLengthIndex){`	長嚴格遞增子序列的大象
	`    int i;`	編號取出並印出。
72	`    int *resultID=(int*)malloc(*(length`	
73	`    +LISmaxLengthIndex)*sizeof(int));`	
	`    int indextmp=LISmaxLengthIndex;`	
74	`    printf("%d\n", *(length+`	
	`    LISmaxLengthIndex));`	
75	`    for(i=*(length+LISmaxLengthIndex)-1;`	75-79：把 LIS 的所有大象資
76	`     i>=0; i--){`	訊抓到 resultID 陣列
77	`        resultID[i]=id[indextmp];`	中，以便下一個迴圈可以
78	`        indextmp=predecessor[indextmp];`	印出。
79	`    }`	
80	`    for(i=0; i<*(length+`	
81	`     LISmaxLengthIndex); i++)`	
82	`    printf("%d\n", resultID[i]);`	
83		
84	`    free(resultID);`	
85	`}`	
86		
87	`int main(){`	
88	`    int iq[SIZE];`	
89	`    int weight[SIZE];`	
90	`    int id[SIZE];`	
91	`    int count=0;`	
92	`    int predecessor[SIZE];`	
93	`    int length[SIZE];`	
94	`    int LISlastIndex=-1;`	
95		
96	`    initArr(iq, SIZE, 0);`	96-100：初始化五個陣列。
97	`    initArr(weight, SIZE, 0);`	

98 `    initArr(id, SIZE, 0);` 99 `    initArr(predecessor, SIZE, -1);` 100 `    initArr(length, SIZE, 1);` 101 102 `    while(scanf("%d%d", (weight+count),` 103 `    (iq+count))!=EOF){` 104 `       id[count]=count+1;` 105 `       count++;` 106 107 `       if(count>SIZE)` 108 `          return 1;` 109 `    }` 110 `    sortByIQWeight(iq, weight, id, count);` 111 `    LISlastIndex=LIS(iq, weight,` 112 `    predecessor, length, count);` 113 `    printLISid(id, predecessor, length,` 114 `    LISlastIndex);` 115 116 `    return 0;` 117 `}`	102-109：逐一儲存每隻大象的重量和智商到Weight和IQ陣列。 110：針對IQ做條件式遞減的排序。 111：針對重量計算最長遞增序列。 113：印出結果。

例 8.2.2　Divisibility (CPE10615, UVA10036)

◎關鍵詞：動態規劃、同餘

◎來源：http://uva.onlinejudge.org/external/100/10036.html

◎題意：

　　給定一個長度為N的數字序列$A_1, A_2, ..., A_N$與一個正整數K，請求出$(A_1, A_2, ..., A_N)\%K = 0$是否成立。其中，相鄰兩個數字之間可以做加法或減法運算。若成立，則輸出「Divisible」；若無法成立，則輸出「Not divisible」。例如，數列 4 −5 7 代入式子中可得到四種可能的情形：

$$4 + (-5) + 7 = 6$$
$$4 + (-5) - 7 = -8$$
$$4 - (-5) + 7 = 16$$
$$4 - (-5) - 7 = 2$$

若 K = 8，則 −8 與 16 兩種結果均可使式子被 K 整除。若 K = 5，則沒有任何一個結果可使式子被 K 整除。因此，K = 8 時答案為 Divisible，K = 5 時答案為 Not divisible。

◎輸入／輸出：

輸入	2 3 8 4 -5 7 3 5 4 -5 7
輸出	Divisible Not divisible
說明	第一列的正整數 M 表示接下來會有 M 組測資。每組測資第一列有兩個正整數 N、K(1 ≤ N ≤ 10000，2 ≤ K ≤ 100)，測資第二列有長度為 N 的數列，數列的每個數之絕對值不會大於 10000。

◎解法：

長度為 N 的數列，相鄰兩數之間都要給予正號或負號，共有 N−1 個正負號。如果將正負號的所有可能情形都考慮的話，總數會有 2^{N-1} 種，執行時間必定超過限制。

本題必須使用更有效率的方法，在此我們採用動態規劃演算法。

以一個陣列 arr 來記錄數列前 i 個數 ($A_1, A_2, ..., A_i$) 運算後所有可能的餘數，也就是以 arr[0] 至 arr[k−1] 記錄前 i 個數是否產生 0 至 K−1 的餘數。例如，數列的前 i 個數進行運算 ($A_1, A_2, ..., A_i$)%K 的結果，如果有可能產生餘數 7，則在 arr[7] 標示 true；否則標示 false。

第一回合陣列記錄 A_1%K 的結果，第二回合記錄 (A_1, A_2)%K 的結果，第 i 回合記錄 ($A_1, A_2, ..., A_i$)%K 的結果，以此類推直到第 N 回合，陣列便會記錄 ($A_1, A_2, ..., A_N$)%K 的結果，然後再將 arr[0] 的結果取出。

總而言之，此方法僅需找出如何將第 i 回合的結果推導至第 i+1 回合的結果即可。例如，以輸入範例的第一組測資，即數列 4, (−5), 7 與 K=8 來說明。第二回合的結果為：

$$4 + (-5)\ 8 = -1$$
$$4 - (-5)\%8 = 1$$

若出現絕對值大於或等於 K 的數，我們可以將其除以 K 並取餘數，使其絕對值範圍回到 0 至 K−1。若出現負數，我們可以加上 K，使其變為正數。這樣所有的數值範圍皆會在 0 至 K−1 之間。因此，第二回合的結果可修正為：

$$4 + (-5)\%8 + 8 = 7$$
$$4 + (-5)\%8 = 1$$

也就是說，當我們考慮 $(A_1, A_2)\%K$ 時，會有 1 與 7 兩種可能的餘數。換言之，arr[1]=true，arr[7]=true，其餘元素為 false。

第三回合就是將這兩種可能的餘數與 A_3 進行運算。換言之，第三回合的計算情形如下：

$$1 \pm 7\%8$$
$$7 \pm 7\%8$$

計算結果為：arr[0]、arr[2]、arr[6] 為 true，其餘元素為 false。

因此，假設第 i 回合的結果為一個集合 S，其中包含 t 個結果 $S_1, S_2, ..., S_t$，則第 i+1 回合的結果即為 $(S_i \pm A_{i+1})\%K (1 \leq i \leq t)$。當算出第 N 回合的結果後，若 arr[0] 為 true，則表示可以被 K 整除。

◎程式碼：

01	`#include<iostream>`
02	`using namespace std;`
03	`int main()`
04	`{`
05	`  int m = 0;`
06	`  cin >> m;`
07	`  while(m--){`
08	`    int n,k;`
09	`    cin >> n >> k;`
10	`    int input[10001]={};`
11	`    for(int i=1;i<=n;++i)`

12 `    cin >> input[i];`	
13 `bool arr[100]={};`	13：arr 陣列記錄除以 k 之後的餘數。若可得到餘數 i，則 arr[i] 設為 1，否則設為 0。
14 `int x=input[1]%k;`	
15 `if(x<0)`	15-17：第一回合的結果為 A_1，並且修正範圍為 0 至 k-1。
16 `    x=k+x;`	
17 `arr[x] = 1;`	
18 `for(int i=2;i<= n;i++){`	18-34：計算第二回合至第 N 回合的情形。
19 `    int arrTmp[100]={};`	19：用以記錄第 i 回合的結果陣列。arrTmp 之初始值；每個元素的內容暫先設為 0。
20 `    for(int j=0;j<k;j++){`	
21 `        if(arr[j]==true){`	
22 `            int m1=(j+input[i])%k;`	20-31：掃描第 i-1 回合的結果，並將其與 A_i 進行運算。
23 `            if(m1<0)`	
24 `                m1=k+m1;`	22-24：進行 m1=S_j+A_i%K 運算。
25 `            int m2=(j-input[i])%k;`	25-27：進行 m2=S_j-A_i%K 運算。
26 `            if(m2<0)`	
27 `                m2=k+m2;`	
28 `            arrTmp[m1]=true;`	28-29：產生餘數 m1 與 m2，所以將 arrTmp[m1] 與 arrTmp[m2] 設為 1。
29 `            arrTmp[m2]=true;`	
30 `        }`	
31 `    }`	
32 `    for(int i=0;i<k;++i)`	32-34：將第 i 回合的結果複製回 arr 中，準備進行下一回合。
33 `        arr[i]=arrTmp[i];`	
34 `}`	
35 `if(arr[0]==true)`	
36 `    cout << "Divisible\n";`	
37 `else`	37：檢查 arr[0] 之結果即為所求。
38 `    cout << "Not divisible\n";`	
39 `}`	
40 `}`	

例 8.2.3　Dollars (CPE22181, UVA147)

◎關鍵詞：動態規劃、零錢問題

◎來源：http://uva.onlinejudge.org/external/1/147.html

◎題意：

　　紐西蘭的錢幣有 \$100、\$50、\$20、\$10、\$5 的紙鈔與 \$2、\$1、50c、20c、10c、5c 的硬幣（c 指的是分，即百分之一元）。使用這些紙鈔與硬幣，有幾種方式可以湊出給定的金額 X？例如，20c 可以由以下四種方式湊出：20c、2×10c、10c+2×5c、4×5c。

◎輸入／輸出：

輸入	0.20 5.00 20.00 300.00 0.00
輸出	0.20　　　　　　　　　4 　5.00　　　　　　　　6149 　20.00　　　　　　　2886726 300.00　　181490736388615
說明	輸入部分，每一列有一個正實數，其值不大於 300.00，代表要求解的金額（單位為元），此金額一定是 0.05 的整數倍。資料最後以 0.00 做為結束，此金額不必求解。 對於每個金額輸出一列，包含金額（以 6 個字元寬靠右對齊）與所求的方法個數（以 17 個字元寬靠右對齊）。

◎解法：

本題採用動態規劃演算法。我們先給一個範例，以下列出湊出金額 40c 的所有方法：

1. 8×5c
2. 10c+6×5c
3. 2×10c+4×5c
4. 3×10c+2×5c
5. 4×10c
6. 20c+4×5c
7. 20c+10c+2×5c
8. 20c+2×10c
9. 20c+20c

現在我們將從上述方法中找出一些規則。如果挑出含有 20c（目前最大面額的錢幣）的方法，可以發現方法 6 至方法 9 是湊出金額 20c 的每個方法，再加上一個 20c 錢幣。而剩下的方法（方法 1 至方法 5）是金額 40c 僅使用 5c 與 10c（面額比 20c 小的錢幣）來兌換的方法。

我們定義 $A_{k,m}$ 為以最小 k 種面額之錢幣湊出金額 m 的方法個數，且錢幣面額分別為 $C_1, C_2, ..., C_k$，那麼規則便是 $A_{k,m}=A_{k-1,m}+A_{k,m-C_k}$。如此不斷地簡化問題，直到以下兩種情況便停止遞迴：

$$A_{1,m}=1$$
$$A_{k,C_k}=A_{k-1,C_k}+1$$

　　透過上述方法，程式可以在一開始就完成陣列的計算，往後直接從陣列中取得答案。觀察得知，方法個數是每 10c 才有所改變，故陣列以每 10c 為單位做計算即可。如此不僅可節省記憶體用量，也可加快程式速度。欲取得答案時，先將金額換算成以 10c 為單位，再從解答陣列中取得兌換方式個數。為儲存錢幣實際的面額，我們使用另一個陣列 coin 存放各錢幣的面額，此陣列的內容也以 10c 為單位。透過 coin 陣列，在計算時透過索引值，便可以輕易取得錢幣的面額。

　　試想，找零錢問題的方法個數，每多少金額才會有所改變呢？若仔細推敲，可得知答案為第二小的錢幣面額。以新台幣為例，錢幣面額若分別為 $1,000、$500、$100、$50、$10、$5、$1，方法個數便是每 5 元才有所改變。

　　需要注意的是，由範例輸出可知，答案的數值可能很大，或許會超過 int 型態所能容納的範圍（−2147483648 至 2147483647），因此必須使用 long long int 型態（-2^{63} 至 $2^{63}-1$）才能運算出正確的數值。

　　自解答陣列取得答案時，需進行金額單位的轉換。當執行浮點數轉換至整數，必須留意浮點數運算精確度的問題。實際上，應該要盡量避免型態轉換，而以整數讀取測試資料是比較安全的作法。以下的程式碼是將求解的金額以整數讀進後，換算成以「分」為單位：

```
intxa,xb; char pt;
while (cin<<xa<<pt<<xb) {
    int x=xa*100+xb;
    // 其餘程式碼
}
```

　　由於本題在輸出格式上有特別的要求，因此必須知道如何調整這些格式設定。表 8.7 所示為以 cout 搭配 iomanip 函式庫的方法。

　　這些函式皆屬標頭檔 iomanip，因此使用前記得引入此一標頭檔。用法範例詳見以下的程式碼。

表 8.7　count 的輸出格式控制

fixed	在小數部分位數不足時補零。
setprecision	設定小數部分應顯示的位數。
setw	設定預留寬度，單位字元。
left	靠左對齊。
right	靠右對齊。

◎程式碼：

```cpp
#include <iostream>
#include <iomanip>
using namespace std;
const int MAX=300*10+1,NUM_COIN=11;
long long int ans[MAX];
int coin[NUM_COIN]=
    {0,1,2,5,10,20,50,100,200,500,1000};
int main(){
    for(int i=0;i<MAX;i++)
        ans[i]=1;
    for(int j=1;j<NUM_COIN;j++){
        for(int i=coin[j];i<MAX;i++){
            ans[i]+=ans[i-coin[j]];
        }
    }
    double x;
    cout << fixed << setprecision(2);
    while(cin >> x){
        if(x==0.00)
            break;
        cout << setw(6) << x;
        cout << setw(17) << ans[int(x*10.0)] <<
            endl;
    }
    return 0;
}
```

02：引入 iomanop 標頭檔。

04：MAX 為陣列大小，亦即欲計算的最大可能值 300.00，以 10c 為單位；NUM_COIN 表示錢幣的種類數。

05：陣列使用 long long int 型態才足夠。

07：各種類紙幣的面額以 10c 為單位記載，忽略最小面額 5c。

10-14：動態規劃之計算過程。事先將所有 300.00 以下的兌換個數計算完畢。

12：由於 ans[0] 的值恰好為 1，在 i=coin[j] 時，不必另外處理，以同樣的方式計算即可。

16：設定浮點數的輸出格式。

18：當輸入為 0.00 表示資料結束，離開迴圈，結束程式。

21：將金額轉為對應的陣列索引值，再查詢已算出的陣列解答。

例 8.2.4　Safe Salutations (CPE10501, UVA991)

◎關鍵詞：動態規劃、分割

◎來源：http://uva.onlinejudge.org/external/9/991.html

◎題意：

　　一群人兩兩配對，2 人為 1 對，總計有 n 對圍成一個圈圈。要互相握手時，試問手不會交錯的握手法有幾種？比如說有 3 對（共 6 人），可能的握手方法有六種，如圖 8.1 所示。

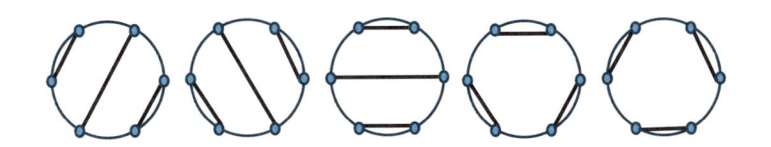

圖 8.1　6 個人的配對方式

◎輸入／輸出：

輸入	4
輸出	14
說明	輸入的每一列是一組測試資料，代表 n 對（共 2n 個人）要互相握手，1 ≤ n ≤ 10。輸入的每組測試資料間以空白列隔開。針對每組測試資料請計算並輸出對應的握手方法數量，而不同的測試資料間以空白列隔開。

◎解法：

　　本題可由資料整理歸納出快速解法。解題的技巧是先觀察題目的測試資料，把 n 對（共 2n 個人）分解成簡單的組合，歸納出規則。首先把題目的圖示重新排列，如圖 8.2 所示。

　　圖 8.3 為 3 對（6 人）的例子。以其中一人為基準（圓圈標示 ✖ 之位置），當他找某人握手（✖ 之位置以虛線表示），就把人群分為兩群（每群都必須是 2 的倍數），左方一群人互相握手，右方一群人也互相握手。問題便

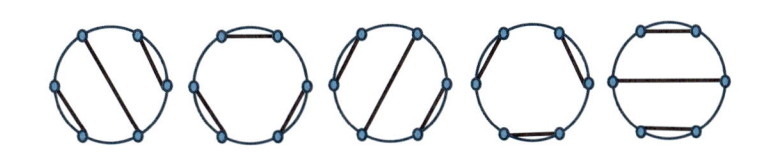

圖 8.2　重新排列 6 個人的配對方式

圖 8.3
6 個人配對的推演過程

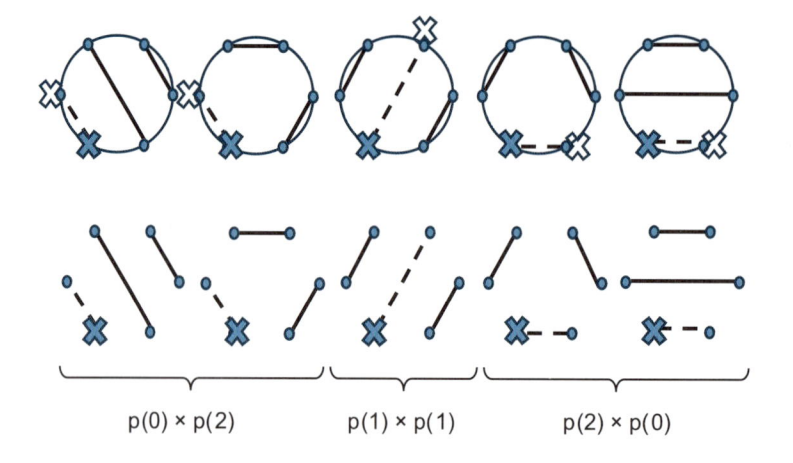

由大問題切成小問題分開處理。

接下來再以 4 對（8 人）為例。以左下角標示 ✖ 的人為基準，當他找左方鄰居握手 (case 1)，人群被分為 0 人（0 對）及 6 人（3 對）。當找左前方握手 (case 2)，人群被分為 2 人（1 對）及 4 人（2 對），以此類推，如圖 8.4 所示。

把剛剛歸納發現的規律整理後，得到表 8.8。其中，p(i) 表示 i 對（2i 個人）的可能握手方法數。其中 p(1)=1；為使運算單純化，另外定義 p(0)=1。

這種概念就是動態規劃。公式看起來是遞迴關係，但撰寫程式時，不可

圖 8.4
8 個人配對的推演過程

case 1:
分成 0 人及 6 人
p(0) × p(3)

case 2:
分成 2 人及 4 人
p(1) × p(2)

case 3:
分成 4 人及 2 人
p(2) × p(1)

case 4:
分成 6 人及 2 人
p(3) × p(0)

表 8.8 動態規劃公式。

p(2) =p(0)×p(1) +p(1)×p(0)	p(3) =p(0)×p(2) +p(1)×p(1) +p(2)×p(0)	p(4)=p(0)×p(3) +p(1)×p(2) +p(2)×p(1) +p(3)×p(0)	p(i)=p(0)×p(i-1) +p(1)×p(i-2) +p(2)×p(i-3) +…+p(i-1) ×p(0)
1×1+1×1=2	1×2+1×1+2×1=5	1×5+1×2+2×1+5×1=14	

圖 8.5

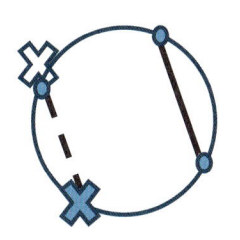

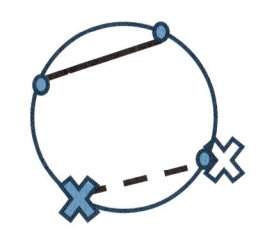

寫成遞迴程式，而必須由 i 值較小者先計算，然後逐步計算至 i 值較大者。

圖 8.5 為 4 人的配對方式，數量為 p(2)=2。p(3) 及 p(4) 則可見前面圖解說明。

◎程式碼：

| ```cpp
#include <iostream>
using namespace std;
int p[11];
int main()
{
    p[0]=1;
    p[1]=1;
    for(int i=2;i<=10;i++){
        p[i]=0;
        for(int j=0;j<i;j++){
            p[i]+= p[j]*p[i-j-1];
        }
    }
    int n;
    int dataset=1;
    while(cin >> n){
        if(dataset>1) cout << endl;
        cout << p[n] << endl;
        dataset++;
    }
    return 0;
}
``` | 03：p[i] 表示有 i 對朋友時，有 p[i] 種握手方法。<br><br>06-13：使用解法中所提到的規則，先建立前處理表格，讓每個 p[i] 都由 p[0] 到 p[i-1] 來兩兩相乘加總出結果。<br><br>17：不同組輸出資料用空白列隔開。<br>18：直接查表輸出結果。 |
```

8.3 其他

例 8.3.1　How Many Fibs (CPE10681, UVA10183)

◎關鍵詞：大數、二分搜尋法、費氏數列

◎來源：http://uva.onlinejudge.org/external/101/10183.html

◎題意：

計算輸入兩數的區間有多少費伯納西數 (Fibonacci numbers)。

◎輸入／輸出：

輸入	10 100 1234567890 9876543210 0 0
輸出	5 4
說明	輸入包含若干組測試資料。每組測資為一列，有兩個非負整數，分別是 a 和 b 的值（最大值可達 10^{100}）。若 a 與 b 之值為 0 0，則代表測試資料結束。 對於每一組測試資料 a 與 b 兩數，印出兩數區間的費伯納西數之個數。

◎解法：

由於輸入資料可能超過長整數 (long long int) 的範圍，所以需要使用大數。

費伯納西數的值成長得很快，大約是以指數的速度成長；亦即 fib(n) = $O(c^n)$，其中 c 為某常數。這樣的數列在自然數中的分布相對稀少。在小於 N 的自然數中，大約會有 log(N) 個費伯納西數。若輸入的 N 值為 10^{100}，大約有 100×log(10) 個費伯納西數。

我們可以預先找出小於 10^{100} 的所有費伯納西數，並且儲存於陣列中。當費伯納西數存入陣列後，為一遞增數列，不用加以排序即可進行二分搜尋 (binary search)。

◎程式碼：

01	`import java.io.*;`	
02	`import java.util.*;`	
03	`import java.math.BigInteger;`	
04		
05	`class Main`	
06	`{`	
07	`    public static void main(String[] argv)`	
08	`    {`	
09	`        ArrayList<BigInteger> fibList = new`	09：使用大數。
10	`ArrayList<BigInteger>();`	
11	`        BigInteger maxLimit =`	11：最大範圍是 10^{100}。
12	`BigInteger.TEN.pow(100);`	
13	`        fibList.add(new BigInteger("1"));`	13：前兩個費伯納西數為 1 與 2。
14	`        fibList.add(new BigInteger("2"));`	
15	`        int currentIndex = 2;`	15：已經有兩個數值。
16	`        for(BigInteger tempValue = new`	16：預先產生 3 到 10^{100} 之間的費
17	`BigInteger("3");`	伯納西數，其數量大約只有
18	`tempValue.compareTo(maxLimit)<=0;`	$100 \times \log(10)$ 個。
19	`tempValue =`	
20	`fibList.get(currentIndex-1).add(fibList.`	20：取得下一個費伯納西數。
21	`get(currentIndex-2)))`	
22	`        {`	
23	`            fibList.add(tempValue);`	23：將剛剛算出的費伯納西數存
24	`            ++currentIndex;`	起來。
25	`        }`	
26	`        int fibListSize = fibList.size();`	
27	`        BigInteger[] fibArray = new`	
28	`BigInteger[fibListSize];`	
29	`        fibList.toArray(fibArray);`	29：將預存之費伯納西數數列改
30		成陣列。
31	`        BufferedReader br = new`	
32	`BufferedReader(new`	
33	`InputStreamReader(System.in));`	
34	`        String line;`	
35	`        try`	
36	`        {`	
37	`            while((line = br.readLine()) !=`	
38	`null)`	
39	`            {`	
40	`                Scanner scanner = new`	
41	`Scanner(line);`	
42	`                BigInteger a =`	42：讀入範圍 a,b。
43	`scanner.nextBigInteger();`	

44	BigInteger b = scanner.nextBigInteger();	
45		
46		
47	if(0==a.compareTo(BigInteger.ZERO) && 0==b.compareTo(BigInteger.ZERO))	47：a,b 都為 0 時結束。
48		
49	{	
50	break;	
51	}	
52	else	
53	{	
54	int index_a = Arrays.binarySearch(fibArray, a);	55：利用二分搜尋找尋預存之費伯納西數。
55		
56	if(index_a < 0)	
57	{	
58	index_a = -(index_a+1);	
59	}	
60	int index_b = Arrays.binarySearch(fibArray, b);	
61		
62	if(index_b < 0)	
63	{	
64	index_b = -(index_b+1);	
65	}	
66	else	
67	{	
68	++index_b;	
69	}	
70	System.out.println(index_b - index_a);	
71		
72	}	
73	}	
74	}	
75	catch(IOException ioex)	
76	{	
77		
78	}	
79	}	
80	}	

例 8.3.2　Shoemaker's Problem(CPE10612, UVA10026)

◎關鍵詞：排序、排程

◎來源：http://uva.onlinejudge.org/external/100/10026.html

◎題意：

一位鞋匠有 N 件工作，一天只能做一件。而鞋匠知道每項工作所需的完成時間，以及每件工作拖延一天所需給予的罰金。延誤天數是從今天到開始進行該項工作的那一天，意思是說只有第一項工作不用給罰金。

假設有四件工作，依序如下：

3 5
2 9
3 7
5 8

每一列，前者為工作完成所需的天數，後者為該工作延遲一天的罰金。若工作的順序是 1, 2, 3, 4，則罰金為：0×5+9×3+7×5+8×8=126。若工作的順序是 1, 3, 2, 4，則罰金為：0×5+7×3+9×6+8×8=139。所以第二種工作順序的罰金較多。

◎輸入／輸出：

輸入	1 4 3 4 1 1000 2 2 5 5
輸出	2 1 3 4
說明	輸入的第一列有一個整數 K，表示以下有 K 組測試資料。每組測資的第一列有一個整數 N(1 ≤ N ≤ 1000)，表示有 N 件工作需要完成。接下來的 N 列，每列有兩個整數（T 與 S），1 ≤ T ≤ 1000，1 ≤ S ≤ 10000。T 為工作完成所需的天數，S 為該工作延遲一天的罰金。第一列 (K) 和第一組測資之間及各組測資間均有一空白列。 對每組測資輸出一組罰金為最少的工作順序（N 個工作）。每個工作編號之間均要有一個空白做為分隔。如果答案不唯一，則以字典排序法比較，輸出裡面最小的那組。各組輸出的資料之間亦須有一個空白列。

◎解法：

先看一個簡單的情況。假設有兩件工作 A 與 B，該如何決定先做 A，或先做 B？如果先做 A，等於拿 A 的工作天數去付 B 的罰金；如果先做 B，等於拿 B 的工作天數去付 A 的罰金。兩者乘積相比，選擇較小者，等於罰金較小。

例如，有一份 A 工作需要 3 天完成，其超時罰金為一天 4 元，另一份 B 工作需要 5 天完成，其超時罰金為一天 2 元。這兩份工作的罰金如下：

1. **先做 A**：會使得 B 延遲 3 天完成，所需罰金為 2×3=6。
2. **先做 B**：會使得 A 延遲 5 天完成，所需罰金為 4×5=20。

由於 20>6，所以第一個方案比較好。由上可知，兩個工作之間可以利用上述的交叉乘積來比較大小，如此即可判斷何者應安排在前面。

當工作數量有 N 個時，就變成解決 N 個工作的排序問題。排序時，兩兩之間以其交叉乘積比較大小。

◎程式碼：

01	`#include<iostream>`	
02	`#include<algorithm>`	
03	`#include<vector>`	
04	`using namespace std;`	
05	`class Job{`	
06	`    public:`	
07	`    int m_id,m_day,m_money;`	
08	`    Job (){m_id=m_day=m_money=0;}`	
09	`    bool operator<(const Job& b)const{`	09：利用 C++ 的「運算子重載」(operator overloading) 重新定義 Job 類別的「小於」函數。
10	`        if(m_day*b.m_money==m_money*b.m_day)`	
11	`            return m_id<b.m_id;`	
12	`        return (m_day*b.m_money)<(m_money*b.m_day);`	
13	`    }`	
14	`};`	
15	`int main(){`	
16	`    int n;cin >> n;`	
17	`    for(int i=0;i<n;i++){`	
18	`        if(i)cout << endl;`	
19	`        int n;cin >> n;vector<Job> jobs(n);`	
20	`        for(int i=0;i<n;i++){`	20-23：讀取工作。
21	`            cin >> jobs[i].m_day >> jobs[i].m_money;`	
22	`            jobs[i].m_id=i+1;`	
23	`        }`	

24	`sort(jobs.begin(),jobs.end());`	24：排序時，以 Job 類別
25	`for(int i=0;i<n;i++){`	的「小於」函數來比
26	`    if(i)cout << " ";`	較兩個工作的大小。
27	`    cout << jobs[i].m_id;`	25-28：印出答案。
28	`}`	
29	`    cout << endl;`	
30	`}`	
31	`return 0;`	
32	`}`	

例 8.3.3　　Eternal Truths (CPE10601, UVA928)

◎關鍵詞：寬度優先搜尋 (breadth-first search, BFS)、迷宮

◎來源：http://uva.onlinejudge.org/external/9/928.html

◎題意：

　　本題為模擬走迷宮。迷宮為長方形的格子，移動的方向是前、後、左、右四個方向，格子如果標示為牆 (#)，就不能通行。迷宮的走法很特別，從起點出發的第一次移動會移動一格，第二次的移動要移動兩格，第三次的移動要移動三格，第四次之後的移動又再度以一格、兩格、三格這樣的規律來移動。按照此一移動規則，試問最少需要走幾次才能到達終點？

◎輸入／輸出：

輸入	2 5 4 S... .#.# .#.. .##. ...E 6 6 .S...E .#.##. .#.... .#.##. .####. ......

輸出	NO 3
說明	輸入的第一列是測資的總組數 T。接著，每一組測試資料的第一列有兩個整數 R 及 C(2 ≤ R, C ≤ 300)，分別代表迷宮的列 (Row) 及行 (Column) 之個數。接下來會有 R 列的字串資料，每一列有 C 個字元，其中句點字元 (.) 是表示可通行的房間 (Chamber/Room)，井字字元 (#) 表示是不能通行的牆，字母 S 表示起點，字母 E 表示終點。 每一組測資會對應一列輸出，內含一個整數，表示從起點到終點的最少移動次數。如果不存在可能的移動解法，就輸出字串 NO。

◎解法：

可使用寬度優先搜尋法 (BFS) 來模擬走訪地圖，一旦走到終點，該走法便是最快速的走法。但是本題有個小變形，就是在一個方向移動的步數不是一次移動一格，而是依序移動一格、兩格、三格。這樣的變形使解法變得較為複雜。

模擬寬度優先搜尋時，可使用 C++ STL 的 queue（佇列），來將某個時間點下一步可能造訪的格子都放進 queue 中排隊；再依序把所有可能走法的格子，依照先進先出 (first-in first-out, FIFO) 的原則取出測試。

比較麻煩的是，因為有特殊的移動規則，所以解法要模擬移動的過程。只要過程中間出現牆或是超出地圖的範圍，就不是可能的走法，也就不放進 queue 中進行往後的測試。另外，同一格在不同時間有不同的狀態，因為下一步可能會有一格、兩格、三格的差異，所以另外建立一個比較複雜的陣列，來分別表示這三種情況下格子被走訪的細節 (int step[3][500][500])，其中 step[0][i][j] 的值是走進格子 (i, j) 的最少移動次數，下一步會走 0+1=1 格；step[1][i][j] 的值是走進格子 (i, j) 的最少移動次數，下一步會走 1+1=2 格；step[2][i][j] 的值是走進格子 (i, j) 的最少移動次數，下一步會走 2+1=3 格。

本題為了簡化程式結構，所以使用了三個 queue，分別代表放到 queue 中的座標 I、座標 J 與對應的移動次數。讀者也可自行嘗試改只用一個 queue（儲存的每個元素含三個子元素）。

另外要特別注意，因為有不只一組測試資料，所以在每次開始模擬時，要將 queue 清空。因為 C++ STL queue 並沒有 clear() 這樣的成員函式來將 queue 清空，故本程式碼是把 queue 宣告的變數再設一個空白的值，但是這樣有可能會造成未將記憶體歸還給系統的情形。因此，讀者可以試著改用

while 迴圈把 queue 裡面的值逐項清空。

◎程式碼：

01	`#include <iostream>`	
02	`#include <queue>`	
03	`using namespace std;`	
04	`queue<int> visitedI,visitedJ,visitedM;`	04：宣告三個 queue，分別表示 i,j 座標及對應的移動步數。
05	`int step[3][300][300], T,R,C;`	
06	`char map[300][301];`	06：輸入的地圖因為是以字串儲存，字串結尾 \0 要再加一格，所以宣告多一格 [300][301]。
07		
08	`void push(int i, int j, int steps)`	
09	`{`	08-20：自行定義 push() 及 pop() 可以將三個 queue 以 FIFO 來加入與取出資料。
10	`    visitedI.push(i);`	
11	`    visitedJ.push(j);`	
12	`    visitedM.push(steps);`	
13	`    step[steps%3][i][j]=steps;`	
14	`}`	
15	`void pop(int &i, int &j, int &steps)`	
16	`{`	
17	`    i=visitedI.front(); visitedI.pop();`	
18	`    j=visitedJ.front(); visitedJ.pop();`	
19	`    steps=visitedM.front();visitedM.pop();`	
20	`}`	
21	`bool inRange(int i, int j, int n)`	21-28：inRange() 會測試 (i,j) 的格子是否是合法的。不合法的狀況包括在範圍外、已被探討過、標示為牆 (#) 等三種狀況。
22	`{`	
23	`    if(i<0 || j<0 || i>=R || j>=C`	
24	`        || step[n%3][i][j]>-1`	
25	`        || map[i][j]=='#'){`	
26	`        return false;//visited or a wall`	
27	`    }else return true;`	
28	`}`	
29	`void testNextAndPush(int i,int j,int steps)`	29-69：測試下一步是否能夠走過去。如果能順利走過去，就將下一格的座標 (i,j) 及步數以自行定義的 push() 函式插入 FIFO 的佇列中。
30	`{`	
31	`    int n=steps%3+1;`	
32	`    steps++;`	
33	`    if(inRange(i+n,j,n)){`	
34	`        int good=1;`	33-41：狀況一：測試是否能順利由 (i,j) 走到 (i+n,j) 的格子。只要被牆檔住，就是失敗。若每一格都是通暢 (good) 時，便將座標 (i+n,j) 及步數以 push() 函式插入 FIFO 的佇列中。
35	`        for(int m=1;m<=n;m++){`	
36	`            if(map[i+m][j]=='#'){`	
37	`                good=0; break;`	
38	`            }`	
39	`        }`	
40	`        if(good==1) push(i+n,j,steps);`	
41	`    }`	

42	`    if(inRange(i-n,j,n)){`	42-50：狀況二：測試是否能順利
43	`      int good=1;`	由 (i,j) 走到 (i-n,j) 的格
44	`      for(int m=1;m<=n;m++){`	子。
45	`        if(map[i-m][j]=='#'){`	
46	`          good=0; break;`	
47	`        }`	
48	`      }`	
49	`      if(good==1) push(i-n,j,steps);`	
50	`    }`	
51	`    if(inRange(i,j+n,n)){`	51-59：狀況三：測試是否能順利
52	`      int good=1;`	由 (i,j) 走到 (i,j+n) 的格
53	`      for(int m=1;m<=n;m++){`	子。
54	`        if(map[i][j+m]=='#'){`	
55	`          good=0; break;`	
56	`        }`	
57	`      }`	
58	`      if(good==1) push(i,j+n,steps);`	
59	`    }`	
60	`    if(inRange(i,j-n,n)){`	60-68：狀況四：測試是否能順利
61	`      int good=1;`	由 (i,j) 走到 (i,j-n) 的格
62	`      for(int m=1;m<=n;m++){`	子。
63	`        if(map[i][j-m]=='#'){`	
64	`          good=0; break;`	
65	`        }`	
66	`      }`	
67	`      if(good==1) push(i,j-n,steps);`	
68	`    }`	
69	`}`	
70	`int main()`	70-99：main() 主函式。
71	`{`	
72	`  cin >> T;`	72：輸入測試資料組數 T。
73	`  while(T--){`	
74	`    cin >> R >> C;`	74：輸入測試資料列 (R) 及行 (C)。
75	`    visitedI=queue<int>();`	
76	`    visitedJ=queue<int>();`	75-77：初始化佇列 queue，內含
77	`    visitedM=queue<int>();`	座標 (i,j) 及移動步數 (M)。
78	`    for(int i=0;i<R;i++){`	
79	`      cin >> map[i];`	79：輸入地圖。
80	`      for(int j=0;j<C;j++){`	80-82：將 step[3][i][j] 的陣
81	`        for(int n=0;n<3;n++)`	列清空。
82	`          step[n][i][j]=-1;`	

83
84
85
86
87
88
89
90
91
92
93
94
95
96
97
98
99
	``` `            if(map[i][j]=='S') push(i,j,0);`
	`        }`
	`    }`
	`    int hasAns=0;`
	`    while(!visitedM.empty()){`
	`        int i,j,steps;`
	`        pop(i,j,steps);`
	`        if(map[i][j]=='E'){`
	`            cout<<steps<<endl;`
	`            hasAns=1; break;`
	`        }`
	`        testNextAndPush(i,j,steps);`
	`    }`
	`    if(!hasAns) cout<<"NO"<<endl;`
	`}`
	`    return 0;`
	`}` ```
		83：若地圖標示為出發點(S)，便將(i,j)的座標及走到此點的步數(0)以push()加入佇列。
		87-95：使用while迴圈將FIFO佇列裡的座標(i,j)及步數逐項取出，並以函式testNextAndPush()來測試四個方向是否還能再走過去。一旦走到終點(E)，便成功得到答案，將答案輸出並退出。
		
		96：如果整個FIFO佇列全部走訪清空（離開迴圈）卻還是沒有走到終點，便輸出NO字串。

附錄一

題解一覽表

（按照 CPE 題號順序）

#	CPE 題號	UVA 題號	章節	題目名稱
1	CPE10400	UVA100	5.4	The 3n + 1 Problem
2	CPE10401	UVA948	6.3	Fibonaccimal Base
3	CPE10402	UVA10008	6.1	What's Cryptanalysis?
4	CPE10403	UVA10019	6.3	Funny Encryption Method
5	CPE10404	UVA10035	4.7	Primary Arithmetic
6	CPE10405	UVA10038	6.2	Jolly Jumpers
7	CPE10406	UVA10041	4.7	Vito's Family
8	CPE10407	UVA10055	4.7	Hashmat the Brave Warrior
9	CPE10408	UVA10056	6.2	What Is the Probability!!
10	CPE10409	UVA10057	6.6	A Mid-Summer Night's Dream
11	CPE10410	UVA10062	6.6	Tell Me the Frequencies!
12	CPE10411	UVA10071	6.2	Back to High School Physics
13	CPE10413	UVA10093	6.3	An Easy Problem!
14	CPE10414	UVA10101	5.5	Bangla Numbers
15	CPE10416	UVA10162	8.1	Last Digit
16	CPE10417	UVA10170	6.2	The Hotel with Infinite Rooms
17	CPE10418	UVA10189	6.7	Minesweeper
18	CPE10419	UVA10189	6.4	Divide, But Not Quite Conquer!
19	CPE10421	UVA10193	6.4	All You Need Is Love!
20	CPE10422	UVA10209	7.5	Is This Integration?
21	CPE10423	UVA10215	7.3	The Largest/Smallest Box...
22	CPE10424	UVA10221	6.5	Satellites
23	CPE10425	UVA10222	6.1	Decode the Mad man
24	CPE10426	UVA10226	6.6	Hardwood Species
25	CPE10428	UVA10235	6.4	Simply Emirp
26	CPE10431	UVA10268	6.2	498'
27	CPE10447	UVA10642	6.5	Can You Solve It?
28	CPE10452	UVA10714	7.7	Ants
29	CPE10453	UVA10783	6.2	Odd Sum
30	CPE10454	UVA10812	6.2	Beat the Spread!
31	CPE10456	UVA10908	6.5	Largest Square
32	CPE10458	UVA10922	6.4	2 the 9s

#	CPE 題號	UVA 題號	章節	題目名稱
33	CPE10459	UVA10925	7.2	Krakovia
34	CPE10460	UVA10929	5.4	You Can Say 11
35	CPE10461	UVA10931	6.3	Parity
36	CPE10463	UVA10994	7.8	Problem E Simple Addition
37	CPE10465	UVA11001	7.3	Necklace
38	CPE10466	UVA11005	6.3	Cheapest Base
39	CPE10473	UVA11332	6.1	Problem J: Summing Digits
40	CPE10478	UVA11349	6.2	Symmetric Matrix
41	CPE10480	UVA11461	6.2	Square Numbers
42	CPE10500	UVA900	7.7	Brick Wall Patterns
43	CPE10501	UVA991	8.2	Safe Salutations
44	CPE10502	UVA993	7.4	Product of Digits
45	CPE10503	UVA997	8.1	Show the Sequence
46	CPE10506	UVA10004	7.6	Bicoloring
47	CPE10508	UVA10009	7.6	All Roads Lead Where?
48	CPE10510	UVA10013	7.2	Super Long Sums
49	CPE10517	UVA10050	6.4	Hartals
50	CPE10520	UVA11286	7.8	Conformity
51	CPE10526	UVA10106	7.2	Product
52	CPE10532	UVA10127	7.4	Ones
53	CPE10533	UVA10137	7.3	The Trip
54	CPE10535	UVA10140	7.4	Problem A - Prime Distance
55	CPE10544	UVA10167	7.5	Birthday Cake!!
56	CPE10548	UVA10176	7.2	Ocean Deep! Make It Shallow!!
57	CPE10552	UVA10188	7.1	Automated Judge Script!
58	CPE10557	UVA10200	7.4	Prime Time
59	CPE10559	UVA10220	7.2	I Love Big Numbers!
60	CPE10566	UVA10242	6.5	Fourth Point!!
61	CPE10567	UVA10340	6.1	Common Permutation
62	CPE10579	UVA10295	7.1	Hay Points
63	CPE10582	UVA10298	7.1	Power Strings
64	CPE10601	UVA928	8.3	Eternal Truths
65	CPE10608	UVA10020	7.7	Minimal Coverage
66	CPE10612	UVA10026	8.3	Shoemaker's Problem
67	CPE10615	UVA10036	8.2	Divisibility
68	CPE10658	UVA10131	8.2	Question 1: Is Bigger Smarter?
69	CPE10681	UVA10183	8.3	How Many Fibs
70	CPE11009	UVA10340	7.1	All In All
71	CPE11011	UVA10343	7.1	Base64 Decoding

附錄一
CHAPTER

#	CPE 題號	UVA 題號	章節	題目名稱
72	CPE11018	UVA10407	7.4	Simple Division
73	CPE11019	UVA10409	6.7	Die Game
74	CPE11020	UVA10415	6.7	Eb Alto Saxophone Player
75	CPE11030	UVA10555	7.4	Dead Fraction
76	CPE11067	UVA11150	6.7	Cola
77	CPE11069	UVA11321	5.5	Sort! Sort!! and Sort!!!
78	CPE11076	UVA11417	6.4	GCD
79	CPE11145	UVA10290	8.1	{sum+=i++} to Reach N
80	CPE21914	UVA490	6.1	Rotating Sentences
81	CPE21924	UVA10420	5.5	List of Conquests
82	CPE21944	UVA151	7.8	Power Crisis
83	CPE22131	UVA272	6.1	TeX Quotes
84	CPE22161	UVA10104	7.4	Euclid Problem
85	CPE22181	UVA147	8.2	Dollars
86	CPE22351	UVA256	7.3	Quirksome Squares
87	CPE22801	UVA12019	6.2	A - Doom's Day Algorithm
88	CPE22811	UVA299	6.6	Train Swapping
89	CPE22821	UVA572	7.6	Oil Deposits
90	CPE23561	UVA495	7.2	Fibonacci Freeze
91	CPE23571	UVA10042	7.4	Smith Numbers
92	CPE23621	UVA11063	6.2	B2-Sequence
93	CPE23641	UVA118	6.7	Mutant Flatworld Explorers

附錄二

題解一覽表

（按照 UVA 題號順序）

#	UVA 題號	CPE 題號	章節	題目名稱
1	UVA100	CPE10400	5.4	The 3n + 1 Problem
2	UVA118	CPE23641	6.7	Mutant Flatworld Explorers
3	UVA147	CPE22181	8.2	Dollars
4	UVA151	CPE21944	7.8	Power Crisis
5	UVA256	CPE22351	7.3	Quirksome Squares
6	UVA272	CPE22131	6.1	TeX Quotes
7	UVA299	CPE22811	6.6	Train Swapping
8	UVA490	CPE21914	6.1	Rotating Sentences
9	UVA495	CPE23561	7.2	Fibonacci Freeze
10	UVA572	CPE22821	7.6	Oil Deposits
11	UVA900	CPE10500	7.7	Brick Wall Patterns
12	UVA928	CPE10601	8.3	Eternal Truths
13	UVA948	CPE10401	6.3	Fibonaccimal Base
14	UVA991	CPE10501	8.2	Safe Salutations
15	UVA993	CPE10502	7.4	Product of Digits
16	UVA997	CPE10503	8.1	Show the Sequence
17	UVA10004	CPE10506	7.6	Bicoloring
18	UVA10008	CPE10402	6.1	What's Cryptanalysis?
19	UVA10009	CPE10508	7.6	All Roads Lead Where?
20	UVA10013	CPE10510	7.2	Super Long Sums
21	UVA10019	CPE10403	6.3	Funny Encryption Method
22	UVA10020	CPE10608	7.7	Minimal Coverage
23	UVA10026	CPE10612	8.3	Shoemaker's Problem
24	UVA10035	CPE10404	4.7	Primary Arithmetic
25	UVA10036	CPE10615	8.2	Divisibility
26	UVA10038	CPE10405	6.2	Jolly Jumpers
27	UVA10041	CPE10406	4.7	Vito's Family
28	UVA10042	CPE23571	7.4	Smith Numbers
29	UVA10050	CPE10517	6.4	Hartals
30	UVA10055	CPE10407	4.7	Hashmat the Brave Warrior
31	UVA10056	CPE10408	6.2	What Is the Probability!!
32	UVA10057	CPE10409	6.6	A Mid-Summer Night's Dream

#	UVA 題號	CPE 題號	章節	題目名稱
33	UVA10062	CPE10410	6.6	Tell Me the Frequencies!
34	UVA10071	CPE10411	6.2	Back to High School Physics
35	UVA10093	CPE10413	6.3	An Easy Problem!
36	UVA10101	CPE10414	5.5	Bangla Numbers
37	UVA10104	CPE22161	7.4	Euclid Problem
38	UVA10106	CPE10526	7.2	Product
39	UVA10127	CPE10532	7.4	Ones
40	UVA10131	CPE10658	8.2	Question 1: Is Bigger Smarter?
41	UVA10137	CPE10533	7.3	The Trip
42	UVA10140	CPE10535	7.4	Problem A - Prime Distance
43	UVA10162	CPE10416	8.1	Last Digit
44	UVA10167	CPE10544	7.5	Birthday Cake!!
45	UVA10170	CPE10417	6.2	The Hotel with Infinite Rooms
46	UVA10176	CPE10548	7.2	Ocean Deep! Make It Shallow!!
47	UVA10183	CPE10681	8.3	How Many Fibs
48	UVA10188	CPE10552	7.1	Automated Judge Script!
49	UVA10189	CPE10418	6.7	Minesweeper
50	UVA10189	CPE10419	6.4	Divide, But Not Quite Conquer!
51	UVA10193	CPE10421	6.4	All You Need Is Love!
52	UVA10200	CPE10557	7.4	Prime Time
53	UVA10209	CPE10422	7.5	Is This Integration?
54	UVA10215	CPE10423	7.3	The Largest/ Smallest Box...
55	UVA10220	CPE10559	7.2	I Love Big Numbers !
56	UVA10221	CPE10424	6.5	Satellites
57	UVA10222	CPE10425	6.1	Decode the Mad man
58	UVA10226	CPE10426	6.6	Hardwood Species
59	UVA10235	CPE10428	6.4	Simply Emirp
60	UVA10242	CPE10566	6.5	Fourth Point!!
61	UVA10268	CPE10431	6.2	498'
62	UVA10290	CPE11145	8.1	{sum+=i++} to Reach N
63	UVA10295	CPE10579	7.1	Hay Points
64	UVA10298	CPE10582	7.1	Power Strings
65	UVA10340	CPE10567	6.1	Common Permutation
66	UVA10340	CPE11009	7.1	All in All
67	UVA10343	CPE11011	7.1	Base64 Decoding
68	UVA10407	CPE11018	7.4	Simple Division
69	UVA10409	CPE11019	6.7	Die Game
70	UVA10415	CPE11020	6.7	Eb Alto Saxophone Player
71	UVA10420	CPE21924	5.5	List of Conquests

#	UVA 題號	CPE 題號	章節	題目名稱
72	UVA10555	CPE11030	7.4	Dead Fraction
73	UVA10642	CPE10447	6.5	Can You Solve It?
74	UVA10714	CPE10452	7.7	Ants
75	UVA10783	CPE10453	6.2	Odd Sum
76	UVA10812	CPE10454	6.2	Beat the Spread!
77	UVA10908	CPE10456	6.5	Largest Square
78	UVA10922	CPE10458	6.4	2 the 9s
79	UVA10925	CPE10459	7.2	Krakovia
80	UVA10929	CPE10460	5.4	You Can Say 11
81	UVA10931	CPE10461	6.3	Parity
82	UVA10994	CPE10463	7.8	Problem E Simple Addition
83	UVA11001	CPE10465	7.3	Necklace
84	UVA11005	CPE10466	6.3	Cheapest Base
85	UVA11063	CPE23621	6.2	B2-Sequence
86	UVA11150	CPE11067	6.7	Cola
87	UVA11286	CPE10520	7.8	Conformity
88	UVA11321	CPE11069	5.5	Sort! Sort!! and Sort!!!
89	UVA11332	CPE10473	6.1	Problem J: Summing Digits
90	UVA11349	CPE10478	6.2	Symmetric Matrix
91	UVA11417	CPE11076	6.4	GCD
92	UVA11461	CPE10480	6.2	Square Numbers
93	UVA12019	CPE22801	6.2	A - Doom's Day Algorithm